高等职业教育水利类新形态系列教材

# 水利工程测量

主　编　潘燕芳　李伟超　尤聿坤
副主编　李英芳　翁丰惠　廖彗伶

U0294322

中国水利水电出版社
www.waterpub.com.cn
·北京·

# 内 容 提 要

水利工程测量是中国特色高水平高职学校和专业建设计划——水利水电建筑工程专业群的一门专业技能课程。本书是该课程教学改革的配套教材，主要内容包括高程控制测量、小区域平面控制测量、地形图测绘、渠道测量、大坝施工测量、大坝变形监测、河道与水库测量七个项目。

本书可作为高等职业院校水利水电建筑工程专业及相关专业的教材，也可供相关岗位技术人员学习和参考。

为方便教学，本书配有丰富的微课视频、课件等数字资源，通过微信"扫一扫"相关资源的二维码即可查看。

## 图书在版编目（CIP）数据

水利工程测量 / 潘燕芳，李伟超，尤聿坤主编. --
北京 ：中国水利水电出版社，2023.8
高等职业教育水利类新形态系列教材
ISBN 978-7-5226-1749-7

Ⅰ．①水… Ⅱ．①潘… ②李… ③尤… Ⅲ．①水利工
程测量－高等职业教育－教材 Ⅳ．①TV221

中国国家版本馆CIP数据核字(2023)第155501号

| | | |
|---|---|---|
| 书　　名 | 高等职业教育水利类新形态系列教材<br>**水利工程测量**<br>SHUILI GONGCHENG CELIANG | |
| 作　　者 | 主　编　潘燕芳　李伟超　尤聿坤<br>副主编　李英芳　翁丰惠　廖彗伶 | |
| 出版发行 | 中国水利水电出版社<br>（北京市海淀区玉渊潭南路 1 号 D 座　100038）<br>网址：www.waterpub.com.cn<br>E - mail：sales@mwr.gov.cn<br>电话：(010) 68545888（营销中心） | |
| 经　　售 | 北京科水图书销售有限公司<br>电话：(010) 68545874、63202643<br>全国各地新华书店和相关出版物销售网点 | |
| 排　　版 | 中国水利水电出版社微机排版中心 | |
| 印　　刷 | 清淞永业（天津）印刷有限公司 | |
| 规　　格 | 184mm×260mm　16 开本　16.5 印张　402 千字 | |
| 版　　次 | 2023 年 8 月第 1 版　2023 年 8 月第 1 次印刷 | |
| 印　　数 | 0001—3000 册 | |
| 定　　价 | 52.00 元 | |

# 前　言

在全面建设社会主义现代化国家、向第二个百年奋斗目标进军的新征程上，职业教育前途广阔、大有可为。习近平总书记在党的二十大报告中强调"教育、科技、人才是全面建设社会主义现代化国家的基础性、战略性支撑"，对"加快建设教育强国"作出全面系统部署，赋予了教育新的战略地位和历史使命。本教材在建设过程中，将课程信息化建设成果整合到教材中，并将课程思政元素与教材有机融合，以有效落实《国家职业教育改革实施方案》中关于"落实好立德树人根本任务，健全德技并修、工学结合的育人机制，完善评价机制，规范人才培养全过程"的要求。本教材的建设属于中国特色高水平高职学校和专业建设计划——水利水电建筑工程专业群专项资金项目。

【教材特点】水利工程测量是水利水电建筑工程专业群的一门专业技能课程。根据专业群人才培养方案，水利工程测量课程的培养目标是培养在水利行业的施工、管理、监理、测量的高级技能人才。本教材根据高等职业技术院校的特点，在论述基础理论和方法的同时，重视基本技能的训练与实践性教学环节，结合目前测量新设备、新工艺，以及数字化、虚实结合等发展趋势，精心编写而成。本教材编写思路及特点如下：

（1）明确育人目标，课程思政体系化。为落实立德树人的根本任务，教材紧紧围绕"艰苦奋斗—精益求精—自主创新—爱国主义—制度自信"这一主线，以2020年珠穆朗玛峰高程测量的事例，引导学生继承与弘扬艰苦奋斗、吃苦耐劳的作风，培养学生精益求精的治学态度；借助测绘法宣传周"规范使用地图 一点都不能错"的主题，强化国家版图意识，激发学生的爱国主义热情；从2020年北斗三号全球卫星导航系统建成开通事例，培养学生自主创新、科技报国的家国情怀；依托国之重器——三峡工程，使学生的爱国主义和科技报国的志向逐步上升到制度自信与民族自豪感，进一步增强坚持走中国特色社会主义道路的自觉性和坚定性。

（2）更新内容体系，实现"所学即所用"。本教材兼顾先进性与实用性，广泛征求专家、学者的意见和建议，并结合现代测绘技术的应用和发展，删除已退出市场或生产单位不常用的技术及设备相关内容，包括微倾式水准仪、光学经纬仪、测距仪、纸质地形图测绘、钢尺量距等内容，增加电子水准仪、全站仪、GNSS控制测量、RTK测图技术、无人机测图技术、多波束测深等新设备、新手段相关内容，使教材紧跟行业发展步伐，满足学生"所学即所用"的要求。

（3）微课制作精良，资源呈现一体化。教材配套的微课视频采用专业公司制作，出品精良，涵盖教材80%的知识点。为解决"三高""三难"实验难题，制作虚拟仿真软件实验操作视频，供学习者参考与学习。微课视频及电子课件通过二维码的形式嵌入相关知识点介绍中，读者可以通过手机微信"扫一扫"功能进行学习与查看。课程教学的相关电子课件等数字化资源，也以二维码的形式呈现链接，与微课视频、质纸教材一起，内容丰富，资源呈现一体化，为"教—学—做"一体的教学模式提供有力保障。

【章节划分】经过教材编写团队的充分调研，选取了七个水利行业典型工程项目，将工程建设所涉及的测量原理与方法，按工程建设过程组织到教材中，打破传统教材的知识体系，按项目化组织教材内容。这七个项目分别是：高程控制测量、小区域平面控制测量、地形图测绘、渠道测量、大坝施工测量、大坝变形监测、河道与水库测量。在工程项目建设中，项目一和项目二先于项目三至项目七开展，因此，读者在进行项目三至项目七的学习前，应先完成高程控制测量和小区域平面控制测量的学习。而项目三至项目七相互间比较独立，不构成严格的先后顺序。

【编写分工】本教材由广东水利电力职业技术学院潘燕芳主持编写。全书七个项目，分别由下列人员进行编写：项目一、项目二由广东水利电力职业技术学院李伟超编写，项目三由广东水利电力职业技术学院翁丰惠编写，其中项目三"模块四无人机测图技术"由中国能源建设集团广东省电力设计研究院有限公司黄春晖编写，项目四、项目五由湖南水利水电职业技术学院李英芳编写，项目六及项目二"模块一测量误差的基本知识"由潘燕芳编写，项目七由广东水利电力职业技术学院尤聿坤编写。在教材中融入课程思政元素，进行课程思政教育的工作由廖彗伶进行。教材配套的微课视频、课件由潘燕芳组织制作。

在教材的建设过程中，广东水利电力职业技术学院水利工程学院张劲院长提供了大力支持，陈培老师在资源制作方面提供了很大帮助，王栋老师和广东省水利电力勘测设计研究院有限公司测绘分院总工程师刘良福为教材录制了部分微课视频，课程团队的其他成员也给予了很多帮助，在此表示最诚挚的谢意。

由于编者的水平有限，不足之处在所难免，请广大师生、读者对教材中的缺点和问题提出宝贵意见，以便教材再版时逐步完善。

**编者**

2023 年 5 月

# "行水云课"数字教材使用说明

  "行水云课"水利职业教育服务平台是中国水利水电出版社立足水电、整合行业优质资源全力打造的"内容"＋"平台"的一体化数字教学产品。平台包含高等教育、职业教育、职工教育、专题培训、行水讲堂五大版块，旨在提供一套与传统教学紧密衔接、可扩展、智能化的学习教育解决方案。

  本套教材是整合传统纸质教材内容和富媒体数字资源的新型教材，它将大量图片、音频、视频、3D 动画等教学素材与纸质教材内容相结合，用以辅助教学。读者登录"行水云课"平台，进入教材页面后输入激活码激活，即可获得该数字教材的使用权限。可通过扫描纸质教材二维码查看与纸质内容相对应的知识点多媒体资源，完整数字教材及其配套数字资源可通过移动终端 APP"行水云课"微信公众号或中国水利水电出版社"行水云课"平台查看。

# 多媒体知识点索引

| 序号 | 资 源 名 称 | 资源类型 | 页 码 |
|------|------------|----------|-------|
| 125 | 5.12【课件】混凝土坝的施工控制测量 | 文本 | 195 |
| 126 | 5.13【课件】混凝土坝清基开挖线的放样 | 文本 | 197 |
| 127 | 5.14【课件】混凝土重力坝坝体的立模放样 | 文本 | 198 |
| 128 | 6.1【课件】水平位移观测 | 文本 | 205 |
| 129 | 6.2【视频】水工建筑物变形观测概述 | 视频 | 205 |
| 130 | 6.3【视频】水库大坝水平位移观测 | 视频 | 206 |
| 131 | 6.4【课件】垂直位移观测点的布设 | 文本 | 208 |
| 132 | 6.5【课件】垂直位移观测水准点的布设 | 文本 | 208 |
| 133 | 6.6【课件】垂直位移观测 | 文本 | 209 |
| 134 | 6.7【视频】水库大坝沉降观测 | 视频 | 209 |
| 135 | 6.8【课件】挠度观测 | 文本 | 210 |
| 136 | 7.1【课件】河道控制测量 | 文本 | 214 |
| 137 | 7.2【视频】水下地形测量概述 | 视频 | 217 |
| 138 | 7.3【课件】测深断面和测深点的布设 | 文本 | 217 |
| 139 | 7.4【课件】测深点的平面定位 | 文本 | 219 |
| 140 | 7.5【课件】水位测量 | 文本 | 221 |
| 141 | 7.6【课件】人工测量法 | 文本 | 223 |
| 142 | 7.7【课件】单频单波束测深 | 文本 | 224 |
| 143 | 7.8【课件】单频多波束测深 | 文本 | 225 |
| 144 | 7.9【课件】无人测量船作业 | 文本 | 227 |
| 145 | 7.10【课件】水下地形图的绘制 | 文本 | 229 |
| 146 | 7.11【课件】河道纵横断面测量 | 文本 | 230 |
| 147 | 7.12【课件】水库淹没界线测量 | 文本 | 237 |
| 148 | 7.13【课件】汇水面积与水库库容的计算 | 文本 | 239 |

# 目 录

# 高 程 控 制 测 量

## 【主要内容】

本项目主要围绕高程控制测量展开，讲述水准测量和三角高程测量的原理和方法。模块一为先导性内容，主要介绍水利工程测量的主要任务、测量的基本工作与原则以及测量技术的发展现状；模块二主要介绍高程系统的基本概念，水准测量的原理和方法，水准仪的使用和检验，水准路线测量的外业观测和内业计算的程序，水准测量的误差来源及注意事项；模块三主要介绍竖直角观测的原理和方法，讲述三角高程测量的基本原理。

**重点**：水利工程测量的任务；测量的基本工作和原则；高程、高差的概念；水准测量原理，电子水准仪的基本操作，水准路线外业测量和内业计算；竖直角观测的原理、方法和计算；三角高程测量的原理。

**难点**：水准测量高差闭合差的调整，水准仪的检验与校正；竖盘指标差的计算，竖直角观测表格计算。

## 【学习目标】

| 知 识 目 标 | 能 力 目 标 |
| --- | --- |
| 1. 了解水利工程测量的任务<br>2. 了解测量的基本工作和原则<br>3. 理解水准测量原理<br>4. 理解竖直角观测原理<br>5. 理解三角高程测量的原理 | 1. 能正确使用水准仪并完成检验<br>2. 能完成国家三、四等水准测量的外业观测和内业计算<br>3. 能完成竖直角观测和计算<br>4. 能完成三角高程的外业观测与内业计算 |

## 模块一 测量基本知识

### 一、水利工程测量的任务

测量学是研究获取反映地球形状、地球重力场、地球上自然和社会要素的位置、形状、空间关系、区域空间结构的数据的科学和技术。它的主要任务有三个方面：一是研究确定地球的形状和大小，为地球科学提供必要的数据和资料；二是将地球表面的

1.1【课件】
水利工程测量的任务

1.2【视频】
水利工程测量的任务

1

地物地貌测绘成图；三是将图纸上的设计成果测设至现场。

水利水电建设中的测量工作称为水利工程测量，水利工程测量是为水利工程建设和管理服务的专门测量，属于工程测量学的范畴。水利工程测量是研究水利工程在勘测设计、施工和运营管理阶段所进行的各种测量工作的理论、技术和方法的学科。例如，在某河流上修建一座引水闸，首先应搜集和测绘闸址附近的全部地形资料，作为水文计算、地质勘探和规划的依据；工程位置确定后，必须测绘更详尽的大比例尺地形图，以便在地形图上确定闸室和上、下游连接段的位置；施工过程中要进行施工放样测量，把设计在图纸上的闸底板、闸墩和翼墙等工程项目的位置在地面标定出来，以便施工。同时，要经常对施工和安装工作进行检测，保证工程符合设计要求。工程竣工后，还要进行竣工验收测量，以检查工程质量是否达到设计要求，并作为工程管理的重要依据。在运行管理中，要定期对水闸的重要部位的水平位移、沉陷等变形进行观测，掌握水闸的变形规律，确保水闸的安全和正常运行。

水利工程测量的主要任务包括以下几方面。

1. 收集地形资料

要进行规划设计，首先需要规划区的地形图，有精确的地形图和测绘成果，才能保证工程的选址、选线、设计得出经济合理的方案。因此，测量是一种前期性、基础性的工作。水利工程测量的首要任务是为水利工程规划设计提供所需的地形资料。规划时需提供中、小比例尺地形图及有关信息，建筑物设计时要测绘大比例尺地形图。

2. 进行施工放样

在工程施工中，施工放样的主要目的是把工程的设计精确地在地面上标定出来，也就是将图上设计好的建筑物按其位置、大小测设于地面。精确地进行施工放样是确保工程质量最为重要的手段。

3. 进行变形监测

在施工过程中及工程建成后运行管理中，需要对建筑物的稳定性及变化情况进行监测——变形观测，观测建筑物的沉降、倾斜、位移等，从而判断建筑物的稳定性，防止灾害事故的发生，确保工程安全。

因此，测量工作贯穿于工程建设的整个过程，测量工作的质量直接关系到工程建设的速度和质量。作为一名水利工作者，必须掌握必要的测量科学知识和技能，才能担负起工程勘测、规划设计、施工及管理等任务。

**二、测量工作概述**

1. 测量的基本工作

测量的基本工作如图 1-1-1 所示，$A$、$B$、$C$、$D$、$E$ 为地面上高低不同的一系列点，构成空间多边形 $ABCDE$。从 $A$、$B$、

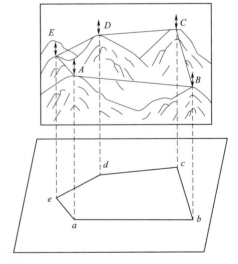

图 1-1-1 测量的基本工作

1.3 【课件】
测量工作的
基本知识

2

$C$、$D$、$E$ 分别向水平面作铅垂线，这些垂线的垂足在水平面上构成多边形 $abcde$，水平面上各点就是空间相应各点的正射投影；水平面上多边形的各边就是空间各斜边的正射投影；水平面上的角就是包含空间两斜边的两面角在水平面上的投影。

地形图就是将地面点正射投影到水平面上后再按一定的比例缩绘至图纸上而形成的。地形图上各点之间的相对位置由水平距离 $D$、水平角 $\beta$ 和高差 $h$ 决定。

由此可见，水平角、水平距离和高差是确定地面点位的三个基本要素。所以测量高程、角度（水平角和竖直角）和距离（水平距离和斜距）是测量的三项基本工作。

2. 测量工作的基本原则

进行测量工作时，如果从一个特征点开始逐点进行施测，最后虽可以得到欲测各点的位置，但由于测量工作中存在不可避免的误差，会导致前一点的测量误差传递到下一点，使误差累积起来，最后可能达到不可容许的程度。因此，为了保证测量成果的精度及质量需遵循一定的测量原则。测量工作必须遵循的第一条基本原则是"从整体到局部""先控制后碎部"的原则。

地球表面的形状错综复杂，物体的种类多种多样。地面上的人造或天然的固定物体称为地物，如道路、河流、房屋。地面的高低起伏形态称为地貌。地物和地貌统称为地形。测量工作的目的之一是测绘地形图，地形图是通过测量一系列碎部点（地物点和地貌点）的平面位置和高程，然后按一定的比例，应用地形图符号和注记缩绘而成。测量工作不能一开始就测量碎部点，而是先在测区内统一选择一些起控制作用的点，将它们的平面位置和高程精确地测量计算出来，这些点被称作控制点，由控制点构成的几何图形称作控制网，如图 1-1-2 所示的多边形 $ABCDEF$ 就是该测区的控制网；再根据这些控制点分别测量各自周围的碎部点，进而绘制成地形图，如图 1-1-3 所示的地形图。如果把测定的地物、地貌的特征点展绘在图纸上，称为白纸测图。如果在野外测量时，将测量的特征点的坐标自动存储在测量仪器（如全站仪、GNSS 接收机）中，并传输给计算机，再利用专门的绘图软件绘制地形图，这就是数字化测图。

1.4【视频】初步认识测量仪器

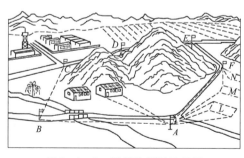

图 1-1-2　测图控制网示意图

图 1-1-3　控制测量与碎部测量

3. 测量常用的计量单位

在测量中，误差处理主要使用毫米（mm）为计量单位，成果处理主要使用米

（m）为计量单位，一般保留两位小数。对于数据保留位数的取舍处理按照"四舍五入、五看奇偶、奇进偶不进"的原则进行。测量常用的角度、长度、面积等几种法定计量单位的换算关系分别列于表1-1-1～表1-1-3。

表1-1-1　　　　　　　　　角度单位制及换算关系

| 60 进 制 | 弧 度 制 |
|---|---|
| 1圆周＝360° <br> 1°＝60′ <br> 1′＝60″ | 1圆周＝2π弧度 <br> 1弧度＝180°/π <br> ＝57.3° <br> ＝$\rho$° <br> ＝3438′＝$\rho$′ <br> ＝206265″＝$\rho$″ |

表1-1-2　　　　　　　　　长度单位制及换算关系

| 公 制 | 英 制 |
|---|---|
| 1km＝1000m <br> 1m＝10dm <br> ＝100cm <br> ＝1000mm | 1英里（mile，简写mi） <br> 1英尺（foot，简写ft） <br> 1英寸（inch，简写in） <br> 1km＝0.6214mi＝3280.8ft <br> 1m＝3.2808ft＝39.37in |

表1-1-3　　　　　　　　　面积单位制及换算关系

| 公 制 | 市 制 | 英 制 |
|---|---|---|
| $1km^2＝1\times10^6 m^2$ <br> $1m^2＝100dm^2$ <br> ＝$1\times10^4 cm^2$ <br> ＝$1\times10^6 mm^2$ | $1km^2＝1500$ 亩 <br> $1m^2＝0.0015$ 亩 <br> 1亩≈$666.6666667m^2$ <br> ≈$0.06666667hm^2$ | $1km^2＝247.11$ 英亩 <br> ＝$100hm^2$ <br> $10000m^2＝1hm^2$ <br> $1m^2＝10.764ft^2$ <br> ＝$1550.0031in^2$ |

### 4. 测量技术的发展

我国对于测量技术的运用从两千多年前的夏商时代就已经开始，古人为了治水开始进行水利工程测量工作。司马迁在《史记》中描述："陆行乘车，水行乘船，泥行乘橇，山行乘樏，左准绳，右规矩，载四时，以开九州，通九道，陂九泽，度九山。"所记录的是当时大禹为治水展开工程勘测的情景。当时所用的测量工具和测量技术都非常有限，使用的工具只有准绳和规矩，准是可揆平的水准器，绳是丈量距离的工具，规是画圆的器具，矩则是一种可定平、测长度、高度、深度和画圆画矩形的通用测量仪器。早期的水利工程多为河道的疏导，以利防洪和灌溉，其主要的测量工作是确定水位和堤坝的高度。秦李冰父子领导修建的都江堰水利枢纽工程，曾用一个石头人来标定水位，当水位超过石头人的肩时，下游将受到洪水的威胁；当水位低于石头人的脚背时，下游将出现干旱。这种标定水位的办法与现代水位测量的原理完全一样。北宋时沈括为了治理汴渠，测得"京师之地比泗州凡高十九丈四尺八寸六分"，是水准测量的结果。

在几千年的历史进程中，中国人民始终革故鼎新、自强不息，用勤劳和智慧书写了辉煌的中华历史，也培育铸就了独特的中国精神。今天，中国人民拥有的一切，凝

1.5【课件】测量学的发展及分支学科

1.6【视频】测量学的发展

聚着中国人的聪明才智，浸透着中国人的辛勤汗水。中国人民自古就明白，世界上没有坐享其成的好事，要幸福就要奋斗。2020 年 12 月 8 日，国家主席习近平同尼泊尔总统班达里互致信函，共同宣布珠穆朗玛峰最新高程 8848.86m。本次开展的珠穆朗玛峰（简称珠峰）高程测量，无疑是中国人民艰苦奋斗精神基因的传承最好的佐证。此次珠峰高程测量所使用的测量仪器与工具今非昔比，如北斗卫星导航系统、GNSS接收机、超长距离光电测距仪、雪深雷达、峰顶重力仪等，而且这些关键测量装备，乃至峰顶觇标，均由我国自主研制。而承担本次珠峰高程测量任务的自然资源部第一大地测量队（原国家测绘地理信息局第一大地测量队），简称"国测一大队"，是测绘行业工匠精神的一面鲜明旗帜。

"国测一大队"自成立以来，先后七测珠峰、两下南极、39 次进驻内蒙古荒原、52 次深入高原无人区、52 次踏入沙漠腹地，徒步行程 6000 多万 km，相当于绕地球1500 多圈。"国测一大队"的历史就是一部挑战生命极限的英雄史，一部大国工匠的奋斗史。"国测一大队"被评为"感动中国 2020 年度人物"，给他们的颁奖词中写道："六十多年了，吃苦一直是传家宝，奉献还是家常饭，人们都在向着幸福奔跑，你们偏向艰苦挑战，为国家苦行，为科学先行，穿山跨海，经天纬地，你们的身影是插在大地上的猎猎风旗。"他们凝铸起"热爱祖国、忠诚事业、艰苦奋斗、无私奉献"的测绘精神丰碑，也激励更多奋勇攀登高峰的年轻测绘人。

测量技术的发展趋势和特点可概括为：测量内外业作业的一体化；数据获取及处理的自动化；测量过程控制和系统行为的智能化；测量成果和产品的数字化；测量信息管理的可视化；信息共享和传播的网络化。测量技术新产品点可概括为：精确、可靠、快速、简便、连续、动态、遥测、实时。

北斗卫星导航系统是中国拥有自主知识产权的卫星导航定位系统，基于北斗的CORS 系统是动态的、连续的定位框架基准，是快速、高精度获取位置信息的重要的城市基础设施。

三维激光扫描技术是测绘领域继全站仪、GPS 技术后的又一次技术革命，被称为"实景复制"或者"逆向工程"技术。随着技术的进步，人们已不满足于地面三维激光扫描的使用，集成了全球定位系统、惯性导航、三维激光扫描仪、全景影像、里程计等传感器的移动测量系统（图 1-1-4～图 1-1-6），是当今测绘界最前沿的技术之一。

图 1-1-4　车船载一体化移动测量系统

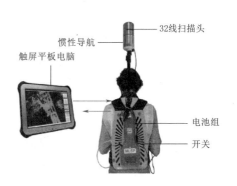

图 1-1-5　背包式移动测量系统

图 1-1-6　无人机载移动测量系统　　　图 1-1-7　测量内外业作业的一体化系统

测量内外业作业的一体化系统（图 1-1-7），指测量内业和外业工作已无明确的界限，过去只能在内业完成的事现在在外业可以很方便地完成。测图时可在野外编辑修改图形，控制测量时可在测站上平差和得到坐标，施工放样数据可在放样过程中随时计算。

数据获取及处理的自动化主要指数据的自动化流程。电子全站仪、电子水准仪、GNSS 接收机都是自动化地进行数据获取，大比例尺测图系统、水下地形测量系统、大坝变形监测系统等都可实现或都已实现数据获取及处理的自动化。用测量机器人还可实现了无人观测即测量过程的自动化。

综上所述，现代测量技术主要表现在从一维、二维到三维乃至四维，从点信息到面信息获取，从静态到动态，从后处理到实时处理，从人眼观测操作到机器人自动寻标观测，从大型特种工程到人体测量工程，从高空到地面、地下以及水下，从人工量测到无接触遥测，从周期观测到持续测量。测量精度从毫米级到纳米级。

# 模块二　水　准　测　量

## 一、高程控制测量概述

精确测定控制点高程的工作称为高程控制测量。控制测量中建立高程控制网的目的，是为了测绘地形图和工程建设提供必要的高程控制基础，并为地球科学研究提供精确的高程资料。珠穆朗玛峰高程测量，就需要用到这些高程资料。

2020 年 3 月 2 日开始，国测一大队 53 名测绘队员，在珠峰及外围地区，克服环境、气候恶劣等重重困难，陆续开展了水准、重力、GNSS、天文等测量工作，完成了一等水准测量 480km、二等水准测量 240km、加密重力测量 190 点、绝对重力测量 1 点、天文测量 1 点、局部 GNSS 控制网测量 60 点、板块运动监测网 21 点，布设卫星导航定位连续运行临时基准站 2 点，完成了 6 个珠峰高程测量交会点的踏勘、选埋、高程传递等基础性测量工作。测量过程中，在珠峰高程测量登山队队员不畏艰辛、团结协作下，首次在珠峰启动的航空重力测量得以顺利完成，大地水准面得到优化，大大提高了珠峰高程数据的精度，并获取到宝贵的科学数据。

国家高程控制网分为一、二、三、四等四个等级。一、二等水准网是国家高程控制的基础，一、二等水准路线一般沿着铁路、公路进行布设，形成闭合水准网或附合水准网，用精密水准测量方法测量其高程；三、四等水准网主要用于一、二等水准测量的加密，作为地形测量和工程建设的高程控制，布设闭合水准路线和附合水准路线。建立高程控制网的基本方法有水准测量、三角高程测量和 GPS 高程测量。本项目主要介绍水准测量和三角高程测量。

1.7【课件】高程系统

1.8【视频】高程系统

### 1. 绝对高程

地面点沿基准线到高程起算面的垂直距离称为高程，用 $H$ 表示。高程起算面又称高程基准面，选用不同的基准线和基准面，可得到不同的高程系统。

地面点沿铅垂线方向到大地水准面的距离称为绝对高程，又称为海拔。如图 1-2-1 所示，大地水准面是一个假想的、与静止平均海水面重合并向陆地延伸且包围整个地球的特定重力等位面。大地水准面是唯一的封闭曲面，其绝对高程等于零。在潮汐、风力等作用下，海平面的高度时刻在变化。为了在一个国家或地区建立统一的高程系统，必须确定一个高程基准面。通常是以验潮站长期验潮所求定的平均海水面代替大地水准面作为高程起算面。

1.9【视频】大地水准面

如图 1-2-2 所示，我国在青岛市设立验潮站，长期观测和记录黄海海平面的高低变化，推算出黄海平均海水面作为我国高程起算的基准面。为了便于观测和使用，在青岛市观象山埋设固定标志并与黄海平均海水面联测，测定其高程作为全国高程的起算点，称为水准原点。根据 1950—1956 年期间的验潮数据确定的高程基准，称为 1956 年黄海高程系，其水准原点的高程为 72.289m。根据 1952—1979 年验潮数据确定的高程基准，称为 1985 国家高程基准，是目前正在推广使用的国家高程基准，其水准原点高程为 72.260m。

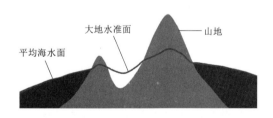

图 1-2-1 大地水准面示意图

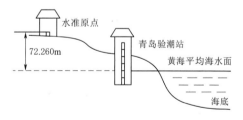

图 1-2-2 水准原点示意图

### 2. 相对高程

处于静止状态的水面称为水准面。在地球表面重力的作用空间，通过任何高度的点都有一个水准面，因而水准面有无数个，大地水准面只是一个特殊的水准面。在局部地区，如果引用绝对高程系统有困难时，可以假设一个水准面作为高程起算面。地面点沿铅垂线到假定高程起算面的距离称为相对高程，也称为假定高程。如图 1-2-3 所示，$A$、$B$ 点的相对高程分别是 $H'_A$ 和 $H'_B$。

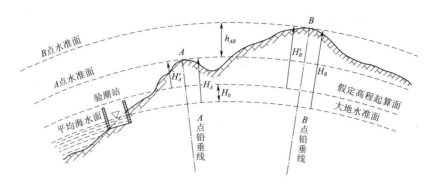

图 1-2-3 地面点的高程

若将相对高程系统和绝对高程系统联测，推算出假定高程起算面的绝对高程，即可将地面点的相对高程转换为绝对高程，也可将地面点的绝对高程转换为相对高程。如图 1-2-3 所示，若通过水准测量确定假定高程基准面的绝对高程为 $H_0$，则可对地面点 $A$ 的相对高程和绝对高程进行转换：

$$H'_A = H_A - H_0 \tag{1-2-1}$$

$$H_A = H'_A + H_0 \tag{1-2-2}$$

**3. 高差**

高差是两个地面点高程之差，用 $h$ 表示。高差有方向性和正负，与高程起算面无关。如图 1-2-3 所示，$A$ 到 $B$ 点的高差为

$$h_{AB} = H_B - H_A = H'_B - H'_A \tag{1-2-3}$$

由此可知，两点之间的高差与高程起算面无关，但需要在同一起算面中计算。

**二、水准测量的原理**

水准测量是测定地面点高程的主要方法之一。其基本原理是：利用水准仪提供一条水平视线，借助水准尺测定地面两点之间的高差，从而由已知点的高程和所测高差推求待测点的高程。如图 1-2-4 所示，$A$、$B$ 为地面上的两个固定点，假设 $A$ 点的高程 $H_A$ 已知，只需要测定 $A$ 点至 $B$ 点的高差为 $h_{AB}$，就可以根据公式（1-2-4）计算 $B$ 点的高程 $H_B$：

$$H_B = H_A + h_{AB} \tag{1-2-4}$$

高差 $h_{AB}$ 的测定方法：在 $A$、$B$ 点分别竖立一把水准尺，两点中间架设一台水准仪，根据水准仪提供的水平视线对水准尺进行读数。设水准测量作业的前进方向是从 $A$ 点到 $B$ 点，则规定 $A$ 点为后视点，$B$ 点为前视点。竖立在后视点的水准尺称为后视尺，尺面读数 $a$ 称为后视读数；竖立在前视点的水准尺称为前视尺，尺面读数 $b$ 称为前视读数。$A$ 点至 $B$ 点的高差可以表示为

$$h_{AB} = a - b \tag{1-2-5}$$

注意：高差可正可负，当 $h_{AB}$ 为正时，表示后视读数 $a$ 大于前视读数 $b$，这种情况是后视点 $A$ 低于前视点 $B$；当 $h_{AB}$ 为负时，表示后视读数 $a$ 小于前视读数 $b$，这种情况是后视点 $A$ 高于前视点 $B$。

为了避免高差 $h$ 正负号混淆，在书写时注意高差 $h$ 下标的书写顺序，从左到右表示

1.10【课件】
水准测量原
理及水准仪

1.11【视频】
水准测量
的原理

水准测量作业的前进方向。如图 1-2-4 所示，假设水准测量的前进方向是从 B 点到 A 点，则以 $h_{BA}$ 表示 B 点到 A 点的高差，$h_{BA}$ 与 $h_{AB}$ 的符号相反：

$$h_{AB} = -h_{BA} \qquad (1-2-6)$$

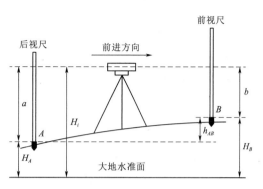

图 1-2-4　水准测量原理

前述方法是先求出两点间的高差 $h_{AB}$，再根据公式（1-2-4）计算待定点的高程，这种方法称为高差法。从图 1-2-4 可以看出，先求出水平视线的高程 $H_i$，再减去前视读数 $b$，也可以求得 B 点的高程：

$$H_B = H_i - b = (H_A + a) - b \qquad (1-2-7)$$

上述利用视线高程求待定点高程的方法，称为视线高法或仪高法，该方法适用于安置一次水准仪，由一个高程已知点推求若干个待测点的高程的情况。如图 1-2-5 所示，地面上有 A、B、C 三个固定点，设 A 点的高程 $H_A$ 已知，以 A 点为后视点竖立水准尺，读取后视读数 $a$，可求得视线高程 $H_i$，在 B、C 点分别竖立水准尺读取前视读数 $b$ 和 $c$，可根据公式（1-2-7）求得 B、C 两点的高程 $H_B$ 和 $H_C$。

如图 1-2-4 和图 1-2-5 所示，水准仪架设在已知高程点 A 和待测高程点 B 之间，根据仪器提供的水平视线在后视尺和前视尺上截取读数。如图 1-2-6 所示，若 A、B 两点之间的距离过远，或高差过大，或不能直接通视，则水准仪无法直接对水准尺进行读数，因此不能直接测定两点间的高差。此时，可以从已知高程点 A 出发，分成若干段开展水准测量，再将各段高差取代数和，得到 A 点到 B 点的高差 $h_{AB}$。

沿一条线路测定 A、B 两点间的高差 $h_{AB}$，中间增加了两个临时的立尺点 $TP_1$ 和 $TP_2$ 用于传递高程，称为转点。施测过程中，分别在 Ⅰ、Ⅱ 和 Ⅲ 段安置水准仪（每安置一次仪器称为一个测站），以高差法测定 A 点到 $TP_1$ 点的高差 $h_1$，$TP_1$ 点到 $TP_2$ 点的高差 $h_2$，$TP_2$ 点到 B 点的高差 $h_3$，求得 $h_{AB}$：

$$h_{AB} = h_1 + h_2 + h_3 = (a_1 - b_1) + (a_2 - b_2) + (a_3 - b_3) = \sum a - \sum b \qquad (1-2-8)$$

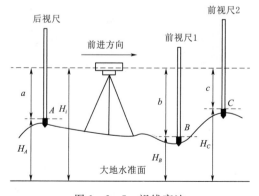

图 1-2-5　视线高法

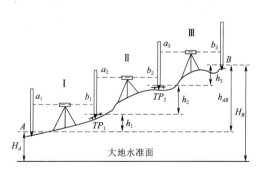

图 1-2-6　转点与测站

根据公式（1-2-4）即可推求 $B$ 点的高程。注意：$B$ 点的高程是从 $A$ 点高程开始，经转点传递得到，因此在相邻测站的观测过程中必须保持转点高程稳定不变。比如，将 $A$ 点高程传递到 $TP_2$ 点，首先需要以 $TP_1$ 点作为前视点开展第 I 测站的观测，将高程传递给转点 $TP_1$，然后以 $TP_1$ 点作为后视点开展第 II 测站的观测，把高程从 $TP_1$ 点传递到 $TP_2$ 点，在此观测过程中，只有保证 $TP_1$ 点是稳定的，才能得到 $TP_2$ 点正确的高程。

### 三、水准测量的仪器、工具及其使用方法

由水准测量的原理可知，水准仪的作用是提供一条水平视线。当前，水准仪从构造上可分为两大类：一类是利用水准管获得水平视线的微倾式水准仪 [图1-2-7（a）]；一类是利用补偿器获得水平视线的自动安平水准仪 [图1-2-7（b）]。

1.12【课件】
水准仪的
安置

1.13【视频】
水准仪的
构造与操作

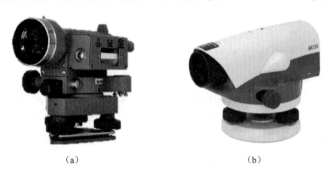

（a）　　　　　　　　　　（b）

图1-2-7　微倾式水准仪和自动安平水准仪

#### 1. 电子水准仪

电子（数字）水准仪是在自动安平水准仪的基础上发展而来的一种光、机、电一体化测量仪器。与光学水准仪（微倾式、自动安平水准仪）相比，电子水准仪增加了数字图像识别处理、测量数据处理和存储系统，实现了水准标尺的自动读数和记录，具有速度快、精度高、使用方便、易于实现水准测量内外业一体化的优点。如图1-2-8所示，从左到右依次展示了徕卡、索佳、天宝和南方公司生产的高精度电子水准仪。

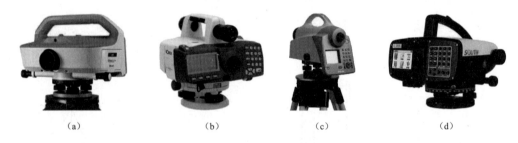

（a）　　　　　　（b）　　　　　　（c）　　　　　　（d）

图1-2-8　电子水准仪

（1）电子水准仪的原理。电子水准仪的望远镜中安置了一个光电探测器（CCD阵列），如图1-2-9所示。可将水准尺上的条码图像用电信号传送给信息处理机，处理得到水平视线的标尺读数以及数据值。各厂家生产的条码水准尺都属于专利，条码不同，对应的读数方法也不相同，主要有相关法、几何法和相位法三种。

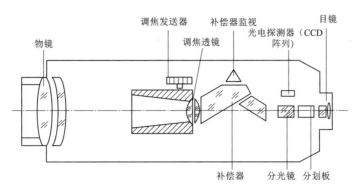

图 1-2-9　电子水准仪望远镜结构示意图

（2）电子水准仪的构造。不同型号的电子水准仪，其外观和操作方法也有所不同，但基本的构造、功能和使用方法是相同的。下面以南方测绘公司生产的 DL-2007 电子水准仪为例，介绍电子水准仪的外部构造。如图 1-2-10 所示，DL-2007电子水准仪主要由望远镜、基座、水准器以及操作面板等部件组成。

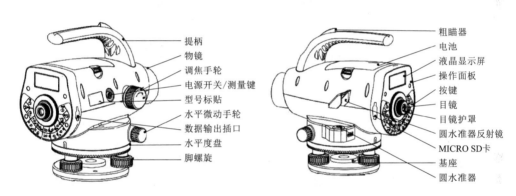

图 1-2-10　南方测绘公司 DL-2007 电子水准仪

（3）电子水准仪的功能。DL-2007 电子水准仪的主菜单见表 1-2-1，其测量模式分为标准测量和线路水准测量两种。线路水准测量包含国家二至四等水准测量模式，标准测量模式则包含标准测量、高程放样、高差放样和视距放样。标准测量功能只用于标尺读数以及视距计算，而不进行高程计算。高程放样功能可根据输入的高程值测设地面点。高差放样功能可根据输入的高差值测设地面点。视距放样功能可根据输入的距离值测设地面点。

表 1-2-1　　　　　　　　　　DL-2007 电子水准仪的菜单内容

| 项　目 | 一级菜单 | 二级菜单 | 三级菜单 | 四级菜单 |
|---|---|---|---|---|
| 主菜单［MENU］ | 标准测量模式 | 标准测量 | | |
| | | 高程放样 | | |
| | | 高差放样 | | |
| | | 视距放样 | | |

续表

| 项　目 | 一级菜单 | 二级菜单 | 三级菜单 | 四级菜单 |
|---|---|---|---|---|
| 主菜单［MENU］ | 线路测量模式 | 开始线路测量 | 三等水准测量（BFFB） | |
| | | 继续线路测量 | 四等水准测量（BBFF） | |
| | | 结束线路测量 | 后前/后中前 | |
| | | | 二等水准测量（往返测） | |
| | 检校模式 | 方式 A | | |
| | | 方式 B | | |
| | 数据管理 | 生成文件夹 | | |
| | | 删除文件夹 | | |
| | | 输入点 | | |
| | | 拷贝作业 | 内存/SD 卡 | 作业/点号/BM＃ |
| | | 删除作业 | 内存/SD 卡 | |
| | | 查找作业 | 内存/SD 卡 | |
| | | 文件输出 | 内存/SD 卡 | |
| | | 检查容量 | 内存/SD 卡 | |
| | 格式化 | 内存/SD 卡 | | |

（4）电子水准仪的特点。

1）读数客观：不存在误读、误记问题，消除了人为读数误差。

2）精度高：多条码测量，削弱了标尺分划误差的影响；自动多次测量，削弱了外界条件如震动、大气扰动等的影响。

3）速度快：省去了报数听记、现场计算以及认为出错的重测工作量。

4）效率高：只需调焦和按键就可以自动读数，减轻了劳动强度；实现了数据的自动记录、检核、处理，并能从仪器中直接把数据输入到计算机中进行存储或后处理，可实现内式外业一体化。

5）操作简单：仪器预存了大量测量和检核程序，操作时有实时提示。

2. 水准尺和尺垫

（1）水准尺。

1.14【课件】水准尺及尺垫

1）普通水准尺。普通水准尺一般用干燥木料或玻璃纤维合成材料制成，按其构造的不同分为折尺［图1-2-11（a）］、塔尺［图1-2-11（b）］和直尺［图1-2-11（c）］。折尺可以对折，塔尺可以伸缩，这两种尺方便运输，但用旧后的接头处容易损坏，影响尺长的精度。因此，国家三、四等水准测量规定只能用直尺。为了使尺子抗弯曲，其横剖面一般设计成丁字形、槽形、工字形等。国家三、四等水准测量一般使用尺长为3m的区格式木质双面水准尺，尺面每1cm涂有黑白或红白相间的分格，其中黑面尺称为主尺，红面尺称为辅助尺。双面水准尺一般成对使用（A尺、B尺），黑面尺的起始分划均为0，红面尺的起始分划一般为4687mm（A尺）或4787mm（B尺）。因此，A、B尺的注记零点差黑面为0，红面为0.1m。在视线高度相同时，同一根双面尺的黑红面读数之差应相差一个常数，称为基辅差，又称为尺常数，用 $K$ 表示，一般为 4687mm 或 4787mm。

2）精密水准尺。在一、二等水准测量中，一般使用尺长更稳定的铟瓦水准尺。如图 1-2-12 所示，这种水准尺的分划是漆在铟瓦合金钢带上，铟瓦合金钢带以一定的拉力引张在尺身的沟槽中，钢带的长度不受尺身伸缩变形的影响。

1.15【课件】
精密水准
仪及水准尺

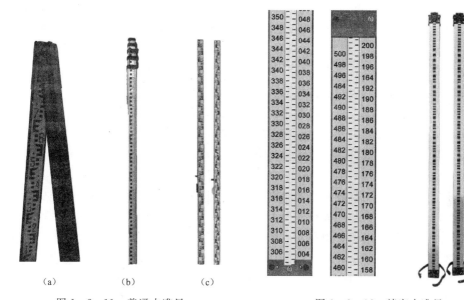

图 1-2-11　普通水准尺　　　　　　图 1-2-12　精密水准尺

3）水准尺的读数。电子水准仪配套相应的条码尺，在完成整平、调焦后即可按键进行自动读数。在当采用普通标尺时，以用十字丝横丝切水准尺上的刻划读出四个数字，分别代表米、分米、厘米、毫米，并以毫米为单位。其中，"米"和"分米"在水准尺上有注记可直接读出；"厘米"是从横丝所在区格的尖角开始数，黑白相间的一格为 1 厘米；"毫米"需要在一格内估读。如图 1-2-13 所示，黑面 [图 1-2-13（a）] 读数为 1608，红面 [图 1-2-13（b）] 读数为 6295。

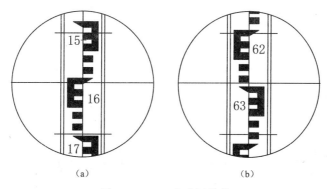

图 1-2-13　水准尺读数

（2）尺垫。如图 1-2-14 所示，尺垫一般为三角形，由生铁铸成，其下部有三个支脚，上部中央有一凸起的半圆球体。在进行多测站连续的水准测量时，尺垫放在转点上用作临时的立尺点，一方面防止水准尺下沉，另一方面用于传递高程。使用时，应将水准尺立于尺垫的半球顶，若在软土地使用尺垫，还应将尺垫的支脚牢固踩入地下。

3. 电子水准仪的基本操作

在使用精密电子水准仪进行作业之前，通常要进行如下设置：路线名、起点点名、起点高程、终点点名、终点高程、往返测设置、测量等级设置、读数次数、观测顺序、高程显示位数、距离显示位数、视距长上限值、视距长下限值、视线高上限值、视距高下限值、前后视距差限值、视距差累计值限值、两次读数差限值、两次所测高差之差限值等。仪器具体的参数需要根据规范或标准设置，这里不再赘述，主要讲述电子水准仪在测站的基本操作，包括安置仪器、整平、照准与调焦和读数等步骤。

（1）安置仪器。在测站上，松开三脚架腿部固定螺帽，并拢架腿，把架头提升到合适的高度（大致与肩部齐平），张开三脚架且使架头大致水平，然后从仪器箱中小心取出仪器，一手握住仪器，一手调整三脚架连接螺旋的位置，对准水准仪底部的螺孔并适度拧紧。

（2）整平。整平是用脚螺旋将圆水准器的气泡调整居中，从而使仪器的竖轴大致铅垂，视线粗略水平。具体的操作步骤如图1-2-15所示：①、②、③号圆圈为三个脚螺旋，中间为圆水准器，黑色实心圆表示气泡所在位置。首先将圆水准器旋转至适当的位置，当气泡处于a处时，双手分别控制①、②号脚螺旋同时向内旋转，使气泡移动到b处（①、②号脚螺旋连线方向的中间），再转动③号脚螺旋，使气泡居中。在整平的过程中，气泡移动的方向始终与左手大拇指的运动方向一致，故称左手大拇指法则。

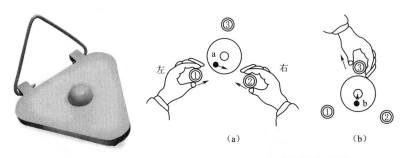

图1-2-14 尺垫　　　　图1-2-15 左手大拇指法则

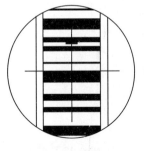

图1-2-16 照准与调焦

（3）照准与调焦。首先将望远镜对准天空或明亮背景（切忌直对太阳），旋转目镜调焦螺旋使十字丝分最为清晰；然后利用粗瞄准器进行瞄准，旋转水平微动手轮使十字丝的竖丝对准条码的中间，如图1-2-16所示。若水准尺成像不清晰，可以旋转物镜调焦螺旋进行调整。在完成以上步骤之后，如果观测者眼睛在目镜处上、下（或左、右）移动，目标像与十字丝之间产生相对移动，则说明存在视差。产生视差的原因是水准尺像没有落在十字丝分划板焦平面上。视差的存在会直接影响读数的正确性，因此必须加以消除。消除方法是反复调节目镜调焦螺旋和物镜调焦螺旋，直至视差现象消失。

（4）读数。在标准测量模式下，按下测量键，水准仪将对条码尺进行自动读数，并在屏幕上显示水平视线读数和视距读数等数据。

### 四、水准测量的方法

1. 水准点和水准路线

（1）水准点。水准点是埋设稳固并用水准测量方法测定其高程的测量标志，常用 $BM$ 表示，分为永久点和临时点两种。永久性水准点一般埋设在冻土层以下，用混凝土制成标石（图 1－2－17），顶部中央嵌有耐腐蚀材质的半球形金属标芯以表示水准点的高程位置。此外，有些永久性水准点的金属标芯直接埋设在稳固建筑物的墙角上，称为墙上水准点，如图 1－2－18 所示。

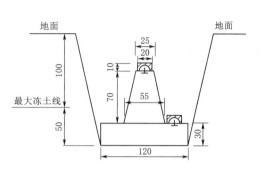

图 1－2－17　混凝土基本水准标石埋设图（单位：cm）

1.16【课件】
等外水准测量

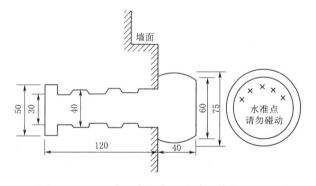

图 1－2－18　墙上水准点埋设图（单位：mm）

在五等水准测量和图根水准测量中，通常需要根据国家等级水准点进行加密，得到精度低于国家等级要求的水准点。此时，可按需要埋设临时性水准点，比如以地面凸起的坚硬岩石作标记，或在松软的地面打入打木桩并在桩顶钉入小铁钉，以表示水准点。

（2）水准路线。在水准点间进行水准测量所经过的路线，称为水准路线。两水准点之间的路线称为测段。根据已知高程水准点和待定高程水准点的分布和精度要求，水准路线的基本形式有附合水准路线、闭合水准路线和支水准路线。

1）附合水准路线。如图 1－2－19 所示，从一个已知高程的水准点（$BM_1$）出发，沿一条路线进行水准测量，以测定其他若干待定点（$P_1$、$P_2$ 和 $P_3$）的高程，最后联测到另一个已知高程的水准点（$BM_2$）。

2）闭合水准路线。如图 1－2－20 所示，从一个已知高程的水准点（$BM_1$）出发，沿一条环形路线进行水准测量，测定沿线若干待定点（$P_1$、$P_2$ 和 $P_3$）的高程，

1.17【课件】
水准路线的
布设及高差
闭合差

1.18【视频】
水准路线的
布设形式

1.19【课件】
附合水准
路线

最后又回到起始水准点（$BM_1$）。

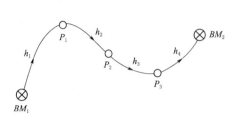

图 1-2-19 附合水准路线

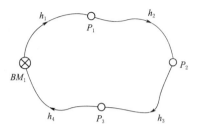

图 1-2-20 闭合水准路线

3）支水准路线。如图 1-2-21 所示，从一个已知高程的水准点（$BM_1$）出发，沿系列待定点进行水准测量，最终既不闭合也不附合到已知高程的水准点。

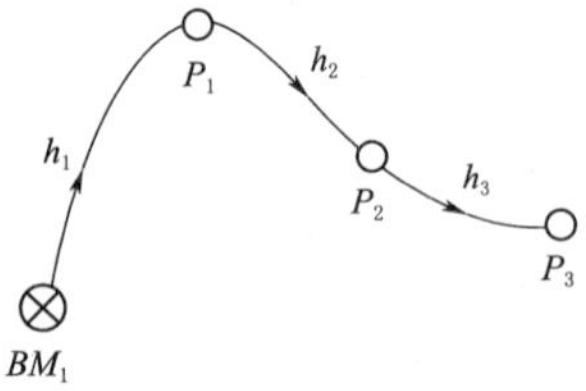

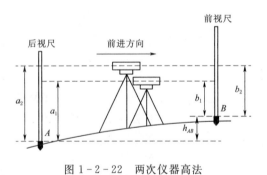

图 1-2-21 支水准路线

**2. 测站检核方法**

在连续的水准测量工作中，任何一个后视读数或前视读数有错误，都会影响高差的正确性，因此必须对每一个测站的观测数据和计算成果进行检核，常用的检核方法有两次仪器高法和双面尺法。

（1）两次仪器高法。如图 1-2-22 所示，在测站上第一次安置仪器，观测后视读数 $a_1$、前视读数 $b_1$，计算得到高差 $h_1$；第二次安置仪器（需改变仪器高度 10cm 以上），观测后视读数 $a_2$、前视读数 $b_2$，计算得到高差 $h_2$。检核：比较 $h_1$ 和 $h_2$，若差值在 $\pm 5$mm 以内则通过检核，取两次高差平均值作为两点间的高差观测值。

（2）双面尺法。如图 1-2-23 所示，使用双面尺进行水准测量，在测站上分别观测后视尺和前视尺的黑、红面读数，并由黑面读数 $a_1$、$b_1$ 计算得到高差 $h_黑$，由红面读数 $a_2$、$b_2$ 计算得到高差 $h_红$。检核：①比较同一根水准尺的黑、红面读数，若两者差值（顾及尺常数 $K$）在 $\pm 3$mm 以内则通过检核；②比较 $h_黑$ 和 $h_红$，若差值在 $\pm 5$mm 以内则通过检核。此时可以取两次高差平均值作为两点间的高差观测值。

图 1-2-22 两次仪器高法

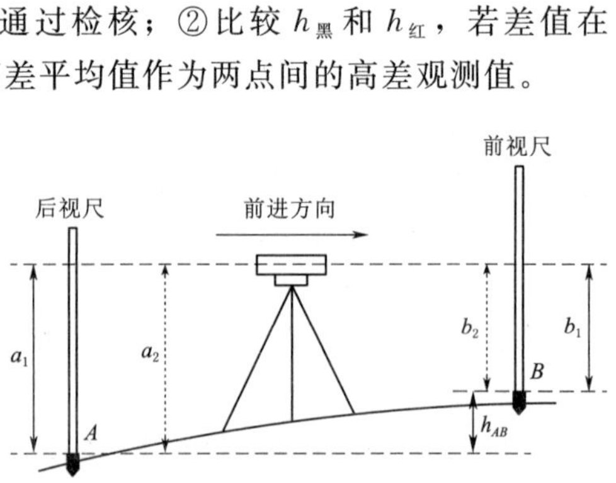

图 1-2-23 双面尺法

**3. 国家三、四等水准测量**

（1）国家三、四等水准测量的技术指标。国家三、四等水准测量一般用于建立小区域地形测图以及一般工程的高程控制。国家三、四等水准测量起算点的高程一般引自国家一、二等水准点，若测区附近没有高等级的控制点，可根据测区或建设项目的需要，假设起算点的高程，建立独立的水准网。根据《国家三、四等水准测量规范》（GB/T 12898—2009），观测过程中具体的技术指标见表1-2-2。

表1-2-2 　　　　　　　国家三、四等水准测量技术指标

| 等级 | 仪器类别 | 视线长度/m | 前后视距差/m | 任一测站上前后视距差累积/m | 视线高度 | 数字水准仪重复测量次数 |
|------|---------|-----------|-------------|------------------------|---------|---------------------|
| 三等 | DS3 | ≤75 | ≤2.0 | ≤5.0 | 三丝能读数 | ≥3次 |
|      | DS1、DS05 | ≤100 | | | | |
| 四等 | DS3 | ≤100 | ≤3.0 | ≤10.0 | 三丝能读数 | ≥2次 |
|      | DS1、DS05 | ≤150 | | | | |

注　相位法数字水准仪重复测量次数可以为表1-2-2中数值减少一次。所有数字水准仪，在地面震动较大时，应暂时停止测量，直至震动消失，无法回避时应随时增加重复测量次数。

（2）国家三、四等水准测量观测方法。国家三、四等水准测量一般采用DS3光学水准仪和木质区格式双面水准尺。当采用数字水准仪时，若搭配双面水准尺，则可把数字水准仪视为光学水准仪使用；若搭配单面条码尺，观测过程中则需要对两把标尺进行重复自动读数。下面以使用光学水准仪为例，介绍在一测站上按双面尺法进行国家三、四等水准测量的观测顺序：

1）照准后尺黑面，进行上、下、中丝读数，分别记入表1-2-3（1）、（2）、（3）处。

2）照准前尺黑面，进行中、上、下丝读数，分别记入表1-2-3（4）、（5）、（6）处。

3）照准前尺红面，进行中丝读数，记入表1-2-3（7）处。

4）照准后尺红面，进行中丝读数，记入表1-2-3（8）处。

以上的观测顺序简称为"后—前—前—后"和"黑—黑—红—红"，其优点是可以削弱水准仪和水准尺下沉产生的误差。为了提高观测速度，四等水准测量的观测顺序也可以为"后—后—前—前"和"黑—红—黑—红"，记录表格的样式不变。无论是采用何种水准仪、何种观测顺序，务必要在读数前消除视差，且在测站检核合格后迁站。

（3）国家三、四等水准测量的测站计算与检核。

1）视距部分。

$$后视距(9)＝[上丝读数（1）－下丝读数(2)]×100÷1000 \quad (1-2-9)$$

$$前视距(10)＝[上丝读数（5）－下丝读数(6)]×100÷1000 \quad (1-2-10)$$

$$前、后视距差(11)＝后视距(9)－前视距(10) \quad (1-2-11)$$

$$前、后视距差累积(12)＝本站(11)＋上站(12) \quad (1-2-12)$$

2）水准尺读数部分。

同一把水准尺黑、红面中丝读数之差：

$$前尺(13)＝前尺黑面(4)＋K_2－前尺红面(7) \quad (1-2-13)$$

$$后尺(14)＝后尺黑面(3)＋K_1－前尺红面(8) \quad (1-2-14)$$

$K$ 为水准尺常数，为4687mm或4787mm，应在备注中注明第一测站中前、后视

1.21【课件】四等水准测量测站记录与计算

1.22【视频】四等水准测量——测站的观测记录与计算

1.23【视频】四等水准测量测站检核及注意事项

1.24【课件】四等水准测量测站检核与注意事项

17

尺的尺常数。

3）高差部分。

$$黑面所测高差(15)＝后尺黑面(3)－前尺黑面(4) \quad (1-2-15)$$

$$红面所测高差(16)＝后尺红面(8)－前尺红面(7) \quad (1-2-16)$$

$$黑、红面所测高差之差(17)＝黑面(15)－红面(16)±100 \quad (1-2-17)$$

或　　　　$$黑、红面所测高差之差(17)＝后尺(14)－前尺(13) \quad (1-2-18)$$

表 1 - 2 - 3　　　　　　　　国家三、四等水准测量观测手簿

| 测站编号 | 点号 | 后尺/mm | 上丝 | 前尺/mm | 上丝 | 方向及尺号 | 中丝读数/mm | | K＋黑减红/mm | 高差中数/m | 备注 |
|---|---|---|---|---|---|---|---|---|---|---|---|
| | | | 下丝 | | 下丝 | | 黑面 | 红面 | | | |
| | | 后视距/m | | 前视距/m | | | | | | | |
| | | 视距差 $d$/m | | $\Sigma d$/m | | | | | | | |
| 示例 | 示例 | (1) | | (5) | | 后 $K_1$ | (3) | (8) | (14) | | $K$ 为水准尺常数<br>$K_1＝4787$<br>$K_2＝4687$ |
| | | (2) | | (6) | | 前 $K_2$ | (4) | (7) | (13) | | |
| | | (9) | | (10) | | 后一前 | (15) | (16) | (17) | (18) | |
| | | (11) | | (12) | | | | | | | |
| 1 | A｜B | 1146 | | 1744 | | 后 $K_1$ | 1024 | 5811 | 0 | | |
| | | 0903 | | 1499 | | 前 $K_2$ | 1622 | 6308 | ＋1 | | |
| | | 24.3 | | 24.5 | | 后一前 | －0598 | －0497 | －1 | －0.5975 | |
| | | －0.2 | | －0.2 | | | | | | | |
| 2 | B｜C | 1479 | | 0982 | | 后 $K_2$ | 1171 | 5859 | －1 | | |
| | | 0864 | | 0373 | | 前 $K_1$ | 0678 | 5465 | 0 | | |
| | | 61.5 | | 60.9 | | 后一前 | ＋0493 | ＋0394 | －1 | ＋0.4935 | |
| | | ＋0.6 | | ＋0.4 | | | | | | | |

若上述计算均符合限差要求，可计算高差中数（平均高差），作为本站的高差观测值，否则应当重测。由于两把水准尺红面底端的读数零点一个为 4687mm，一个为 4787mm，有 100mm 的偏差。因此，需要对红面高差±100，才可与黑面高差共同计算差值和平均值。

$$高差中数(18)＝[黑面(15)＋红面(16)±100]÷2÷1000 \quad (1-2-19)$$

在使用公式（1-2-17）和公式（1-2-19）时，"±100"的原则是"以黑面高差为准"，即黑面所测高差(15)大于红面所测高差(16)时＋100，反之－100。

（4）每页观测记录检核。在检核每一测站的观测成果之外，还应在每页观测手簿下方作总的检核计算。

1）视距部分。在每页观测手簿上，后视距总和与前视距总和之差应等于本页观

18

测手簿末站视距差累积值。

$$末站视距差累积值(12)=后视距总和\sum(9)-前视距总和\sum(10)$$

$$(1-2-20)$$

若检核无误，可计算水准路线的总长度（总视距）。

$$水准路线总长度=后视距总和\sum(9)+前视距总和\sum(10) \quad (1-2-21)$$

2）高差部分。

$$\sum(13)=\sum[(4)+K_2]-\sum(7) \quad (1-2-22)$$

$$\sum(1)=\sum[(3)+K_1]-\sum(8) \quad (1-2-23)$$

$$\sum(15)=\sum(3)-\sum(4) \quad (1-2-24)$$

$$\sum(16)=\sum(8)-\sum(7) \quad (1-2-25)$$

3）成果整理。在完成水准路线的观测后，可参见"五、水准测量成果整理"有关内容进行成果整理，计算各点高程。

**4. 精密水准测量**

精密水准测量一般指国家一、二等水准测量，是建立国家高程控制网的主要方法。下面以国家二等水准测量为例，说明精密水准测量的实施。

（1）国家二等水准测量的技术指标。根据《国家一、二等水准测量规范》（GB/T 12897—2006），国家二等水准路线应在国家一等水准环内，沿公路、大路及河流布设，路线闭合成环并构成网状，观测过程中具体的技术指标见表1-2-4。

1.25【视频】
精密水准测量

表1-2-4　　　　　国家一、二等水准测量技术指标

| 等级 | 仪器类别 | 视线长度/m | | 前后视距差/m | | 任一测站上前后视距差累积/m | | 视线高度/m | | 数字水准仪重复测量次数 |
| --- | --- | --- | --- | --- | --- | --- | --- | --- | --- | --- |
| | | 光学 | 数字 | 光学 | 数字 | 光学 | 数字 | 光学（下丝读数） | 数字 | |
| 一等 | DSZ05 DS05 | ≤30 | ≥4且≤30 | ≤0.5 | ≤1.0 | ≤1.5 | ≤3.0 | ≥0.5 | ≤2.80 且≥0.65 | ≥3次 |
| 二等 | DSZ1 DS1 | ≤50 | ≥3且≤50 | ≤1.0 | ≤1.5 | ≤3.0 | ≤6.0 | ≥0.3 | ≤2.80 且≥0.55 | ≥2次 |

注　下丝为近地面的视距丝。几何法数字水准仪视线高度的高端限差一、二等允许有2.85m，相位法数字水准仪重复测量次数可以为表1-2-4中数值减少一次。所有数字水准仪，在地面震动较大时，应随时增加重复测量次数。

（2）国家二等水准测量观测方法。国家二等水准测量一般使用DS1以上的数字水准仪（最小读数为0.01mm），配套线条式钢瓦标尺或条码式钢瓦标尺，采用单路线往返的方式进行观测，以手簿记录或电子记录的形式记录外业数据。下面以数字水准仪为例，介绍测一站的观测程序，以及说明手簿记录的内容与计算。

1.26【课件】
二等水准测量（电子水准仪）

往、返测，奇数站的观测顺序如下：

照准后尺，进行后视距、中丝读数，分别记入表1-2-5（1）、（2）处。

照准前尺，进行中丝、前视距读数，分别记入表1-2-5（3）、（4）处。

照准前尺，进行中丝读数，记入表1-2-5（5）处。

照准后尺，进行中丝读数，记入表 1－2－5（6）处。

往、返测，偶数站的观测顺序如下：

照准前尺，进行前视距、中丝读数，分别记入表 1－2－5（4）、（3）处。

照准后尺，进行中丝、后视距读数，分别记入表 1－2－5（2）、（1）处。

照准后尺，进行中丝读数，记入表 1－2－5（6）处。

照准前尺，进行中丝读数，记入表 1－2－5（5）处。

往测和返测的测站数应设计为偶数站，在往测转向返测时，互换两把水准标尺的位置，并重新整置仪器，以削弱水准尺零点差的影响。

表 1－2－5　　　　　　　　　　国家二等水准测量观测手簿

| 测站编号 | 后视距 | 前视距 | 方向及尺号 | 标尺读数 | | 两次读数之差 | 备注 |
|---|---|---|---|---|---|---|---|
| | 视距差 | 视距累积差 | | 第一次读数 | 第二次读数 | | |
| 示例 | （1） | （4） | 后 A | （2） | （6） | （9） | |
| | | | 前 B | （3） | （5） | （10） | |
| | （7） | （8） | 后－前 | （11） | （12） | （13） | |
| | | | h | （14） | | | |
| 1 | 41.5 | 41.4 | 后 A | 143916 | 143906 | ＋10 | |
| | | | 前 B | 139272 | 139260 | ＋12 | |
| | ＋0.1 | ＋0.1 | 后－前 | ＋4644 | ＋4646 | －2 | |
| | | | h | ＋0.04645 | | | |
| 2 | 46.9 | 46.5 | 后 B | 139411 | 139400 | ＋11 | |
| | | | 前 A | 144150 | 144140 | ＋10 | |
| | ＋0.4 | ＋0.5 | 后－前 | －4739 | －4740 | ＋1 | |
| | | | h | －0.04740 | | | |
| | | | 后 | | | | |
| | | | 前 | | | | |
| | | | 后－前 | | | | |
| | | | h | | | | |

（3）国家二等水准测量的测站计算与检核。国家二等水准测量的测站计算与检核的原理可参见国家三、四等水准测量的测站计算与检核的内容。

1）视距部分。

$$（7）＝（1）－（4） \qquad （1-2-26）$$

$$（8）＝本站（7）＋上站（8） \qquad （1-2-27）$$

2）水准尺读数部分。

$$（9）＝（2）－（6） \qquad （1-2-28）$$

$$（10）＝（3）－（5） \qquad （1-2-29）$$

3）高差部分。

$$(11) = (2) - (3) \qquad (1-2-30)$$

$$(12) = (6) - (5) \qquad (1-2-31)$$

$$(13) = (11) - (12) \qquad (1-2-32)$$

若上述计算均符合限差要求，可计算高差中数（平均高差），作为本站的高差观测值，否则应当重测。

$$(14) = [(11) + (12)] \div 2 \qquad (1-2-33)$$

4）成果整理。在完成水准路线的观测后，可参见"五、水准测量成果整理"有关内容进行成果整理，计算各点高程。

### 五、水准测量成果整理

1. 高差闭合差计算

由于测量误差的存在，观测高差之和一般不等于理论的高差，两者的差值称为高差闭合差，用 $f_h$ 表示，即

$$f_h = 高差观测值之和 - 高差理论值 \qquad (1-2-34)$$

（1）附合水准路线。如图 $1-2-19$ 所示，附合水准路线的起点 $BM_1$ 和终点 $BM_2$ 高程 $H_{始}$ 和 $H_{终}$ 已知，将终点高程减去起点高程可以得到路线高差的理论值。故高差闭合差就等于沿线所测高差的代数和减去高差理论值：

$$f_h = \sum h_{测} - (H_{终} - H_{始}) \qquad (1-2-35)$$

（2）闭合水准路线。如图 $1-2-20$ 所示，闭合水准路线的起点和终点为同一个水准点（$BM_1$），因此理论上沿线所测的高差之和应等于零，故高差闭合差为

$$f_h = \sum h_{测} \qquad (1-2-36)$$

（3）支水准路线。支水准路线一般需要往返观测，往测高差 $h_{往}$ 和返测高差 $h_{返}$ 的代数和理论值为零，故支水准路线往、返测高差闭合差为

$$f_h = h_{往} + h_{返} \qquad (1-2-37)$$

2. 高差闭合差允许值计算

高差闭合差 $f_h$ 在一定程度上反映了水准测量成果的精度。若 $f_h$ 在高差闭合差允许值 $f_{h允}$ 以内，则认为成果合格。否则，应当查明超限的原因，重新观测。《水利水电工程测量规范》（SL 197—2013）规定了一等、二等、三等、四等和五等水准测量的闭合差限差，各等级水准测量的主要技术要求见表 $1-2-6$。

1.27【课件】高程计算步骤及支水准路线计算

1.28【视频】附合水准路线计算

1.29【视频】闭合水准路线计算

表 1-2-6 　　　　　各等级水准测量的主要技术要求 　　　　　单位：mm

| 等级 | 路线、区段、测段往返测高差不符值 | 左右路线高差不符值 | 附合路线或环线闭合差 | 山区水准路线区段、测段往返测高差不符值 |
|---|---|---|---|---|
| 一等 | $1.8\sqrt{K}$ | — | $2\sqrt{L}$ | — |
| 二等 | $4\sqrt{K}$ | — | $4\sqrt{L}$ | — |
| 三等 | $12\sqrt{K}$ | $8\sqrt{K}$ | $12\sqrt{L}$ | $4\sqrt{n}$ 或 $15\sqrt{L}$ |

续表

| 等级 | 路线、区段、测段往返测高差不符值 | 左右路线高差不符值 | 附合路线或环线闭合差 | 山区水准路线区段、测段往返测高差不符值 |
|------|------|------|------|------|
| 四等 | $20\sqrt{K}$ | $14\sqrt{K}$ | $20\sqrt{L}$ | $6\sqrt{n}$ 或 $25\sqrt{L}$ |
| 五等 | $30\sqrt{K}$ | $20\sqrt{K}$ | $30\sqrt{L}$ | $10\sqrt{n}$ 或 $40\sqrt{L}$ |

**注** $K$—路线、区段或测段长度，单位为千米（km），当 $K$ 小于 0.1km 时，按 0.1km 计算；

　　$L$—附合路线或环线长度，单位为千米（km）；

　　$n$—测站数，当每千米水准测量单程测站数大于 16 站时，可按 $n$ 计算高差不符值。

　　水准环线由不同等级路线构成时，按各等级路线长度分别计算高差闭合差，取其平方和的平方根为环线的限差。

**3. 分配高差闭合差**

若高差闭合差满足限差要求，即 $|f_h| < f_{h允}$，则对高差闭合差进行分配，使各测段的高差更合理。在同一条水准路线上，可认为观测条件相同，即每千米（或测站）出现误差的可能性相等，因此，可将高差闭合差反号，按与测段的长度（或测站数）成正比例的原则，分配到各测段的观测高差上。各测段高差改正数的计算公式如下：

$$v_i = -\frac{f_h}{\sum L} \times L_i \qquad 或 \qquad v_i = -\frac{f_h}{\sum n} \times n_i \qquad (1-2-38)$$

式中　$v_i$——第 $i$ 测段观测高差的改正数；

　　　$L_i, n_i$——第 $i$ 测段的长度和测站数；

　$\sum L$，$\sum n$——水准路线的总长度和总测站数。

改正数的总和 $\sum v$ 应与路线高差闭合差等值反号，可按 $\sum v = -f_h$ 检核高差改正值计算的正确与否。

**4. 计算改正后高差**

各测段改正后的高差等于该测段观测高差加上该测段的高差改正数，即

$$h_{i改} = h_i + v_i \qquad (1-2-39)$$

若计算无误，改正后的高差之和应等于其理论值。

**5. 计算水准面不平行改正数**

由于水准面之间不平行，使得两个固定点间沿不同测量路线所测得的高差不一致而产生多值性。因此在计算水准点高程时，所用的高差应加入水准面不平行改正 $\varepsilon$。根据《国家一、二等水准测量规范》（GB/T 12897—2006），一测段的水准面不平行改正 $\varepsilon$ 可按下式计算：

$$\varepsilon = -(\gamma_{i+1} - \gamma_i)H_m/\gamma_m \qquad (1-2-40)$$

$$\gamma_m = (\gamma_i + \gamma_{i+1})/2 - 0.1543H_m \qquad (1-2-41)$$

$$\gamma = 978032 \times (1 + 0.0053024\sin^2\phi - 0.0000058\sin^2 2\phi) \qquad (1-2-42)$$

以上式中　$\gamma_i, \gamma_{i+1}$——$i$ 点和 $i+1$ 点椭球面上的正常重力值；

　　　　　$\gamma_m$——两水准点正常重力平均值，取至 $0.01 \times 10^{-5}\ \text{m/s}^2$；

　　　　　$H_m$——两水准点概略高程平均值，m；

　　　　　$\phi$——水准点纬度。

**6. 计算待定点高程**

根据改正后的高差,从起点开始沿水准测量的前进方向逐一推算待定点的高程,即

$$H_i = H_{i-1} + h_{i改} \qquad (1-2-43)$$

推算的终点高程应等于其已知高程,否则说明计算有误。水准测量成果整理的算例见表 1-2-7。

表 1-2-7 水准测量成果计算表

| 点号 | 距离/km | 高 差 | | 改正后高差/m | 高程/m |
|---|---|---|---|---|---|
| | | 观测值/m | 改正值/mm | | |
| $BM_0$ | | | | | 36.429 |
| | 0.8 | −1.382 | −8 | −1.390 | |
| $P_1$ | | | | | 35.039 |
| | 0.9 | +2.075 | −9 | +2.066 | |
| $P_2$ | | | | | 37.105 |
| | 1.2 | −1.754 | −13 | −1.767 | |
| $P_3$ | | | | | 35.338 |
| | 1.0 | +1.102 | −11 | +1.091 | |
| $BM_0$ | | | | | 36.429 |
| Σ | 3.9 | +0.041 | −41 | 0 | |

## 六、水准仪的检验与校正

**1. 水准仪的轴线及其应满足的条件**

水准仪的轴线如图 1-2-24 所示,$CC$ 为视准轴,$LL$ 为水准管轴(对于电子水准仪,可将自动安平补偿器视为管水准器),$L'L'$ 为圆水准器轴,$VV$ 为仪器竖轴(纵轴),应满足的几何条件如下:

(1) $L'L'/\!/VV$。

(2) $LL/\!/CC$。

(3) 十字丝横丝⊥$VV$。

在水准仪出厂时,一般满足以上的条件,能够提供一条精确的水平视线。但由于仪器在运输、使用的过程中受到震动的影响,上述条件可能发生一定的变化,将在水准测量中引入一定的误差。因此,在水准测量前应对所使用的仪器进行检验,如有问题应及时校正。

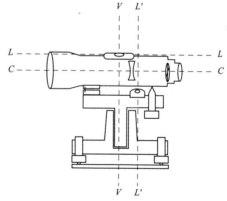

图 1-2-24 水准仪的主要轴线

**2. 圆水准器的检验与校正**

(1) 检验:调节脚螺旋使圆水准器气泡居中,然后将仪器绕竖轴旋转 180°,观察气泡是否居中:若居中,说明条件满足;若不居中,则需要校正。

(2) 校正:如图 1-2-25 所示,转动脚螺旋,使气泡向中心移动一半,此时纵轴铅垂。再用校正针拨动圆水准器底部的三个校正螺丝(图 1-2-26),使气泡居中。重复检验和校正的步骤,直到仪器旋转到任意方向气泡都居中为止。

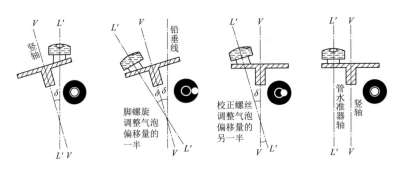

图1-2-25 圆水准器的校正

3. 十字丝横丝的检验与校正

(1) 检验：调节脚螺旋使圆水准器气泡居中后，用十字丝的横丝照准某一清晰目标点 $M$ [图1-2-27 (a)]，转动水平微动螺旋使望远镜左右转动，观察目标点 $M$ 的移动情况，若目标点沿着横丝移动 [图1-2-27 (b)]，表明条件满足，若目标点偏离横丝 [图1-2-27 (c)]，则需要校正。

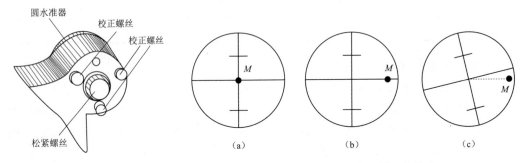

图1-2-26 圆水准器的校正螺丝          图1-2-27 十字丝横丝的检验

(2) 校正：旋开十字丝分划板护盖，用螺丝刀松开四个压环螺丝，按横丝倾斜的反方向转动十字丝使其水平，重复检验和校正的步骤，直至条件满足，最后旋紧十字丝分划板压环螺丝。

4. 水准管轴平行于视准轴的检验与校正

若望远镜的视准轴不平行于水准管轴，二者在竖直面上的交角称为 $i$ 角。$i$ 角的存在将影响水准尺读数的准确性，所产生的误差称为交叉误差，也称为 $i$ 角误差。$i$ 角检验是水准仪各项检验中最重要的一项。

(1) 检验：如图1-2-28所示，在平坦地面上选定相距约80m的 $A$、$B$ 两点，打入木桩或放置尺垫后竖立水准尺，将水准仪安置在 $A$、$B$ 连线的中点 $C$，分别读取 $A$、$B$ 两点水准尺的读数 $a_1$ 和 $b_1$，计算两点之间的高差 $h_{AB}$。由于水准仪到两尺的距离相等，因此 $i$ 角对水准尺读数影响 $x$ 的大小也相等，在计算高差的过程中可以抵消 $i$ 角误差，可以认为 $h_{AB}$ 就是 $A$、$B$ 两点之间的正确高差。此外，为确保高差计算的准确性，可采用双面尺法或两次仪器高法进行测站检核，若满足限差要求，则取两次所测高差的平均值作为 $A$、$B$ 两点之间的高差。随后，把水准仪架设在距 $B$ 点约

3m 的测站 $E$，分别读取 $A$、$B$ 点尺的读数 $a_2$ 和 $b_2$，再次计算两点之间的高差 $h'_{AB}$。因为水准仪距离 $B$ 点尺很近，所以可认为 $i$ 角引起的读数偏差近似为零，即认为读数 $b_2$ 是正确的。而 $A$ 点尺距离水准仪较远，$i$ 角引起的误差也较大，可根据 $b_2$ 和正确的高差 $h_{AB}$ 计算测站 $E$ 视线水平时 $A$ 尺应有读数 $a'_2$ 和 $i$ 角，即

$$a'_2 = h_{AB} + b_2 \qquad (1-2-44)$$

$$i = \frac{|a_2 - a'_2|}{D_{AB}}\rho'' \qquad (1-2-45)$$

式中　$D_{AB}$——$A$、$B$ 两点的水平距离。

$\rho = 206265''$。根据《国家三、四等水准测量规范》（GB/T 12898—2009），对于 $i$ 角大于 $20''$ 的仪器应进行校正。根据《国家一、二等水准测量规范》（GB/T 12897—2006），对于 $i$ 角大于 $20''$ 的仪器应进行校正。

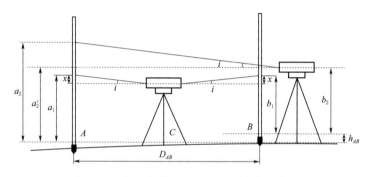

图 1-2-28　水准管轴平行于视准轴的检验

（2）校正：对于电子（自动安平）水准仪，应送有关修理部门进行校正。对于微倾（气泡）式水准仪，可按下述方法校正：在测站 $E$ 上，转动微倾螺旋，使十字丝横丝读数从 $a_2$ 移动到 $a'_2$，此时视准轴处于水平位置，但管水准器气泡不居中。用校正针拨动水准管上、下两个校正螺丝，使气泡居中，重复检验和校正的步骤，直到 $i$ 角满足要求为止，最后拧紧校正螺丝。

**七、水准测量的误差来源及注意事项**

1. 水准测量误差来源

水准测量误差来源于三个方面：①与仪器相关的误差（仪器误差）；②与观测者相关的误差（观测误差）；③与外界环境有关的误差。在作业中，应根据误差产生原因采取相应的措施，尽量消除或削弱误差的影响。

（1）仪器误差。仪器误差主要是仪器校正不完善所产生的误差。

1）$i$ 角误差。$i$ 角误差经校正后仍然残余少量误差，使读数产生偏差。从"六、水准仪的检验与校正"的讨论可知，在观测时只要使前、后视距尽量相等，就可消除或削弱 $i$ 角误差。

2）十字丝横丝误差。若十字丝横丝不垂直于仪器的竖轴，将导致横丝不同位置在水准尺上的读数不同，从而产生误差。在观测时，应尽量用十字丝中部瞄准目标和读数。

3）水准尺误差。水准尺刻划不均、弯曲、零点磨损等因素也将引入一定的误差。在作业前，应对水准尺进行检验，在观测中前、后尺交替使用、测站数设为偶数可减弱或消除误差的影响。

（2）观测误差。观测误差主要包括精平误差、调焦误差、读数误差、水准尺倾斜误差等。

1）精平误差。水准仪的视线是否精确水平是根据水准气泡是否居中来判断的，若观测过程中，气泡不能严格居中，必然会带来误差。这种误差对前、后视读数的影响是不相同的且不能忽视，因此，在观测中一定要严格精平，并且快速读数。

2）调焦误差。在观测过程中，若在观测前、后尺时均进行调焦，将使前、后尺读数中的 $i$ 角误差不一致，在计算高差过程中不能很好地消除或削弱 $i$ 角的影响。因此，在一测站中尽量使前、后视距相等，避免重复调焦。

3）读数误差。读数误差与人眼分辨能力以及仪器的性能有关。因此，一方面应根据水准测量的等级选用水准仪；另一方面，在观测过程中，应严格消除视差。

4）水准尺倾斜误差。水准尺倾斜，总是使读数偏大，因此确保作业时水准尺竖直是非常重要的。常用的方法是在尺上安装圆水准器，指示标尺的倾斜情况。此外，若观测的水准尺上有数字刻划，可以采用"摇尺法"读数，即在尺子前、后摆动的过程中读取变化最小的读数。

（3）外界环境影响误差。

1）水准仪和尺垫下沉误差。在土质松软处，水准仪下沉将使水平视线降低，尺垫下沉将使相邻两侧站的转点不等高，均对高差计算产生一定的影响。在观测过程中，可采用"后—前—前—后"的观测顺序减小水准仪下沉的影响；通过缩短观测时间、采用往返测取高差平均值的方法，减弱尺垫下沉影响。

2）大气折光的影响误差。大气密度不均匀使光线产生折射，使水平视线成为曲线。一般情况下，视线越近地面越近，折射也越大。因此，测量时应使视线高出地面一定的高度（一般 0.3m）。

3）日照和风力的影响误差。光照会造成仪器各部分受热不均匀，使水准仪轴线的几何关系发生一定的改变，而风力会使仪器发生抖动，影响读数的准确性。因此，在进行等级较高的水准测量时，应选择合适的天气和有利的观测时间，给水准仪撑伞防晒，在视线抖动时及时停止观测。

**2. 水准测量的注意事项**

水准测量误差与观测过程中的观测者、仪器和外界环境有关，为了最大限度地减少误差，使水准测量的精度满足规范要求，在测量过程中应注意以下几点：

（1）三脚架高度齐胸，避免因操作不便而触动仪器。

（2）对气泡式水准仪，观测前应测出倾斜螺旋的置平零点，并作标记，随着气温变化，应随时调整零点位置。对于自动安平水准仪的水准器，观测前应严格置平。

（3）对于数字水准仪，应避免望远镜直接对着太阳；尽量避免视线被遮挡，遮挡不要超过标尺在望远镜中截长的 20%；仪器只能在厂方规定的温度范围内工作；确信震动源造成的震动消失后，才能启动测量键。

（4）尺垫应放置在土质坚硬的地面，若土质松软则应将尺垫踩实，尽量减少测量过程中尺垫下沉的影响。不应为了增加标尺读数，而把尺桩（台）安置在壕坑中。

（5）在连续各测站上安置水准仪的三脚架时，应使其中两脚与水准路线的方向平行，第三脚轮换置于路线方向的左侧与右侧。

（6）除路线转弯处外，每一测站上仪器和前后视标尺的三个位置，应接近一条直线。

（7）每一测段的往测与返测，其测站数均应为偶数，由往测转向返测时，两支标尺应互换位置，并应重新整置仪器。

（8）在高差甚大的地区，应选用长度稳定、标尺名义米长偏差和分划偶然误差较小的水准标尺作业。

（9）观测前 30min，应将仪器置于露天阴影下，使仪器与外界气温趋于一致；设站时，应用测伞遮蔽阳光；迁站时，应罩以仪器罩。使用数字水准仪前，还应进行预热，预热不少于 20 次单次测量。

# 模块三　竖直角及三角高程测量

## 一、竖直角观测原理

在同一竖直面内，目标方向线与水平线之间的夹角称为竖直角（高度角），用 $\alpha$ 表示，取值范围是 $0°\sim\pm90°$。如图 1-3-1 所示，若目标方向线在水平方向线之上，夹角为仰角（$\alpha_B$），其角值为正；若目标方向线在水平方向线之下，夹角为俯角（$\alpha_C$），其角值为负。

目标方向线与天顶方向（铅垂线的反方向）的夹角称为天顶距，用 $Z$ 表示，取值范围是 $0°\sim180°$。由图 1-3-1 可知，天顶距与竖直角的关系为

$$\alpha=90°-Z \qquad (1-3-1)$$

设想在 $A$ 点放置一个带刻度的竖直圆盘（竖直度盘）。根据竖直角的定义，其角值大小应为目标视线（$AB$ 或 $AC$）和水平视线在度盘上的读数之差。根据竖直度盘的

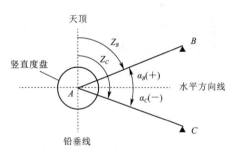

图 1-3-1　竖直角与天顶距

构造特点，当视线水平时，度盘读数应为一个定值，正常状态下为 $90°$ 的整倍数，如 $90°$、$270°$。因此，在测定竖直角时，只需要照准目标，读取竖直度盘读数，即可计算出竖直角。

## 二、竖直角计算

竖直度盘一般采用全圆注记（$0°\sim360°$）的形式，按注记顺序分为顺时针、逆时针两类，各自对应不同的竖直角计算公式。如图 1-3-2 所示为顺时针注记的一种，盘左位置（观测者正对望远镜目镜时，竖直度盘位于望远镜的左侧，也称为正镜）视线水平时指标读数为 $90°$；盘右位置（观测者正对望远镜目镜时，竖直度盘位于望远

1.31【课件】
竖直角测量

1.32【视频】
竖直角的
概念

1.33【视频】
竖直角测
量原理

镜的右侧，也称为倒镜）视线水平时指标读数为270°。若对某一目标进行观测，盘左位置上仰视线，得竖盘指标读数$L$；盘右位置上仰视线，得竖盘指标读数$R$。盘左、盘右位置所测的竖直角分别用$\alpha_{左}$、$\alpha_{右}$表示，其计算公式为

$$\alpha_{左} = 90° - L \qquad\qquad (1-3-2)$$

$$\alpha_{右} = R - 270° \qquad\qquad (1-3-3)$$

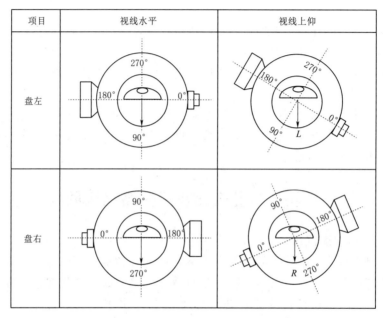

图 1-3-2　顺时针方向注记竖直度盘

如图1-3-3所示为逆时针注记的一种。观测某一目标，分别在盘左、盘右位置上仰视线，得盘左读数$L$和盘右读数$R$，则竖直角$\alpha_{左}$、$\alpha_{右}$的计算公式为

$$\alpha_{左} = L - 90° \qquad\qquad (1-3-4)$$

$$\alpha_{右} = 270° - R \qquad\qquad (1-3-5)$$

由以上分析可知，竖直角计算公式由度盘的注记顺序（顺时针或逆时针）决定。可通过以下方法判断竖直度盘注记顺序：盘左状态下，将仪器望远镜放在大致水平的位置，缓慢上仰望远镜，观察度盘读数的变化特征，若读数减小则为顺时针注记，若读数增加则为逆时针注记。

根据式（1-3-2）～式（1-3-5），可知计算竖直角无非是目标方向和水平线方向度盘读数之差，因此只需要确定哪个读数作为减数，哪个读数作为被减数，以及视线水平时的度盘读数，即可确定竖直角计算的通用公式：

视线上仰，读数增加：$\alpha =$ 目标视线读数 - 水平视线读数

视线上仰，读数减小：$\alpha =$ 水平视线读数 - 目标视线读数

在计算竖直角的过程中，认为视线水平时竖盘指标指向90°的整倍数，但由于各种原因，实际上读数指标常常偏离标准位置，使水平视线读数不等于理论读数，指标偏离的差值（角度）称为竖盘指标差$x$。竖盘指标差会导致使用式（1-3-2）～

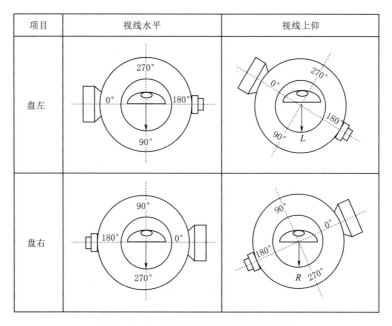

| 项目 | 视线水平 | 视线上仰 |
|------|---------|---------|
| 盘左 | | |
| 盘右 | | |

图 1-3-3  逆时针方向注记竖直度盘

式（1-3-5）计算竖直角时存在一定的误差。下面以顺时针注记的竖直度盘为例，分析竖盘指标差对度盘读数的影响。

指标偏离的两种情况如图 1-3-4 所示，第一种情况是指标偏离方向与注记方向一致（同向偏离），使读数增大一个 $x$ 值，$x$ 取正号，盘左位置指标指向 $90°+x$，盘右位置指标指向 $270°+x$；此时，盘左、盘右所测竖直角 $\alpha_左$、$\alpha_右$ 的计算公式应为

$$\alpha=(90°+x)-L=\alpha_左+x \tag{1-3-6}$$

$$\alpha=R-(270°+x)=\alpha_右-x \tag{1-3-7}$$

根据式（1-3-6）和式（1-3-7），可以得到计算竖盘指标差的公式为

$$x=\frac{1}{2}(R+L-360°) \tag{1-3-8}$$

对于同一台仪器，指标差在同一段时间内的变化应该很小，可以视为定值。因此，指标差间互差可以作为检查观测成果质量的指标。

第二种情况是指标偏离方向与注记方向相反（反向偏离）时，使读数减小一个 $x$ 值，$x$ 取负号，盘左位置指标指向 $90°-x$，盘右位置指标指向 $270°-x$。同理可得竖直角和竖盘指标差的计算公式：

$$\alpha=(90°-x)-L=\alpha_左-x \tag{1-3-9}$$

$$\alpha=R-(270°-x)=\alpha_右+x \tag{1-3-10}$$

$$x=\frac{1}{2}(360°-R-L) \tag{1-3-11}$$

可以证明，计算竖直角时，取盘左、盘右所测竖直角 $\alpha_左$、$\alpha_右$ 的平均值作为最终的竖直角 $\alpha$，可抵消竖盘指标差对竖直角的影响。

1.34【视频】
竖盘指标差

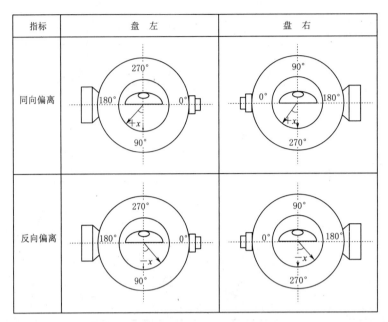

图 1-3-4　指标偏离情况

$$\alpha=\frac{1}{2}(R-L-180°)\qquad\qquad(1-3-12)$$

### 三、竖直角观测

1.35【视频】
竖直角测
量实验

在观测前，应判断仪器竖直度盘的注记顺序，确定竖直角的计算公式。在观测中，应采用盘左、盘右位置观测竖直角，以消除指标差对测角的影响。盘左、盘右观测也称为半测回观测，盘左、盘右两个半测回合称为一个测回。竖直角观测如图 1-3-5 所示，具体的观测方法如下。

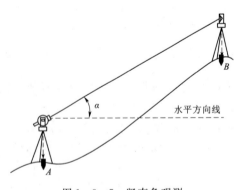

图 1-3-5　竖直角观测

**1. 安置仪器**

在图 1-3-5 中测站 A 点安置全站仪，对中，整平。

**2. 盘左观测**

盘左位置瞄准目标（注意消除视差），使十字丝横丝切于目标，读取竖盘读数 $L$，记入手簿，并计算盘左竖直角 $\alpha_{左}$。

**3. 盘右观测**

盘右位置瞄准目标，使十字丝横丝切于目标相同部位，读取竖盘读数 $R$，记入手簿，并计算盘右竖直角 $\alpha_{右}$。

**4. 检核及计算竖直角**

根据公式计算竖盘指标差 $x$，若 $x$ 变化值符合限差要求，则取 $\alpha_{左}$ 和 $\alpha_{右}$ 的平均值 $\alpha$ 作为一测回的竖直角。竖直角的外业观测手簿见表 1-3-1。

表 1-3-1                            竖直角外业观测手簿

| 测站 | 目标 | 竖盘位置 | 竖盘读数 (° ′ ″) | 半测回竖直角 (° ′ ″) | 指标差 (″) | 一测回竖直角 (° ′ ″) | 备注 |
|---|---|---|---|---|---|---|---|
| O | A | 盘左 | 71 12 36 | +18 47 24 | −12 | +18 47 12 | |
| | | 盘右 | 288 47 00 | +18 47 00 | | | |
| | B | 盘左 | 96 18 42 | −6 18 42 | −9 | −6 18 51 | |
| | | 盘右 | 263 41 00 | −6 19 00 | | | |

### 四、三角高程测量

在地势较为平坦的地区，可以使用水准测量的方法测定点与点之间的高差，由一个已知高程的点求得待定点的高程。当地形起伏较大或不便于进行水准测量时，常采用三角高程的方法确定点的高程。三角高程测量的原理是：观测两点间的距离（平距或斜距）和竖直角，根据三角函数关系计算两点间的高差，根据其中一点的已知高程求得另一点的高程。如图 1-3-6 所示，已知 $A$ 点的高程 $H_A$，测定两点间的高差 $h_{AB}$，以求得 $B$ 点的高程 $H_B$。观测过程：在 $A$ 点安置全站仪，量取仪器高 $i$；在 $B$ 点安置棱镜，量取棱镜高 $v$；用全站仪观测 $A$、$B$ 两点间的水平距离 $D$ 或斜距 $S$，再测定竖直角 $\alpha$，则可根据公式计算 $A$ 点到 $B$ 点的高差：

1.36【课件】
三角高程测量

1.37【视频】
三角高程测量

$$h_{AB} = D\tan\alpha + i - v \tag{1-3-13}$$

$$h_{AB} = S\sin\alpha + i - v \tag{1-3-14}$$

由此得到 $B$ 点的高程为

$$H_B = H_A + h_{AB} \tag{1-3-15}$$

如图 1-3-7 所示，当 $A$、$B$ 两点的距离较远，且要求测定高差的精度较高时，需要考虑地球曲率和大气折光对所测高差的影响，即在计算高差的过程中加入球差改正 $f_1$ 和大气垂直折光改正 $f_2$，二者合称为球气差改正 $f$（两差改正）。

$$f = f_1 + f_2 = (1-k)\frac{D^2}{2R}$$

$$\tag{1-3-16}$$

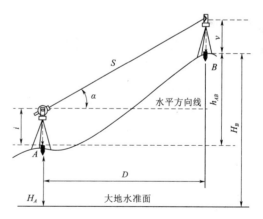

图 1-3-6 三角高程测量

式中   $R$——地球的平均曲率半径，一般取 $R = 6371\text{km}$；

      $k$——大气垂直折光系数，随气温、气压、日照、地面覆盖物和视线超出地面高度等因素而变化，一般取其平均值，$k = 0.14$。

在考虑球气差改正时，单向三角高程测量高差的公式应为

$$h_{AB} = D\tan\alpha + i - v + f \quad \text{或} \quad h_{AB} = S\sin\alpha + i - v + f \tag{1-3-17}$$

在单向三角高程测量中，大气垂直折光系数的准确性直接影响高差的计算。为了

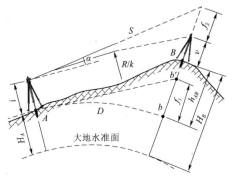

图 1-3-7　球气差对三角高程测量的影响

提高三角高程测量的精度，可在 $A$、$B$ 两点同时进行对向观测，由于球气差在短时间内不会改变，因此可认为对向观测中球气差改正 $f$ 相等，分别计算 $h_{AB}$ 和 $h_{BA}$：

$$h_{AB} = D_{AB} \cdot \tan\alpha_{AB} + i_A - v_B + f$$

$$(1-3-18)$$

$$h_{BA} = D_{BA} \cdot \tan\alpha_{BA} + i_B - v_A + f$$

$$(1-3-19)$$

考虑高差的方向性（有正有负），反高差 $h_{BA}$ 的符号与高差 $h_{AB}$ 取平均可抵消球气差的影响，得最终的高差 $\overline{h}_{AB}$：

$$\overline{h}_{AB} = \frac{1}{2}(h_{AB} - h_{BA})$$

$$(1-3-20)$$

# 【知识目标自测】

1. 测量的基本原则不包括（　　　）。

A. 先整体后局部　　　　　　　　　B. 先控制后碎部

C. 由简单到复杂　　　　　　　　　D. 高级控制低级

2. （　　　）不属于测量的三项基本工作。

A. 面积测量　　　　　　　　　　　B. 距离测量

C. 角度测量　　　　　　　　　　　D. 高程测量

3. 水准仪的（　　　）应平行于仪器竖轴。

A. 视准轴　　　　　　　　　　　　B. 圆水准器轴

C. 十字丝横丝　　　　　　　　　　D. 管水准器轴

4. 水准测量中，设后尺 $A$ 的读数 $a=2.713\mathrm{m}$，前尺 $B$ 的读数为 $b=1.401\mathrm{m}$，已知 $A$ 点高程为 15.000m，则视线高程为（　　　）m。

A. 13.688　　　　　B. 16.312　　　　　C. 16.401　　　　　D. 17.713

5. 在水准测量中，若后视点 $A$ 的读数大，前视点 $B$ 的读数小，则有（　　　）。

A. $A$ 点比 $B$ 点低　　　　　　　　B. $A$ 点比 $B$ 点高

C. $A$ 点与 $B$ 点可能同高　　　　　D. $A$、$B$ 点的高低取决于仪器高度

6. 自动安平水准仪，（　　　）。

A. 既没有圆水准器也没有管水准器　B. 没有圆水准器

C. 既有圆水准器也有管水准器　　　D. 没有管水准器

7. 水准测量中，调节水准仪脚螺旋使圆水准器气泡居中的目的是使（　　　）。

A. 视准轴水平　　　　　　　　　　B. 竖轴铅垂

C. 十字丝横丝水平　　　　　　　　D. A、B、C 都不是

8. 转动目镜调焦螺旋的目的是（　　　）。

A. 使十字丝分划板清晰　　　　　　　　B. 使物像清晰

C. 消除视差　　　　　　　　　　　　　D. 使视线水平

9. 进行水准测量时，应在（　　）上放置尺垫。

A. 水准点　　　　　　　　　　　　　　B. 转点

C. 起点和终点　　　　　　　　　　　　D. 所有的立尺点

10. 任取一个水准面，过地面 $A$ 点沿铅垂线方向至该水准面的距离为（　　）。

A. 绝对高程　　　　　　　　　　　　　B. 海拔

C. 高差　　　　　　　　　　　　　　　D. 相对高程

11. 竖直角的角值范围是（　　）。

A. $0°\sim\pm90°$　　　　B. $0°\sim\pm180°$　　　　C. $\pm90°\sim\pm180°$　　　　D. $0°\sim360°$

12. 天顶距的角值范围是（　　）。

A. $0°\sim360°$　　　　B. $0°\sim180°$　　　　C. $-90°\sim90°$　　　　D. $0°\sim\pm90°$

13. 用全站仪观测某竖直角，盘左读数 $122°03'38''$，盘右读数 $237°56'46''$，指标差应为（　　）。

A. $24''$　　　　　　B. $-24''$　　　　　　C. $12''$　　　　　　D. $-12''$

14. 全站仪的竖盘按顺时针方向注记，当视线水平时，盘左竖盘读数为 $90°$，用该仪器观测一高处目标，盘左读数为 $75°10'24''$，则此目标的竖直角为（　　）。

A. $57°10'24''$　　　B. $-14°49'36''$　　　C. $14°49'36''$　　　D. $194°49'36''$

15. 在三角高程测量中，高差计算公式为 $h_{AB} = D \cdot \tan\alpha + i - v$，式中 $i$ 为（　　）。

A. 仪器高　　　　　B. 棱镜高　　　　　C. 脚架高　　　　　D. 尺高

# 【能力目标自测】

1. 完成下列四等水准测量记录手簿的计算。

| 测站编号 | 点号 | 后尺/mm 上丝 | 前尺/mm 上丝 | 方向及尺号 | 中丝读数/mm | | $K$＋黑减红/mm | 高差中数/m | 备注 |
|---|---|---|---|---|---|---|---|---|---|
| | | 下丝 | 下丝 | | 黑面 | 红面 | | | |
| | | 后距/m | 前距/m | | | | | | |
| | | 视距差 $d$/m | $\sum d$/m | | | | | | |
| 1 | $A \mid B$ | 1571 | 0739 | 后 $K_1$ | 1384 | 6171 | | | |
| | | 1197 | 0363 | 前 $K_2$ | 0551 | 5239 | | | |
| | | | | 后－前 | | | | | |
| | | | | | | | | | $K_1=4787$ $K_2=4687$ |
| 2 | $B \mid C$ | 1965 | 2141 | 后 $K_2$ | 1832 | 6519 | | | |
| | | 1700 | 1874 | 前 $K_1$ | 2007 | 6793 | | | |
| | | | | 后－前 | | | | | |

2. 完成下列竖直角观测手簿的计算。

| 测站 | 目标 | 竖盘位置 | 竖盘读数<br>(° ′ ″) | 半测回竖直角<br>(° ′ ″) | 指标差<br>(″) | 一测回竖直角<br>(° ′ ″) | 备注 |
|------|------|----------|---------|----------|------|----------|------|
| O | A | 盘左 | 81 18 42 | | | | |
| | | 盘右 | 278 41 30 | | | | |
| | B | 盘左 | 94 33 24 | | | | |
| | | 盘右 | 265 26 00 | | | | |

3. 完成下列水准测量成果整理表格。

| 点号 | 测站数 $n$ | 高　差 | | 改正后高差/m | 高程/m |
|------|-----------|--------|--------|------------|--------|
| | | 观测值/m | 改正值/mm | | |
| $BM_A$ | | | | | 72.536 |
| | 6 | +2.336 | | | |
| $P_1$ | | | | | |
| | 10 | −8.653 | | | |
| $P_2$ | | | | | |
| | 8 | +7.357 | | | |
| $P_3$ | | | | | |
| | 6 | +3.456 | | | |
| $BM_B$ | | | | | 77.062 |
| $\Sigma$ | | | | | |

# 小区域平面控制测量

**【主要内容】**

本项目主要围绕小区域平面控制测量展开。模块一主要介绍测量误差的基本概念、分类和特性，衡量精度的指标，误差传播律及其应用。模块二主要介绍测量中常用的坐标系，包括地理坐标系和平面直角坐标系；模块三主要介绍直线定向的基本概念，讲述三个标准方向以及方位角；模块四主要介绍导线测量的仪器（全站仪和反射棱镜），距离观测和水平角观测的原理和方法，导线的布设形式、外业工作程序以及内业数据处理；模块五主要介绍 GNSS 在小区域平面控制测量中的应用。

重点：误差的概念、分类和特性，衡量精度的标准，高斯平面直角坐标系、独立平面直角坐标系，标准方向，坐标方位角及其推算，光电测距原理，水平角观测原理和方法，导线的布设形式及外业工作，GNSS 静态相对定位测量内、外业工作流程。

难点：误差传播律及应用，等精度、不等精度观测的平差，水平角观测表格计算，导线测量内业简易平差计算。

**【学习目标】**

| 知 识 目 标 | 能 力 目 标 |
| --- | --- |
| 1. 了解测量误差的概念和分类<br>2. 理解误差传播律及其应用<br>3. 理解高斯投影的原理和特点<br>4. 理解标准方向及方位角<br>5. 理解距离和水平角观测的原理和方法<br>6. 掌握导线测量的原理和方法<br>7. 掌握 GNSS 平面控制测量流程 | 1. 会计算中误差和相对误差<br>2. 会求观测值的最或是值<br>3. 会建立高斯平面直角坐标系<br>4. 能进行坐标方位角的推算<br>5. 能使用全站仪测距离和水平角<br>6. 能进行导线的外业及简易平差<br>7. 能进行 GNSS 平面控制测量 |

# 模块一　测量误差的基本知识

## 一、概述

### 1. 测量误差的定义

在测量工作中，经常会出现如下两种现象。一种现象是，当对一段距离或者两点间高差进行多次观测时，会发现每次结果通常都不一致。另一种现象是，已经知道某几个量之间应该满足某一理论关系，但是对这几个量进行观测后，就会发现实际观测结果往往不能满足这种关系，如对三角形三个内角进行观测，每次测得的内角和通常不会刚好等于180°。但是只要不出现错误，每次的观测结果是非常接近的，它们的值与所观测的量的真值相差无几。观测值（量）与它的真值之间的差异称为真误差。

一般用 $\Delta$ 表示真误差，用 $X$ 表示真值，用 $L$ 表示观测值（量），则真误差可用下式表示：

$$\Delta = L - X \tag{2-1-1}$$

### 2. 测量误差的分类

测量误差按其来源进行分类，可归纳为以下三类：

（1）观测误差。在测量过程中，由于观测者的感官（视觉）有一定的局限性，在操作仪器的过程中，在仪器的对中、整平、照准及读数等方面，都会产生误差。同时，观测者的操作熟练程度和操作习惯也会给测量成果带来误差。

（2）仪器误差。测量工作是利用仪器进行的，而每一台仪器仅具有一定的精密度，超出该精密度的观测将必然引起误差。例如，使用最小刻划为厘米的普通水准标尺进行水准测量时，就难以保证厘米以下单位读数的准确性。另外，仪器检校时可能存在残余误差，如经纬仪视准轴不垂直于横轴，将带来水平角观测误差；一对水准标尺零点不相等，将带来高差观测误差。

（3）外界条件的影响。测量工作时所处的外界环境可能对观测成果造成影响。如风力较大时会引起标尺、仪器或目标的稳定，日光照射会引起大气折光及气泡偏移，还有大气的温度、湿度、大气透明度等等，都会对观测结果产生影响。

由于观测值是要由观测者用一定的仪器工具，在一定的客观环境中观测而得的，所以测量结果的精确性必然受观测者、仪器、外界环境三方面条件的制约，测量结果将始终存在着误差而使"真值不可得"。这个论断的正确性已为无数的测量实践所证明。由于误差的不可避免性，因此测量人员必须充分地了解影响测量结果的误差来源和性质，以便采取适当的措施，使产生的误差不超过一定限度；同时掌握处理误差的理论和方法，以便消除偏差并取得合理的数值。

2019—2020 年我国在开展珠穆朗玛峰精密高程测量中，中国测绘科学研究院大地测量与地球动力学研究所所长党亚民就表示，珠峰高程测量是一项代表我国测绘技术发展水平的综合性工程，其核心任务是精确测定珠峰高度。特别是在 2015 年尼泊尔发生 8.1 级大地震后，珠峰高程有何变化成为各国关注的科学问题，我国有责任、有义务、有能力给出权威且准确的测量成果。为了减小观测误差、仪器误差及外界条件的影响，2019—2020 年我国珠穆朗玛峰精密高程测量，首次在珠峰北侧区域实施航空重力测量，选取同架次、同测线观测数据进行比较，GT-2A 型和 DGA-01 型航空重力仪的内符合精度达 0.34mgal（1gal＝1cm/s²），具有良好的一致性；经过队员在峰顶上两个半小时的鏖战，完成了峰顶地面重力测量及相关工作，重力值精度优于±39.5$\mu$gal；首次联合航空和地面重力等数据确定了基于国际高程参考系统（international height reference system，IHRS）的珠峰区域重力似大地水准面模型和峰顶大地水准面差距。通过多种技术手段相互验证和严密检核计算，整个测区的重力异常和高程异常的精度和可靠性得到了保证，确保了珠峰高程测量成果的精度和可靠性。

然而想要解决测量工作时所处的外界环境可能对观测成果造成影响，除了科学的测量方法和精密的仪器，还离不开队员们严谨细致，精益求精，艰苦奋斗的职业素养，这是学习专业技能之外又一重要目标。为了完成穆朗玛峰精密高程测量这个伟大的使命，测量队员们不畏艰辛，发挥出超乎常人的意志力。2020 年 5 月，珠峰高程测量时，本应该是珠峰冲顶的最佳时期，但是气候原因使得登顶异常困难。在两次冲顶失败后，为了不错过 5 月末最后一个冲顶的窗口期，指挥部决定背水一战！然而，在艰难攀登中，外界条件的影响仍然不断，测量队员们遇到了 10 级大风，在 7790m营地，10 级风一直刮到次日凌晨 5 点，队员们在帐篷里一夜没有合眼，测绘设备都放在睡袋里，因为必须直立（倾斜不能超过 45°）所以重力仪只能被坐在帐篷里的两名队员轮流抱着。5 月 27 日那天，登顶的测量登山队员在峰顶连续工作 150min，圆满完成了峰顶测量任务，创造了中国人在珠峰顶峰停留时间最长纪录。在珠峰脚下海拔 5200～6000m 的六个交会点上，当橘红色觇标在峰顶矗立起后，驻守多日的测量交会队员们凝神屏气，用仪器对准峰顶觇标，展开交会测量。高寒缺氧、冰天雪地、狂风暴雪，任务完成时，他们在环境十分恶劣的这些点位已经坚守了 11 天 10 夜。只步为尺测乾坤，丹心一片绘社稷。再艰难的环境也无法阻止测绘匠人创造一个又一个人间奇迹。

根据测量误差对观测结果的影响性质，可将其分为系统误差和偶然误差。

1）系统误差。在相同的观测条件下，对某一量进行一系列观测，如果这些观测误差在大小、符号上有一定的规律，且这些误差不能相互抵消，具有积累性，这种误差称为系统误差。例如：尺长误差 $\Delta_L$ 的存在，使每量一尺段距离就会产生一个 $\Delta_L$ 的误差，该误差的大小和符号不变，量的尺段越多误差的积累也就越大。可以对钢尺进行检定，求出尺长改正值，对丈量的结果进行改正；水准测量中所用水准仪的水准轴不严格平行于视准轴，使尺上读数总是偏大或偏小，水准仪到水准尺距离越远误差也就越大，可以使前视尺和后视尺等距的方法加以消除；水平角测量中，经纬仪的视准轴与横轴、横轴与竖轴不严格垂直的误差可以用盘左、盘右两个位置观测水平角取平均值加以消除；三角高程测量中，地球曲率和大气折光对高差的影响可以采用正觇、反觇取平均值加以消除。

系统误差主要来源于测量仪器及工具本身不完善或者外界条件，它对观测值的影响具有一定的数学或物理上的规律性。如果这种规律性能够被找到，则系统误差对观测值的影响则可以改正，或采用适当的观测方法加以消除或减小其对观测值的影响。

2）偶然误差。在相同的条件下对某一量进行一系列的观测，所产生的误差大小和符号没有一定规律，称这种误差为偶然误差。

产生偶然误差的原因很多，如仪器精度的限制、环境的影响、人们的感官局限等。如距离丈量和水准测量中在尺子上估读末位数字有可能大一些也可能小一些，水平角观测的对中误差、瞄准误差、读数误差等，这些都是偶然误差。观测中应力求使偶然误差减小到最低限度。

由于系统误差是可以并且必须改正的，所以测量结果中的系统误差大多已经消除，剩下的主要是偶然误差。如何处理这些带有偶然误差的观测值，求出最可靠的结果，分析观测值的可靠程度是本模块要解决的问题。

在测量工作中，除上述两种性质的误差外，还可能发生粗差。例如：钢尺丈量距离时读错钢尺上注记的数字。粗差的发生，大多是因一时疏忽造成的。粗差的存在不仅大大影响测量成果的可靠性，而且往往造成返工，给工作带来难以估量的损失。粗差极易在重复观测中被发现并予以剔除。显然，粗差的产生是与测量人员的技术熟练程度和工作作风有密切关系的，技术生疏或者工作不认真等直接影响成果的质量，并容易产生错误。测量成果中是不允许有错误的，错误的成果应当舍弃，并重新观测。

**二、偶然误差的特性**

偶然误差从表面上看似乎没有规律性，但从整体上对偶然误差加以归纳统计，则显示出一种统计规律，而且观测次数越多，这种规律性表现得越明显。

有资料表明，在某一测区，以相同观测条件独立地观测了 200 个三角形的全部内角。由于每个三角形内角之和的真值（180°）为已知值，因此可以计算每个三角形内角和的闭合差，这些闭合差都可认为是偶然误差。对这些偶然误差进行统计分析：取 0.5″ 为区间，将 200 个偶然误差按其大小和正负号排列，统计误差出现在各区间的个数 $\mu$，计算出误差出现在某区间内的频率 $\mu/n$（也称相对个数），将结果以表格的形式进行统计，见表 2-1-1。

表 2-1-1　　　　　　　　　偶 然 误 差 分 布 表

| 误差区间 dΔ | 正误差（+Δ） | | 负误差（-Δ） | | 总　　数 | |
| --- | --- | --- | --- | --- | --- | --- |
| | 个数 $\mu$ | 频率 $\dfrac{\mu}{n}$ | 个数 $\mu$ | 频率 $\mu\ \dfrac{\mu}{n}$ | 个数 | 频率 $\dfrac{\mu}{n}$ |
| 0.0″～0.5″ | 30 | 0.150 | 31 | 0.155 | 61 | 0.305 |
| 0.5″～1.0″ | 25 | 0.125 | 25 | 0.125 | 50 | 0.250 |
| 1.0″～1.5″ | 19 | 0.095 | 20 | 0.100 | 39 | 0.195 |
| 1.5″～2.0″ | 12 | 0.060 | 11 | 0.055 | 23 | 0.115 |
| 2.0″～2.5″ | 8 | 0.040 | 8 | 0.040 | 16 | 0.080 |
| 2.5″～3.0″ | 3 | 0.015 | 4 | 0.020 | 7 | 0.035 |
| 3.0″～3.5″ | 2 | 0.010 | 2 | 0.010 | 4 | 0.020 |
| 3.5″以上 | 0 | 0 | 0 | 0 | 0 | 0 |
| Σ | 99 | 0.495 | 101 | 0.505 | 200 | 1.000 |

分析表 2-1-1 可以看出：绝对值小的误差个数，要比绝对值大的误差个数多得多；绝对值相等的正误差与负误差个数基本相等；误差的最大值是 3.5″。

反复进行这个实验，均可得出上述类似的结论，这是偶然误差出现的规律性的反映。因此，基于实验结果可得出偶然误差的特性如下：

（1）在一定的观测条件下，偶然误差的绝对值不会超过一定的限值。

（2）绝对值小的偶然误差，比绝对值大的偶然误差出现的机会多。

（3）绝对值相等符号相反的偶然误差，出现的机会相等。

（4）当观测次数无限增多时，偶然误差的算术平均值趋于零，即 $\lim\limits_{n\to\infty}\dfrac{[\Delta]}{n}=0$。

式中 $n$ 为观测次数，$[\Delta]=\Delta_1+\Delta_2+\Delta_3+\cdots+\Delta_n$。

为了比较形象地表达上述规律，还可以利用图形来表达。例如，以横坐标表示误差的大小，纵坐标表示各区间内误差出现的频率除以区间的间隔值 $d\Delta$，建立坐标系并绘图（图 2-1-1），这样每一误差区间上的长方条面积就代表误差出现在该区间的相对个数，通常称这样的图为直方图，它形象地表示了误差分布情况。

在图 2-1-1 中，当误差个数 $n\to\infty$ 时，同时又无限缩小误差间隔 $d\Delta$，则图 2-1-1 中连接各小长方条顶点的折线就变成了一条光滑的曲线，该曲线在概率论中称为误差分布曲线，即正态分布曲线，如图 2-1-2 所示。图中曲线中间高、两端低，表明小误差出现的机会大，大误差出现的机会小；曲线对称，表明绝对值相等的正、负误差出现的机会均等；曲线以横轴为渐近线，即最大误差不会超过一定限值。曲线形状越陡峭，表示误差分布越密集，观测值精度越高；曲线越平缓，表示误差分布越离散，观测值精度越低。误差分布曲线的这些特点，与偶然误差的特性完全相符。

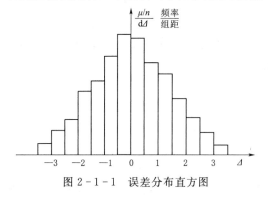

图 2-1-1 误差分布直方图

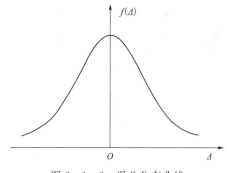

图 2-1-2 误差分布曲线

### 三、衡量精度的指标

所谓精度，就是指误差分布的密集或离散的程度。若两组观测值的误差分布一样，则说明两组观测值的精度一致。为了衡量观测值的精度高低，可按"二、偶然误差的特性"中的方法制作误差分布表、直方图或误差分布曲线来进行比较，但在实际工作中，这样做比较麻烦，有时甚至很困难。因此在实际测量工作中，人们更多的是采用以下几个指标来衡量观测值的精度。

1. 中误差

在一定条件下，对某一量进行 $n$ 次观测，各观测值真误差平方和的平均值开平

2.3【课件】
衡量精度
的指标

方，称为中误差，用 $m$ 表示，即

$$m = \pm\sqrt{\frac{\Delta_1^2 + \Delta_2^2 + \cdots + \Delta_n^2}{n}} = \pm\sqrt{\frac{[\Delta\Delta]}{n}} \qquad (2-1-2)$$

观测值中误差 $m$ 不是个别观测值的真误差，它与各真误差的大小有关，描述了这一组真误差的离散程度，突出了较大误差与较小误差之间的差异，使较大误差对观测结果的影响表现出来，因而它是衡量观测精度的可靠指标。

**【例 2 - 1 - 1】**　对真值为 $125°32'21''$ 的角进行两组观测，每组等精度观测 5 测回，结果见表 2 - 1 - 2。试计算两组观测值的中误差。

**解：**按式（2 - 1 - 2）在表 2 - 1 - 2 中分别计算 $m_1$ 和 $m_2$，结果见表 2 - 1 - 2。

表 2 - 1 - 2　　　　　　　　　　　观 测 数 据 与 计 算

| 第 一 组 | | | 第 二 组 | | |
| --- | --- | --- | --- | --- | --- |
| 编号 | 观测值 $L$ | 真误差 $\Delta$ | 编号 | 观测值 $L$ | 真误差 $\Delta$ |
| 1 | $125°32'22''$ | $+1''$ | 1 | $125°32'23''$ | $+2''$ |
| 2 | $125°32'26''$ | $+5''$ | 2 | $125°32'18''$ | $-3''$ |
| 3 | $125°32'18''$ | $-3''$ | 3 | $125°32'18''$ | $-3''$ |
| 4 | $125°32'25''$ | $+4''$ | 4 | $125°32'17''$ | $-4''$ |
| 5 | $125°32'19''$ | $-2''$ | 5 | $125°32'22''$ | $+1''$ |
| $m_1 = \pm\sqrt{\dfrac{55}{5}} = \pm 3.3''$ | | | $m_2 = \pm\sqrt{\dfrac{39}{5}} = \pm 2.8''$ | | |

误差大小是以其绝对值来比较的。$|m_1| > |m_2|$，因此第一组观测值的精度比第二组低。

2. 极限误差

据偶然误差特性第（1）条可知，在一定的观测条件下，偶然误差的绝对值不会超过一定的限值，这个限值就是极限误差。根据偶然误差的大小计算其出现的概率，可得以下关系式：

$$\rho(|\Delta| > |m|) = 32\%$$
$$\rho(|\Delta| > 2|m|) = 4.5\%$$
$$\rho(|\Delta| > 3|m|) = 0.27\%$$

即绝对值大于中误差、大于 2 倍中误差、大于 3 倍中误差的偶然误差，其出现的概率分别为 32%、4.5% 和 0.27%。在 370 个偶然误差中，大于 3 倍中误差的偶然误差可能只出现一个，而在实际的有限次数观测中，可以认为大于 3 倍中误差的偶然误差几乎是不会出现的。所以，通常将 2 倍或 3 倍中误差作为偶然误差的极限值 $\Delta_限$，称为极限误差或允许误差。即

$$\Delta_限 = 2\Delta \qquad （或 \Delta_限 = 3\Delta） \qquad (2-1-3)$$

在测量工作中，如果观测值的误差超过了允许误差，那就可以认为它是错误，相应的观测值应舍去并进行重测，这是测量工作必须要遵守的准则。

3. 相对误差

凡是能表达观测值中所含有的误差本身的大小数值的误差称为绝对误差，如真误

差、中误差和极限误差等。而在测量工作中，有时用绝对误差并不能完全表达测量精度的高低。例如，分别丈量了 100m 和 200m 两段距离，中误差均为 $\pm 0.02m$，虽然两者的中误差相等，但两者丈量的精度却不一致，因为误差大小和各自的长度有关。在这种情况下，必须采用相对误差来衡量它们的精度。将绝对误差除以相应的观测量，并化成分子为 1 的分式，这个分式就是相对误差。即

2.4【视频】
相对误差

$$相对误差(K) = \frac{绝对误差}{相应的观测值} = \frac{1}{A} \qquad (2-1-4)$$

依式（2-1-4）计算，上述例子中

$$K_1 = \frac{0.02}{100} = \frac{1}{5000}$$

$$K_2 = \frac{0.02}{200} = \frac{1}{10000}$$

$K_1 > K_2$，说明前者比后者精度低。

**四、误差传播定律**

在测量工作中，若未知量可直接通过多次等精度观测获得，则可由观测值的偶然误差计算其中误差，并以此衡量观测值的精度。有些未知量并不能直接观测得到，而只能通过与直接观测值构成某种函数关系间接计算出来，称为间接观测值。因此，直接观测值的误差将会传递给间接观测值。换言之，存在着函数关系的观测值，它们的误差必然存在着某种函数关系。这种关系的数学表达式，称为误差传播定律。

1. 线性函数中误差

（1）和、差函数的中误差。

设有函数：

$$z = x \pm y \qquad (2-1-5)$$

式中 $x$、$y$ 为独立观测值，它们的中误差已知为 $m_x$、$m_y$，现求函数 $z$ 的中误差 $m_z$。设 $x$、$y$、$z$ 的真误差分别为 $\Delta_x$、$\Delta_y$、$\Delta_z$，由式（2-1-5）可以得出

$$z + \Delta_z = (x + \Delta_x) \pm (y + \Delta_y) = (x \pm y) + (\Delta_x \pm \Delta_y)$$

结合式（2-1-5）可得

$$\Delta_z = \Delta_x \pm \Delta_y$$

此即观测值真误差与函数真误差的关系式。

若对 $x$、$y$ 均进行了 $n$ 次观测，则

$$\Delta_{z_1} = \Delta_{x_1} \pm \Delta_{y_1}$$

$$\Delta_{z_2} = \Delta_{x_2} \pm \Delta_{y_2}$$

$$\vdots$$

$$\Delta_{z_n} = \Delta_{x_n} \pm \Delta_{y_n}$$

将上式两端平方后求和，并除以 $n$，得

$$\frac{[\Delta_z^2]}{n} = \frac{[\Delta_x^2]}{n} + \frac{[\Delta_y^2]}{n} \pm 2 \frac{[\Delta_x \Delta_y]}{n} \qquad (2-1-6)$$

由偶然误差特性可知：$\Delta_x$、$\Delta_y$ 数值相等、符号相反出现的机会相等，而 $\Delta_x$、

$\Delta_y$ 的乘积 $\Delta_x \Delta_y$，其数值相等、符号相反的出现机会也是相等的，同样具有偶然误差的特性，即

$$\lim_{n \to \infty} \frac{[\Delta_x \Delta_y]}{n} = 0$$

由中误差定义可知

$$m_z^2 = \frac{[\Delta_z^2]}{n} \; ; \; m_x^2 = \frac{[\Delta_x^2]}{n} \; ; \; m_y^2 = \frac{[\Delta_y^2]}{n}$$

则有

$$m_z^2 = m_x^2 + m_y^2 \tag{2-1-7}$$

即，两观测值和或差的中误差平方，等于观测值中误差的平方之和。

若函数 $z$ 是 $n$ 个观测值的和或差，即

$$z = x_1 \pm x_2 \pm \cdots \pm x_n$$

同理可推导出 $z$ 的中误差为

$$m_z^2 = m_{x_1}^2 + m_{x_2}^2 + \cdots + m_{x_n}^2 \tag{2-1-8}$$

即，$n$ 个观测值代数和（差的）中误差平方，等于 $n$ 个观测值中误差的平方之和。

在等精度观测条件下，$m_{x_1} = m_{x_2} = \cdots = m_{x_n} = m$，则

$$m_z = m \sqrt{n} \tag{2-1-9}$$

若用长为 $L$ 的卷尺丈量一段距离，共丈量了 $n$ 个尺段，每段量距 $l$ 的中误差都为 $m_l$，则全长 $S$ 的中误差 $m_S$ 的计算方法如下：

全长 $S$ 为

$$S = l + l + \cdots + l$$

$$m_S = m_l \sqrt{n}$$

在水准测量中，为了求得 $A$、$B$ 两点的高差，共观测了 $n$ 个测站，则

$$h_{AB} = h_1 + h_2 + \cdots + h_n$$

而每测站高差的中误差均为 $m_{站}$，则有

$$m_h = \sqrt{n} \, m_{站} \tag{2-1-10}$$

式（2-1-10）表明：水准测量高差的中误差与测站数 $n$ 的平方根成正比。

设水准路线全长为 $S$，共设 $n$ 个测站，各测站距离均为 $d$。则 $S = nd$，即 $n = \frac{S}{d}$，代入式（2-1-10），可得

$$m_h = \sqrt{\frac{S}{d}} \cdot m_{站} = \sqrt{S} \cdot m_{站} \sqrt{\frac{1}{d}}$$

将上式中 $\frac{1}{d}$ 的分子 1 视为单位长度，则 $S$ 变成不名数，而 $\frac{1}{d}$ 就是单位长度内的测站数。故 $m_{站} \sqrt{\frac{1}{d}}$ 就是单位长度高差的中误差，通常以 $\mu$ 表示

$$\mu = m_{站}\sqrt{\frac{1}{d}}$$

则高差中误差表示为

$$m_h = \sqrt{S} \cdot \mu \qquad (2-1-11)$$

上式表明：水准测量高差的中误差与距离 $S$ 的平方根成正比。

（2）倍数函数的中误差。

设有函数：

$$z = kx \qquad (2-1-12)$$

式中　$k$——常数；

　　　$x$——独立观测值，其中误差为 $m_x$；

　　　$z$——观测值的函数，其中误差为 $m_z$。

若 $x$ 和 $z$ 的真误差分别为 $\Delta_x$ 和 $\Delta_z$，由式（2-1-12）可知

$$\Delta_z = k\Delta_x$$

若对 $x$ 进行了 $n$ 次等精度观测，则

$$\Delta_{z_i} = k\Delta_{x_i} (i = 1, 2, \cdots, n)$$

将上式两端平方后求和，并除以 $n$ 得

$$\frac{[\Delta_{z_i}^2]}{n} = k^2 \frac{[\Delta_{x_i}^2]}{n} \qquad (2-1-13)$$

由中误差定义可知

$$m_z^2 = \frac{[\Delta_z^2]}{n}$$

$$m_x^2 = \frac{[\Delta_x^2]}{n}$$

式（2-1-13）可以写为

$$m_z^2 = k^2 m_x^2$$

$$m_z = km_x \qquad (2-1-14)$$

上式表明：独立观测值与常数乘积的中误差，等于观测值中误差与该常数的乘积。

（3）线性函数的中误差。

设有线性函数

$$z = k_1 x_1 \pm k_2 x_2 \pm \cdots \pm k_n x_n$$

式中　$x_1, x_2, \cdots, x_n$——独立观测值，其中误差分别为 $m_1, m_2, \cdots, m_n$；

　　　$k_1, k_2, \cdots, k_n$——常数。

结合式（2-1-8）和式（2-1-14）可求线性函数 $Z$ 的中误差 $m_z$ 为

$$m_z^2 = (k_1 m_1)^2 + (k_2 m_2)^2 + \cdots + (k_n m_n)^2$$

$$m_z = \pm\sqrt{k_1^2 m_1^2 + k_2^2 m_2^2 + \cdots + k_n^2 m_n^2} \qquad (2-1-15)$$

**2. 一般函数中误差**

设有一般函数

43

$$z = f(x_1, x_2, \cdots, x_n) \qquad (2-1-16)$$

式中 $x_i$——独立的直接观测值，相应的中误差分别为 $m$，$i=1, 2, \cdots, n$。

为了确定观测值与函数值之间的真误差关系，对上式全微分得

$$\mathrm{d}z = \frac{\partial f}{\partial x_1}\mathrm{d}x_1 + \frac{\partial f}{\partial x_2}\mathrm{d}x_2 + \cdots + \frac{\partial f}{\partial x_n}\mathrm{d}x_n \qquad (2-1-17)$$

式中 $\dfrac{\partial f}{\partial x_i}$——偏导数，$i=1, 2, \cdots, n$。

$\mathrm{d}x_i$ 是趋近 0 的无穷小量，而测量中的真误差是较小的数值，可用真误差代替 $\mathrm{d}x_i$，$i=1, 2, \cdots, n$。

$$\Delta z = \frac{\partial f}{\partial x_1}\Delta x_1 + \frac{\partial f}{\partial x_2}\Delta x_2 + \cdots + \frac{\partial f}{\partial x_n}\Delta x_n$$

根据式（2-1-15）得

$$m_z^2 = \left(\frac{\partial f}{\partial x_1}\right)^2 m_{x_1}^2 + \left(\frac{\partial f}{\partial x_2}\right)^2 m_{x_2}^2 + \cdots + \left(\frac{\partial f}{\partial x_n}\right)^2 m_{x_n}^2$$

$$m_z = \pm\sqrt{\left(\frac{\partial f}{\partial x_1}\right)^2 m_{x_1}^2 + \left(\frac{\partial f}{\partial x_2}\right)^2 m_{x_2}^2 + \cdots + \left(\frac{\partial f}{\partial x_n}\right)^2 m_{x_n}^2} \qquad (2-1-18)$$

式（2-1-18）表明：一般函数中误差的平方，等于该函数对每个观测值所求的偏导数与相应观测值中误差乘积的平方和。

式（2-1-18）中 $\dfrac{\partial f}{\partial x_i}$ 的变量用观测值代入，则 $\dfrac{\partial f}{\partial x_i}$ 就是一个确定的常数，因此，式（2-1-18）就是线性函数关系式。

### 五、测量精度分析举例

【例 2-1-2】 采用测回法进行角度观测某一角度，若每一方向值的中误差 $m = \pm 18''$，试求半测回角值 $\alpha$ 的中误差 $m_a$。

**解：** 设两方向值为 $\beta_1$、$\beta_2$，则

$$\alpha = \beta_2 - \beta_1$$

根据式（2-1-8），可得

$$m_a^2 = m_{\beta_2}^2 + m_{\beta_1}^2$$

把 $m = \pm 18''$ 代入上式得

$$m_a^2 = (\pm 18'')^2 + (\pm 18'')^2$$

$$m_a = \pm 18''\sqrt{2} \approx \pm 25''$$

【例 2-1-3】 在 1:2000 比例尺地图上，量得 $A$、$B$ 两点距离 $s_{ab} = 128.5\mathrm{mm}$，其中误差 $m_{ab} = \pm 0.2\mathrm{mm}$，求 $A$、$B$ 两点间的实地距离 $S_{AB}$ 及其中误差 $m_{AB}$。

**解：** $S_{AB} = 2000 \times s_{ab} = 257(\mathrm{m})$

按式（2-1-14），得

$m_{AB} = 2000 \times m_{ab} = 2000 \times (\pm 0.2\mathrm{mm}) = \pm 0.4\mathrm{m}$

$S_{AB} = (257 \pm 0.4)\mathrm{m}$

即相应的实地距离为 257m，其中误差为 $\pm 0.4$m。有时也可以将此结果简写为

$$S_{AB} = 257m \pm 0.4m$$

其表达的意思不变，不能将其理解为距离 $S_{AB}$ 介于（257−0.4）m 与（257+0.4）m 之间。

**【例 2−1−4】** 由视距公式 $S = kl$ 求距离时，视距读数 $l = l_{上} - l_{下}$。当 $k = 100$，若视距丝读数中误差 $m_{l_上} = m_{l_下} = m_{l_中} = m$ 时，求 $S$ 的中误差 $m_S$。若采用半丝（上、中丝或下、中丝）读数时，求 $S$ 的中误差 $m_S$。

**解：** 当采用上、下丝读数时，$S = kl = k(l_上 - l_下)$，按式（2−1−15）可得

$$m_S = k\sqrt{m_{l_上}{}^2 + m_{l_下}{}^2} = km\sqrt{2} = \pm 141m$$

当采用半丝（如中、下丝）读数时

$$S = 2kl = k(l_中 - l_下)$$

则采用半丝读数所得视距的中误差为

$$m_S = 2k\sqrt{m_{l_中}{}^2 + m_{l_下}{}^2} = 2\sqrt{2}\,km = \pm 282m$$

此例表明，视距测量中的视距读数误差影响，将随视距乘常数的增大而增大。采用半丝读数又将比采用上、下丝读数的误差大 1 倍。因视距乘常数对于一台仪器来说是固定的，所以提高视距丝读数精度是提高视距精度的关键，并尽可能少用或不用半丝读数。

**【例 2−1−5】** 有一长方形，测得其长 $a = 33.62m$，中误差 $m_a = \pm 0.02m$；宽 $b = 28.57m$，中误差 $m_b = \pm 0.03m$。求该长方形的面积 $S$ 及其中误差 $m_S$。

**解：** 长方形的面积为

$$S = ab = 33.62 \times 28.57 \approx 960.52(\mathrm{m}^2)$$

$$m_S = \pm\sqrt{\left(\frac{\partial S}{\partial a}\right)^2 m_a{}^2 + \left(\frac{\partial S}{\partial b}\right)^2 m_b{}^2}$$

$$= \pm\sqrt{b^2 m_a{}^2 + a^2 m_b{}^2}$$

$$= \pm\sqrt{28.57^2 \times (\pm 0.02)^2 + 33.62^2 \times (\pm 0.03)^2}$$

$$\approx \pm 1.16\ (\mathrm{m}^2)$$

所以，该长方形的面积 $S \approx 960.52(\mathrm{m}^2)$，中误差 $m_S \approx \pm 1.16(\mathrm{m}^2)$。

**【例 2−1−6】** 已知 $z = D\cos\alpha$，其中 $D = (65.35 \pm 0.04)$ m，$\alpha = 56°30'18'' \pm 12''$。试求 $z$ 的中误差 $m_z$。

**解：**

$z = D\cos\alpha$

$$m_z = \pm\sqrt{\left(\frac{\partial z}{\partial D}\right)^2 m_D{}^2 + \left(\frac{\partial z}{\partial \alpha}\right)^2 \left(\frac{m_\alpha}{\rho}\right)^2}$$

$$= \pm\sqrt{\cos^2\alpha\, m_D{}^2 + (-D\sin\alpha)^2 \left(\frac{m_\alpha}{\rho}\right)^2}$$

$$= \pm\sqrt{\cos^2 56°30'18'' \times 0.04^2 + (-65.35\sin 56°30'18'')^2 \left(\frac{12}{206265}\right)^2} = \pm 0.022(\mathrm{m})$$

式中，$\dfrac{m_a}{\rho}$ 是将角值化为弧度值，$\rho = \dfrac{360°}{2\pi} = 206265''$。

根据以上解题思路，总结出应用误差传播定律计算观测值函数中误差的步骤如下：

（1）根据题意，列出具体的函数关系式 $z = f(x_1, x_2, \cdots, x_n)$。

（2）如果函数是非线性的，则对函数式求全微分，得出函数的真误差与观测值真误差之间的关系式：

$$\Delta z = \frac{\partial f}{\partial x_1} \Delta x_1 + \frac{\partial f}{\partial x_2} \Delta x_2 + \cdots + \frac{\partial f}{\partial x_n} \Delta x_n$$

（3）写出函数中误差与观测值中误差的关系式：

$$m_z = \pm \sqrt{\left(\frac{\partial f}{\partial x_1}\right)^2 m_{x_1}{}^2 + \left(\frac{\partial f}{\partial x_2}\right)^2 m_{x_2}{}^2 + \cdots + \left(\frac{\partial f}{\partial x_n}\right)^2 m_{x_n}{}^2}$$

（4）代入已知数据，计算函数值的中误差。

应用上述步骤进行计算时，应注意以下几点：

1）公式中 $\dfrac{\partial f}{\partial x_i}$ 是用观测值代入后计算出的偏导数函数值。

2）要注意公式中各个观测值及函数值的单位要统一，特别要注意角度中误差（$''$）应除以 $\rho$ 化成弧度。

3）各观测值之间必须互相独立。

**六、等精度观测的平差**

在相同的观测条件（观测者、仪器设备、外界条件）下进行的观测，称为等精度观测。在不同的观测条件下进行的观测，称为不等精度观测。

1. 算术平均值

设在相同的观测条件下对某量进行了 $n$ 次等精度观测，其观测值为 $L_1$，$L_2$，$\cdots$，$L_n$。其真值为 $X$，观测值的真误差为

$$\Delta_i = L_i - X \qquad (i = 1, 2, \cdots, n) \tag{2-1-19}$$

将上式求和除以 $n$，得

$$\frac{[\Delta]}{n} = \frac{[L]}{n} - X$$

当 $n$ 趋向于无穷大时，据偶然误差的第四特性可得

$$X = \lim_{n \to \infty} \frac{[L]}{n} \tag{2-1-20}$$

此时观测值的算术平均值为该量的真值，但在实际工作中 $n$ 不可能无穷大，因此算术平均值只是接近于真值，但它仍比任何观测值都更可靠，称为最或是值。

2. 算术平均值的中误差

在测量成果整理中，由于要将算术平均值作为观测量的最后结果，所以必须求出算术平均值的中误差，以评定观测精度。

式（2-1-22）中，用 $\overline{X}$ 表示观测值的算术平均值，则

$$\overline{X} = \frac{[L]}{n} = \frac{L_1 + L_2 + \cdots + L_n}{n} = \frac{L_1}{n} + \frac{L_2}{n} + \cdots + \frac{L_n}{n}$$

根据线性函数误差传播定律，可得算术平均值的中误差 $M$ 为

$$M^2 = \left(\frac{m_1}{n}\right)^2 + \left(\frac{m_2}{n}\right)^2 + \cdots + \left(\frac{m_n}{n}\right)^2$$

式中 $m_1$，$m_2$，$\cdots$，$m_n$ 为各观测值的中误差。由于各观测值是等精度观测，中误差为 $m$，即 $m_1 = m_2 = \cdots = m_n = m$，上式可写成

$$M^2 = n\frac{m^2}{n^2} = \frac{m^2}{n}$$

即
$$M = \frac{m}{\sqrt{n}} \qquad\qquad (2-1-21)$$

式（2-1-21）表明：算术平均值的中误差是观测值中误差的 $\frac{1}{\sqrt{n}}$ 倍。由此可知，增加观测次数能提高最后观测结果的精度。但当观测次数达到一定值时，再增加观测次数，实际上其所得效益将消失在操作所产生的残留系统误差中，所以毫无意义。

3. 观测值的中误差

在实际测量工作中，一般情况下都不知道待测值的真值，因而就无法通过中误差的定义［式（2-1-2）］来计算观测值的中误差。下面介绍利用改正数来计算最或是值中误差的方法。

若对某量进行了有限次观测，其算术平均值 $\overline{X}$ 即为最或是值。将每一个观测值加入一个改正数 $V_i$，则有
$$V_i = \overline{X} - L_i \qquad (i = 1, 2, \cdots, n) \qquad\qquad (2-1-22)$$
将式（2-1-19）与式（2-1-22）相加得
$$\Delta_i + V_i = \overline{X} - X \qquad (i = 1, 2, \cdots, n)$$
令 $\delta = \overline{X} - X$，则
$$\Delta_i + V_i = \delta$$
即
$$\Delta_i = \delta - V_i$$
将上式两边平方后求和，再除以 $n$，得
$$\frac{[\Delta\Delta]}{n} = \frac{[VV]}{n} - 2\delta\frac{[V]}{n} + \delta^2$$
顾及 $[V] = 0$ 得
$$\frac{[\Delta\Delta]}{n} = \frac{[VV]}{n} + \delta^2 \qquad\qquad (2-1-23)$$
其中

$$\delta = \overline{X} - X = \frac{[L]}{n} - \left(\frac{[L]}{n} - \frac{[\Delta]}{n}\right) = \frac{[\Delta]}{n}$$

$$\delta^2 = \frac{1}{n^2}(\Delta_1 + \Delta_2 + \cdots + \Delta_n)^2 = \frac{[\Delta^2]}{n^2} + 2\frac{[\Delta_i\Delta_i]}{n^2}$$

当 $n$ 趋向于无穷时，上式右端第二项趋于 0，则

$$\delta^2 = \frac{[\Delta\Delta]}{n^2} = \frac{m^2}{n}$$

将上式代入式（2-1-23）可得

$$\frac{[VV]}{n} = m^2 - \frac{m^2}{n}$$

即

$$m = \pm\sqrt{\frac{[VV]}{n-1}} \qquad (2-1-24)$$

式（2-1-24）就是用改正数计算等精度观测值中误差的公式，也叫作白塞尔公式。

将式（2-1-24）代入式（2-1-21），则可得用改正数计算算术平均值中误差的公式

$$M = \pm\sqrt{\frac{[VV]}{n(n-1)}}$$

**【例 2-1-7】**　用钢尺对某段距离丈量 6 次，观测值见表 2-1-3，试计算观测值中误差及算术平均值中误差。

**解：** 观测数据及计算见表 2-1-3。

表 2-1-3　　　　　　　　　观 测 数 据 与 计 算

| 序号 | 观测值/m | 改正数 $V$/cm | $VV$ | 计 算 过 程 |
|---|---|---|---|---|
| 1 | 57.44 | 0 | 0 | |
| 2 | 57.41 | 3 | 9 | |
| 3 | 57.48 | −4 | 16 | $m = \pm\sqrt{\dfrac{[VV]}{n-1}} = \pm\sqrt{\dfrac{60}{6-1}} \approx \pm3.46\,(\text{cm})$ |
| 4 | 57.47 | −3 | 9 | |
| 5 | 57.45 | −1 | 1 | $M = \pm\sqrt{\dfrac{[VV]}{n(n-1)}} = \pm\sqrt{\dfrac{60}{6\times(6-1)}} \approx \pm1.41\,(\text{cm})$ |
| 6 | 57.39 | 5 | 25 | |
| | $\overline{X} = \dfrac{[L]}{n} = 57.44$ | $[V] = 0$ | $[VV] = 60$ | |

**注**　表中 $m$ 为观测值中误差，$M$ 为观测值算术平均值的中误差。

### 七、不等精度观测的平差

1. 观测值的权

在实际工作中，经常会遇到不等精度观测值求最或是值及评定精度的情况。为解决这个问题，我们首先引入权的概念。

如对一个角度进行了两组观测。第一组观测了 4 测回，平均值为 $\beta_1$；第二组观测了 6 测回，平均值为 $\beta_2$。设每测回的观测值中误差均为 $m$，两组观测值平均值的中

误差分别为 $m_1$、$m_2$，根据式（2-1-21）可得

$$m_1 = \pm \frac{m}{\sqrt{4}} \tag{2-1-25}$$

$$m_2 = \pm \frac{m}{\sqrt{6}} \tag{2-1-26}$$

很明显，$m_1 \neq m_2$，即 $\beta_1$、$\beta_2$ 是不等精度观测，而且 $\beta_2$ 的精度要高于 $\beta_1$。若要求取这一角度的最或是值时，不能简单地取 $\beta_1$ 和 $\beta_2$ 的算术平均值，而要考虑不同精度的观测值在最后结果中占有不同的分量才较合理。精度高的应该占分量大些，精度低的则分量小些。这些不同的分量可用具体的数字来表示，这些数字就是观测值的权。换言之，观测值的权就是观测值之间比较精度用的比值。

因权与精度相关，而精度又是用中误差来表示的，因此，用中误差来确定相应的权是比较合适的。

设一组观测值为 $L_i (i = 1, 2, \cdots, n)$，其相应的中误差为 $m_i$，则权的计算式为

$$p_i = \frac{\mu^2}{m_i^2} \tag{2-1-27}$$

式中 $\mu$——任意常数。

$p_i$ 与 $m_i^2$ 成反比，即 $m_i^2$ 越大，权 $p_i$ 就越小，在平差中所占的分量就越轻；反之，$m_i^2$ 越小，权 $p_i$ 就越大，在平差中所占的分量就越重。

数值为 1 的权，称为单位权。权为 1 的观测值称为单位权观测值，其相应的中误差就叫单位权中误差。式（2-1-27）中，当 $p=1$ 时，则 $\mu = m$，因此任意常数 $\mu$ 实质上是单位权中误差。式（2-1-27）还可写成

$$\mu = m\sqrt{p} \tag{2-1-28}$$

或

$$m = \frac{\mu}{\sqrt{p}} \tag{2-1-29}$$

2. 测量上常用的定权方法

上述角度测量的例子中，将式（2-1-25）、式（2-1-26）分别代入式（2-1-27），可得 $\beta_1$、$\beta_2$ 的权 $p_1$、$p_2$ 分别为

$$p_1 = \frac{\mu^2}{m_1^2} = 4\left(\frac{\mu}{m}\right)^2$$

$$p_2 = \frac{\mu^2}{m_2^2} = 6\left(\frac{\mu}{m}\right)^2$$

令 $\mu = m$，则有 $p_1 = 4$，$p_2 = 6$。4、6 分别是两组观测值的测回数，由此可得以下结论：当每测回观测精度相等时，观测的测回数 $n$ 可作为按这些测回所取得的算术平均值的权。或者说，算术平均值的等精度观测次数 $n$ 可作为该值的权。

【例 2-1-8】 如图 2-1-3 所示，有一结点水准路线，分别从水准点 $A$、$B$、$C$ 测到结点 $O$，观测结果如下：

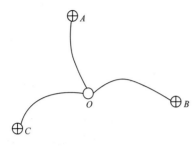

图 2-1-3　结点水准路线

AO 路线　　$h_1 = +4.236m$，$n_1 = 8$

BO 路线　　$h_2 = -1.997m$，$n_2 = 12$

CO 路线　　$h_3 = +9.049m$，$n_3 = 16$

若每一测站的观测高差中误差均为 $m$，求各路线观测高差的权。

**解：**设 $h_1$、$h_2$、$h_3$ 的中误差分别为 $m_1$、$m_2$、$m_3$，权分别为 $p_1$、$p_2$、$p_3$。按式（2-1-10）可得

$$m_1 = \sqrt{n_1}\, m = \sqrt{8}\, m$$

$$m_2 = \sqrt{n_2}\, m = \sqrt{12}\, m$$

$$m_3 = \sqrt{n_3}\, m = \sqrt{16}\, m$$

把以上三个式子分别代入式（2-1-27）得

$$p_1 = \frac{\mu^2}{m_1^{\,2}} = \frac{1}{8}\left(\frac{\mu}{m}\right)^2$$

$$p_2 = \frac{\mu^2}{m_2^{\,2}} = \frac{1}{12}\left(\frac{\mu}{m}\right)^2$$

$$p_3 = \frac{\mu^2}{m_3^{\,2}} = \frac{1}{16}\left(\frac{\mu}{m}\right)^2$$

若令 $\left(\dfrac{\mu}{m}\right)^2 = 48$，代入以上三式可得

$$p_1 = \frac{48}{8} = 6$$

$$p_2 = \frac{48}{12} = 4$$

$$p_3 = \frac{48}{16} = 3$$

由此可知，水准测量中，当各测站观测精度相等时，则路线观测总高差的权与其测站数成反比。也可以直接以测站数的倒数作为权，即

$$p_i = \frac{c}{n_i} \quad （c \text{ 为任选常数}） \tag{2-1-30}$$

若图 2-1-3 中 AO、BO、CO 路线长度分别为 $S_1$、$S_2$、$S_3$，单位长度高差中误差为 $\mu$，按式（2-1-11）可得

$$m_1 = \mu\sqrt{S_1}$$

$$m_2 = \mu\sqrt{S_2}$$

$$m_3 = \mu\sqrt{S_3}$$

代入式（2-1-27），可得

$$p_1 = \frac{c}{S_1}$$

$$p_2 = \frac{c}{S_2}$$

$$p_3 = \frac{c}{S_3}$$

上式表明，在水准测量中，当单位长度高差的精度相等时，路线观测总高差的权与路线长度成反比，即

$$p_i = \frac{c}{S_i} \qquad (2-1-31)$$

在水准测量中，一般在较平坦的地区，若单位长度（如 1km）内的测站数大致相等，可按路线长度来确定路线观测高差的权，即式（2-1-31）；如地形起伏较大，单位长度内的测站数相差较大，则应以测站数来确定路线观测高差的权，即式（2-1-30）。

3. 观测值函数的权

设观测值函数式为

$$s = f(x_1, x_2, \cdots, x_n)$$

式中　$x_1, x_2, \cdots, x_n$ ——独立观测值。

通过误差传播定律，可推导出观测值函数的权 $p_s$ 与观测值的权 $p_i$ 之间的关系如下

$$\frac{1}{p_s} = \left(\frac{\partial f}{\partial x_1}\right)^2 \frac{1}{p_1} + \left(\frac{\partial f}{\partial x_2}\right)^2 \frac{1}{p_2} + \cdots + \left(\frac{\partial f}{\partial x_n}\right)^2 \frac{1}{p_n} \qquad (2-1-32)$$

上式亦称为权倒数传播律。

4. 带权平均值

在解决了权的问题后，就可以求算不等精度观测值的最或是值。

若对某量进行了 $n$ 次不等精度观测，得各次观测值的算术平均值为 $L_1$、$L_2$、$\cdots$、$L_n$，其相应的权为 $P_1$、$P_2$、$\cdots$、$P_n$，其最或是值 $X$ 为

$$X = \frac{P_1 L_1 + P_2 L_2 + \cdots + P_n L_n}{P_1 + P_2 + \cdots + P_n} = \frac{[PL]}{P} \qquad (2-1-33)$$

上式中，$X$ 叫作广义算术平均值，也称为带权平均值或权中数，即不等精度观测值的最或是值。

根据线性函数中误差公式，可推导出广义算术平均值的中误差 $M$ 为

$$M = \frac{\mu}{\sqrt{[P]}} \qquad (2-1-34)$$

式中　$\mu$ ——任选常数；

$[P]$ ——广义算术平均值 $X$ 的权，即 $P_X = [P]$。

上式表明，广义算术平均值的权等于各观测值权之和。

5. 单位权中误差

单位权中误差是衡量不等精度观测值精度的一个标准。只要知道观测值的权，便可通过单位权中误差求得观测值的中误差。由于观测值的真误差一般无法获知，实际工作中可用改正数求单位权中误差，然后再求观测值的中误差。

设有 $n$ 次不等精度观测，各次观测值的算术平均值为 $L_1$、$L_2$、$\cdots$、$L_n$，其相应的

权为 $P_1$、$P_2$、$\cdots$、$P_n$，其最或是值为 $X$，改正数为 $V_1$、$V_2$、$\cdots$、$V_n$，则单位权中误差可按下式计算

$$\mu = \pm\sqrt{\frac{[PVV]}{n-1}} \qquad\qquad (2-1-35)$$

综合前面所述，可将处理不等精度观测值的基本步骤归纳如下：

（1）确定各观测值的权。

$$p_i = \frac{\mu^2}{m_i^2}$$

（2）由观测值及相应的权求最或是值。

$$X = \frac{P_1 L_1 + P_2 L_2 + \cdots + P_n L_n}{P_1 + P_2 + \cdots + P_n} = \frac{[PL]}{[P]}$$

（3）用改正数计算单位权中误差。

$$\mu = \pm\sqrt{\frac{[PVV]}{n-1}}$$

（4）计算最或是值中误差 $M$ 及某些观测值的中误差 $m_i$。

$$M = \frac{\mu}{\sqrt{[P]}} = \pm\sqrt{\frac{[PVV]}{[P](n-1)}}$$

$$m_i = \frac{\mu}{\sqrt{P_i}} = \pm\sqrt{\frac{[PVV]}{P_i(n-1)}}$$

【例 2-1-9】  对某角进行了三个时段的观测，观测数据见表 2-1-4。若每测回的观测中误差均为 $m$，求该角的最或是值及其中误差。

表 2-1-4                              观 测 数 据 与 计 算

| 时段 | 观测值 L | 测回数 n | 权 P | ΔL | P·ΔL | 改正数 V | PV | PVV | PV·ΔL |
|---|---|---|---|---|---|---|---|---|---|
| 1 | 108°32′12″ | 6 | 6 | 2 | 12 | 1.8421 | 11.0526 | 20.3600 | 22.1052 |
| 2 | 108°32′15″ | 9 | 9 | 5 | 45 | −1.1579 | −10.4211 | 12.0666 | −52.1055 |
| 3 | 108°32′14″ | 4 | 4 | 4 | 16 | −0.1579 | −0.6316 | 0.0997 | −2.5264 |
| Σ | | 19 | 1 | | 73 | | 0 | 32.5263 | −32.5267 |

| 计算过程 | $X = X_0 + \dfrac{[PL]}{[P]} = 108°32′10″ + \dfrac{73}{19} = 108°32′10″ + 3.8421″ = 108°32′13.8″$ |
|---|---|
| | $\mu = \pm\sqrt{\dfrac{[PVV]}{n-1}} = \pm\sqrt{\dfrac{32.5263}{3-1}} = \pm4.0328″$ |
| | $M = \dfrac{\mu}{\sqrt{[P]}} = \dfrac{\pm4.0328″}{\sqrt{19}} = \pm0.925″$ |

**解：**

（1）先确定观测值的权。因各测回为等精度观测，故各时段观测值以测回数作为权。

（2）为方便计算，令 $X_0 = 108°32'10''$，则速算数 $\Delta L = L - X_0$。依公式 $X = \dfrac{P_1 L_1 + P_2 L_2 + \cdots + P_n L_n}{P_1 + P_2 + \cdots + P_n} = \dfrac{[PL]}{[P]}$ 计算出最或是值 $X$。

（3）计算出各观测值的改正数，依公式 $\mu = \pm\sqrt{\dfrac{[PVV]}{n-1}}$ 计算出单位权中误差 $\mu$。

（4）依公式 $M = \dfrac{\mu}{\sqrt{[P]}}$ 计算出最或是值中误差 $M$。

# 模块二 坐 标 系 统

2.5【课件】
坐标系统

## 一、地理坐标

地理坐标系是用经度和纬度表示地面点位的球面坐标系。根据坐标所依据基准线和基准面的不同，分为天文坐标和大地坐标。天文坐标以铅垂线为基准线，以大地水准面为基准面，以天文经度 $\lambda$ 和天文纬度 $\varphi$ 表示地面点在大地水准面上的投影位置。天文经度 $\lambda$ 是指地面点所在子午面与首子午面所成的二面角，天文纬度 $\varphi$ 是指过地面点的铅垂线与赤道平面的夹角。

大地水准面所包围的地球球体称为大地体。大地体是一个不规则的球体，无法用数学公式表示，因此用一个非常接近大地水准面的数学面（旋转椭球面）代替大地水准面，用旋转椭球体描述地球，称为参考椭球体。在测量的内业计算中，一般把参考椭球的表面（参考椭球面）作为测量计算的基准面，椭球的法线作为基准线。大地坐标就是用大地经度 $L$ 和大地纬度 $B$ 表示地面点在旋转椭球面上的投影位置。大地经度 $L$ 是指地面点所在子午面和首子午面所成的二面角，大地纬度 $B$ 是指过地面点的法线与赤道平面所成的夹角。

## 二、独立平面直角坐标系

在测量工作中，当测量区域（测区）较小时（如半径小于10km的范围），通常把大地水准面看成平面，用测区中心点的切平面作为投影平面，在切平面上建立一个平面直角坐标系，以地面点的投影坐标 $x$、$y$ 来表示地面点的平面位置，如图 2-2-1 所示。这样建立的平面直角坐标系对测量内业计算和绘图都较为简便，由于它与大地坐标系没有联系，故称为独立平面直角坐标系，又称为假设平面直角坐标系。

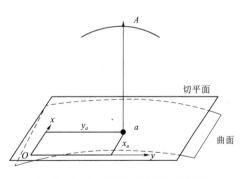

图 2-2-1 假设平面直角坐标系

如图 2-2-2 所示，规定独立（测量）平面直角坐标系［图 2-2-2（a）］：以南北方向为纵轴 $x$，向北为正，向南为负；以东西方向为横轴 $y$，向东为正，向西为负；坐标原点 $O$ 可按实际情况确定，一般选在测区的西南角，其目的是使整个测区内各点坐标均为正值，便于计算；象限Ⅰ、Ⅱ、Ⅲ、Ⅳ按顺时针排列，这是由于测绘工作中以极坐标表示点位时，其角度值是以北方向起算。

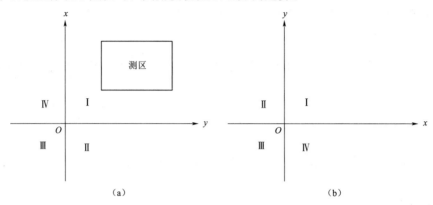

（a）　　　　　　　　　　　　（b）

图 2-2-2　独立（测量）平面直角坐标系与数学平面直角坐标系

值得注意的是，相比于数学平面直角坐标系［图 2-2-2（b）］，独立（测量）平面直角坐标系的轴向和象限顺序同时都在改变。因此，本质上测量平面直角坐标系和数学平面直角坐标系是一致的，数学中的公式均可以直接应用到测量计算中，不需作任何更改。

### 三、高斯平面直角坐标系

#### 1. 高斯投影

地球表面是一个不可展的曲面，将地面点投影到水平面上会产生一定的投影变形。因此，若测区范围较大，就不能把大地水准面当作平面看待，必须采用适当的投影方法来解决这个问题。投影方法有多种，测量工作中通常采用的是高斯-克吕格投影（简称高斯投影）。如图 2-2-3 所示，高斯投影的思想：设想有一个空心椭圆柱横套在地球椭球体外面，使椭圆柱中心轴通过地球椭球中心，柱面与地球椭球上某一子午线（称为中央子午线）相切，然后用保角投影的方法，将中央子午线两侧各一定经差范围内的地区投影到椭圆柱面上，再将此柱面展开即成为投影面，故高斯投影也称为横轴等角切椭圆柱投影。

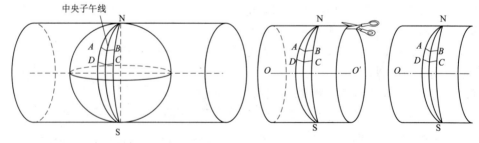

图 2-2-3　高斯投影的思想

#### 2. 高斯投影的特点

（1）中央子午线投影后为直线，且长度不变。距中央子午线越远的子午线，投影后弯曲程度越大，长度变形也越大。

（2）椭球面上除中央子午线外，其他子午线投影后均有长度变形，向中央子午线弯曲并向两极收敛，对称于中央子午线和赤道。

（3）在椭球面上对称于赤道的纬圈，投影后仍称为对称的曲线，并与子午线的投影曲线互相垂直且凹向两极。

3. 高斯平面直角坐标系

在高斯投影中，中央子午线和赤道的投影都是直线且相互垂直。如图 2-2-4 所示，以两者交点为坐标原点 $O$；以中央子午线为纵轴 $x$，规定向北为正；以赤道为横轴 $y$，规定向东为正，构成高斯平面直角坐标系。在这个投影面上的每一点位置，都可用直角坐标 $x$、$y$ 表示。

4. 投影带

高斯投影中，除中央子午线外，各点均存在长度变形，且距中央子午线越远，长度变形越大。为了保证地图的精度，采用分带投影方法控制长度变形。按一定的经度差把地球椭球面划分成若干带，称为投影带。带的宽度一般分为 6° 和 3°，分别称为 6° 带和 3° 带。

如图 2-2-5 所示，6° 带的划分从 0° 子午线（首子午线）开始，按 6° 的经差自西向东分带，依次编号 1、2、3、…、60，每带中间的子午线称为轴子午线或中央子午线，各带相邻的子午线称为分界子午线。以东半球为例，第一个 6° 带的中央子午线是东经 3°，第二个 6° 带的中央子午线是东经 9°，依此类推。我国领土跨 11 个 6° 带，即第 13～23 带。6° 带带号 $N$ 与相应中央子午线经度 $\lambda_0$ 的关系为

$$\lambda_0 = 6N - 3 \tag{2-2-1}$$

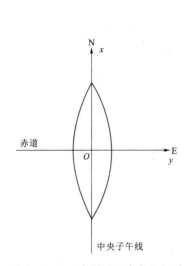

图 2-2-4　高斯平面直角坐标系

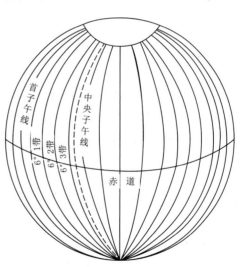

图 2-2-5　投影带

3° 带的划分从东经 1.5° 开始，按 3° 的经差自西向东分带，依次编号 1、2、3、…、120。第一个 3° 带的中央子午线是东经 3°，第二带的中央子午线是东经 6°，依此类推，如图 2-2-6 所示。3° 带带号 $n$ 与相应中央子午线经度 $\lambda_0$ 的关系为

$$\lambda_0 = 3n \tag{2-2-2}$$

**5. 国家统一坐标**

我国位于北半球，在高斯平面直角坐标系内，$x$ 坐标均为正值，$y$ 坐标则有正有负。为了避免 $y$ 坐标出现负值，我国规定把坐标纵轴向西平移 500km，即所有点的 $y$ 坐标均加上 500km，并在 $y$ 坐标值前冠以投影带带号以区分点位所处的投影带。这种坐标称为国家统一坐标。如图 2-2-7 所示，地面点 $A$ 的高斯自然坐标 $x_A=3275611.188$m，$y_A=-276543.211$m，若该点位于第 19 带内，则 $A$ 点的国家统一坐标应为：$x_A=3275611.188$m，$y_A=19223456.789$m。

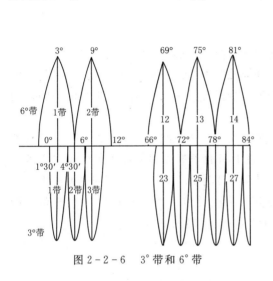

图 2-2-6 3° 带和 6° 带

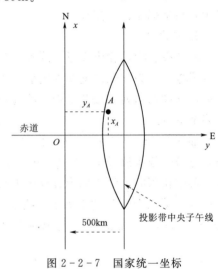

图 2-2-7 国家统一坐标

# 模块三 直 线 定 向

若要确定地面点与点之间的相对位置，仅仅知道两点间的距离是不够的，还需要知道两点之间连线的方向。一条直线的方向是根据某一参照方向（标准方向）确定的。在测量工作中，确定直线与标准方向之间关系的工作称为直线定向。

**一、标准方向**

**1. 真北方向**

过地面某点及地球南、北极的方向线切线北端所指的方向，称为真北方向。真北方向可采用天文测量的方法或陀螺经纬仪测定。

**2. 磁北方向**

在地面某点上放置磁针，磁针自由静止时其北端所指的方向，称为磁北方向。磁北方向可用罗盘仪测定。

**3. 坐标北方向**

坐标纵轴（$X$ 轴）正向所指的方向，称为坐标北方向。在高斯平面直角坐标系中，坐标纵轴是高斯投影带中的中央子午线；在独立平面直角坐标系中，坐标纵轴可假定获得。

真北方向线、磁北方向线、轴北方向线（坐标北方向）合称三北方向线。

2.6【课件】
标准方向

2.7【视频】
直线定向及
标准方向

## 二、方位角

方位角是地面点定向、定位的重要参数。从直线一端的标准方向起，顺时针方向至该直线的水平角度，称为该直线的方位角，取值范围是 $0°\sim360°$。三个标准北方向分别对应着三个不同的方位角。如图 2-3-1 所示，直线 $JK$ 的真方位角记为 $A_{JK}$，磁方位角记为 $A_{mJK}$，坐标方位角记为 $\alpha_{JK}$，下标从左到右分别表示直线的起点和终点。

对于同一条直线而言，不同的起点对应着不同的坐标方位角。如图 2-3-2 所示，$J$、$K$ 分别为直线的两端点，$\alpha_{JK}$ 表示 $JK$ 方向的坐标方位角，$\alpha_{KJ}$ 表示 $KJ$ 方向的坐标方位角。若规定 $\alpha_{JK}$ 为正坐标方位角，则称 $\alpha_{KJ}$ 为反坐标方位角。在同一平面直角坐标系内，各点处的坐标北方向是平行的，因此，一条直线上的正、反坐标方位角之间相差 $180°$，则

$$\alpha_反 = \alpha_正 \pm 180° \qquad (2-3-1)$$

若 $\alpha_正 > 180°$，则取"$-$"号，若 $\alpha_正 < 180°$，则取"$+$"号。

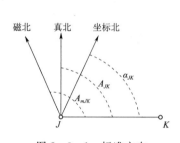

图 2-3-1 标准方向

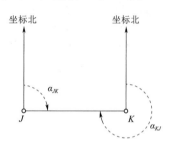

图 2-3-2 正反坐标方位角

已知测区内一条直线边的坐标方位角，以及各直线边之间的水平角，计算得到其他直线边的坐标方位角，这个过程称为坐标方位角的推算。如图 2-3-3 所示，假设前进方向是从 1 号点到 4 号点，直线边 12 的坐标方位角 $\alpha_{12}$ 已知，分别观测 2 号点和 3 号点处转折角即可推算出直线边 23 和直线边 34 的坐标方位角 $\alpha_{23}$ 和 $\alpha_{34}$。

当观测的转折角为左角（$\beta_{左1}$ 和 $\beta_{左2}$），则有

$$\alpha_{23} = \alpha_{12} + \beta_{左1} - 180° \qquad (2-3-2)$$
$$\alpha_{34} = \alpha_{23} + \beta_{左2} - 180° \qquad (2-3-3)$$

当观测的转折角为右角（$\beta_{右1}$ 和 $\beta_{右2}$），则有

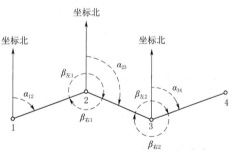

图 2-3-3 坐标方位角的推算

$$\alpha_{23} = \alpha_{12} - \beta_{右1} + 180° \qquad (2-3-4)$$
$$\alpha_{34} = \alpha_{23} - \beta_{右2} + 180° \qquad (2-3-5)$$

由上述两种转折角的情况可得到推算坐标方位角的一般公式：

$$\alpha_{23} = \alpha_{12} \pm \beta \mp 180° \qquad (2-3-6)$$

式中的加减号取决于转折角 $\beta$，当 $\beta$ 为左角时，其前取"$+$"号，相应的常数项

2.8【课件】
方位角及坐标方位角

2.9【视频】
方位角及坐标方位角

2.10【课件】
坐标方位角的推算

2.11【视频】
坐标方位角的推算

（180°）前取"一"号；当 $\beta$ 为右角时，其前取"一"号，相应的常数项（180°）前取"＋"号。如果推算出的坐标方位角大于 360°，应减去 360°；如果出现负值，则应加上 360°。

实际上，某直线的坐标方位角，加 360°，相当于该直线绕直线的一端顺时针旋转了一周，而减 360°，则相当于该直线绕直线的一端逆时针旋转了一周，均没有改变该直线的方向。因此，若推算出某直线的坐标方位角不在 0°～360°的取值范围，可进行加（或减）$n \times 360°$。

如图 2-3-4 所示支导线，$AB$ 边的坐标方位角为 $\alpha_{AB}=125°30'30''$，则 $CD$ 边的坐标方位角计算方法如下：

$$\alpha_{CD}=125°30'30''+100°-130°+100°-3 \times 180°+360°$$
$$=15°30'30''$$

### 三、象限角

有时为了方便我们也用象限角表示直线的方向。所谓象限角，指的是从标准方向的北端或南端起，顺时针或逆时针量至该直线的锐角。用 $R$ 表示，取值范围 0°～90°。如图 2-3-5 所示为四个不同象限的象限角。因为象限角值相同的直线在四个象限都有，因此，为了区别不同象限，常常在角值前加象限名称，如北东 $R_{01}$、南东 $R_{02}$、南西 $R_{03}$、北西 $R_{04}$，或者标明象限的序号（Ⅰ，Ⅱ，Ⅲ，Ⅳ）。

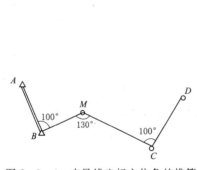

图 2-3-4　支导线坐标方位角的推算

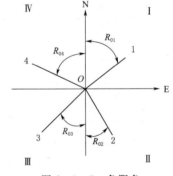

图 2-3-5　象限角

### 四、象限角与坐标方位角的关系

在计算中，常常会碰到方位角与象限角之间的换算问题。根据方位角的定义，结合图 2-3-5，不难看出方位角与象限角之间的关系，见表 2-3-1。

表 2-3-1　　　　　方位角与象限角间的关系

| 象限序号 | $\alpha \rightarrow R$ | $R \rightarrow \alpha$ |
| --- | --- | --- |
| Ⅰ（北东） | $R=\alpha$ | $\alpha=R$ |
| Ⅱ（南东） | $R=180°-\alpha$ | $\alpha=180°-R$ |
| Ⅲ（南西） | $R=\alpha-180°$ | $\alpha=180°+R$ |
| Ⅳ（北西） | $R=360°-\alpha$ | $\alpha=360°-R$ |

### 五、坐标正反算

**1. 坐标正算**

已知 $A$ 点的坐标、$AB$ 边的方位角、$AB$ 两点间的水平距离，计算待定点 $B$ 的坐标，称为坐标正算。如图 2-3-6 所示，$B$ 点的坐标计算方法如下：

$$x_B = x_A + \Delta x_{AB}$$
$$y_B = y_A + \Delta y_{AB} \qquad (2-3-7)$$

式中 $\Delta x_{AB}$、$\Delta y_{AB}$ 为 $A$、$B$ 两点坐标之差，称为坐标增量，也就是坐标的变化量，即

$$\Delta x_{AB} = x_B - x_A = D_{AB} \times \cos\alpha_{AB}$$
$$\Delta y_{AB} = y_B - y_A = D_{AB} \times \sin\alpha_{AB} \qquad (2-3-8)$$

2. 坐标反算

已知 $A$、$B$ 两点的坐标，计算 $A$、$B$ 两点的水平距离 $D_{AB}$ 与坐标方位角 $\alpha_{AB}$，称为坐标反算。从图 2-3-6 可知，水平距离 $D$ 可由勾股定理求得

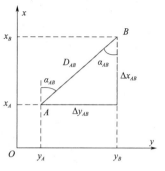

图 2-3-6　坐标正反算

2.16【视频】
坐标正算

2.17【视频】
坐标反算

$$D_{AB} = \sqrt{(x_B - x_A)^2 + (y_B - y_A)^2} \qquad (2-3-9)$$

坐标方位角 $\alpha_{AB}$ 的计算，可先计算出象限角 $R$，再根据象限角与坐标方位角的关系，推算出坐标方位角 $\alpha_{AB}$。

式中反正切函数的值域是 $-90° \sim +90°$，而坐标方位角为 $0° \sim 360°$，因此坐标方位角的值，可根据 $\Delta y$、$\Delta x$ 的正负号所在象限，将反正切角值换算为坐标方位角。计算详细步骤如下：

（1）通过反正切函数求得象限角 $R$：

$$R_{AB} = \arctan\left| \frac{y_B - y_A}{x_B - x_A} \right| \qquad (2-3-10)$$

（2）根据坐标增量 $\Delta x$、$\Delta y$ 的正负号，判断直线 $AB$ 所在的象限，见表 2-3-2。

表 2-3-2　　　　　　　　　　坐标增量与直线所在象限的关系

| 象限 | 方位角 | $\Delta x$ | $\Delta y$ |
|---|---|---|---|
| Ⅰ | $\alpha = R$ | ＋ | ＋ |
| Ⅱ | $\alpha = 180° - R$ | － | ＋ |
| Ⅲ | $\alpha = 180° + R$ | － | － |
| Ⅳ | $\alpha = 360° - R$ | ＋ | － |

（3）根据直线所在的象限，计算坐标方位角 $\alpha_{AB}$ 的大小。

坐标的正算与反算，这里介绍的是传统的计算方法。现在很多的计算器、全站仪及测量相关软件，均可完成坐标的正反算工作。

# 模块四　导　线　测　量

## 一、全站仪的认识和使用

1. 全站仪简介

全站型电子速测仪，简称全站仪，是一种集水平角、竖直角、距离（斜距、平

距)、高差测量功能于一体的测绘仪器系统，广泛应用于控制测量、地形测量、工程测量等测量工作中。

（1）全站仪的构造。全站仪主要由电子测角系统、电子测距系统和控制系统三大部分组成。电子测角系统负责水平、竖直方向角度的测量，电子测距系统负责斜距的测量，控制系统负责测量过程控制、数据采集、误差补偿、数据计算、数据存储和通信传输等。图 2-4-1 所示是南方测绘公司生产的 NTS-A11R[10] 全站仪。

2.18【课件】
全站仪的构造

2.19【视频】
全站仪及棱
镜结构的认识

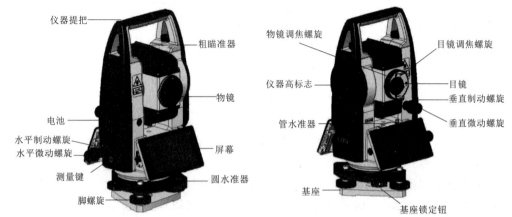

图 2-4-1　南方测绘公司生产的 NTS-A11R[10] 全站仪

1）同轴望远镜。全站仪基本上采用望远镜光轴（视准轴）和测距光轴完全同轴的光学系统。在测量中，使用同轴望远镜，一次照准即可同时测定角度和距离。

2）双轴自动补偿系统。全站仪的双轴自动补偿系统，可自动改正竖轴倾斜对水平方向和竖直方向的影响，使度盘显示的方向读数为正确值。

3）键盘和显示器。键盘是全站仪测量时输入操作指令或数据的硬件，显示器用来显示测量获得的数据。为了方便全站仪正、倒镜观测，键盘和显示器一般设计为双面式。某些智能型全站仪采用安卓版手机化触摸屏技术，在一定程度上提高了操作的速度和测量的效率。

4）存储器。全站仪存储器的作用是将实时采集的测量数据存储起来，再根据需要传送到计算机，供进一步地处理或利用。全站仪的存储器有内存储器和存储卡两种，内存储器相当于计算机的内存（RAM）；存储卡则是一种外存储媒体，作用相当于计算机的磁盘。

5）通信接口。全站仪可通过 SD 储存卡、U 盘、蓝牙、数据电缆线等通信接口，将数据传输至计算机，或将计算机中的数据和信息经数据电缆传输至全站仪，实现双向数据通信。

（2）全站仪的分类。

1）经典型全站仪。经典型全站仪也称为常规全站仪，具备全站仪电子测角、电子测距和数据自动记录等基本功能。

2）机动型全站仪。机动型全站仪安装有轴系步进电机。在计算机的在线控制下，其可按计算机给定的方向值，自动旋转照准部和望远镜以照准目标，并实现正、倒镜自动观测。

3）无合作目标型全站仪。在无反射棱镜的条件下，无合作目标型全站仪可对一般的目标直接测距。因此，观测不便安置反射棱镜的目标时，无合作目标型全站仪具有明显优势。

4）智能型全站仪。智能型全站仪在机动型全站仪的基础上安装有自动目标识别与照准部件。在相关软件的控制下，其可在无人干预的条件下可自动完成多个目标的识别、照准与测量。因此，智能型全站仪又称为"测量机器人"。图 2-4-2 展示了四款测量机器人，（a）型号为 Leica Nova TS60，（b）型号为 TOPCON GT1200，（c）型号为 Trimble S9，（d）型号为 NTS-591/592。

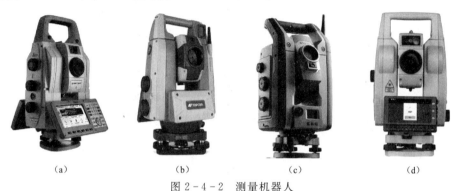

|(a)|(b)|(c)|(d)|

图 2-4-2　测量机器人

**2. 反射棱镜**

全站仪在棱镜模式下进行距离测量等作业时，须在目标处放置反射棱镜，供全站仪照准。反射棱镜有单棱镜组［图 2-4-3（a）］和三棱镜组［图 2-4-3（b）］。单（三）棱镜组可通过基座连接器与基座相连，并安置在三脚架上，用于高等级的控制测量。而在低等级控制测量和施工测量中，可将单棱镜安置在对中杆上［图 2-4-3（c）］使用。在精度要求不高时，还可拆去对中杆棱镜组的支架，单独使用一根对中杆安置棱镜供全站仪照准。

在使用三脚架安置棱镜时，应在测点上利用基座上的光学对中器进行对中整平，将棱镜反光镜朝向全站仪，如果需要观测高差，则需要用小钢尺量取棱镜高度（地面点标志中心至棱镜或觇牌中心的高度）。在使用对中杆安置棱镜时，应将对中杆下尖部对准地面点标志，张开两条支架腿，双手分别控制两个握式锁紧装置，伸缩支架腿长度，使圆气泡居中。对中杆上有长度刻划注记，因此棱镜高度可在对中杆刻划标志处直接读出。

**3. 全站仪的使用及注意事项**

全站仪的使用包括对中、整平、瞄准和读数四项基本操作，前两项是仪器安置工作，后两项为观测工作。

（1）全站仪的安置。全站仪的安置包括对中和整平两项工作。对中的目的是使仪器的水平度盘中心与测站点标志中心位于同一铅垂线上。整平的目的是使仪器竖轴竖直，水平度盘处于水平位置。

2.20【视频】
全站仪的安置

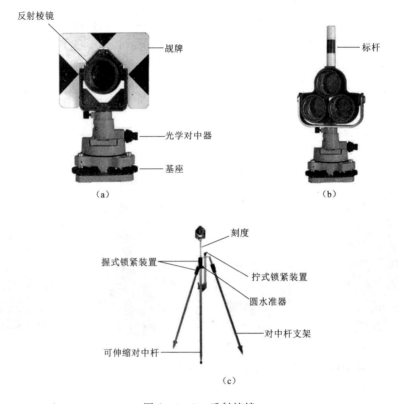

图 2-4-3　反射棱镜

　　1）架设三脚架和安放仪器。调节三脚架腿上的紧固螺旋，提升三脚架到适当高度。打开三脚架，使架头中心初步对准测站点中心，架头大致水平。将全站仪安放在脚架上，旋紧中心连接螺旋。

　　2）对中。打开激光对中器。固定三脚架的一条腿于适当位置，双手分别握住另外两条腿，移动这两条腿的同时观察光斑的位置。当激光对中器光斑大致对准测站点时，使三脚架三条腿均固定在地面上。调节全站仪的三个脚螺旋，使激光对中器光斑精确对准测站点中心。

　　3）整平。首先调节三脚架的架腿高度，使圆水准器气泡居中，仪器处于粗略整平的状态。然后通过调节三个脚螺旋，使照准部管水准器气泡在各个方向均处于居中状态，称为精确整平，具体操作如图 2-4-4 所示。首先松开照准部水平制动螺旋，转动仪器，使管水准器平行于任意两个脚螺旋（如 A、B）的连线方向，同时向内或向外转动这两个脚螺旋使管水准器气泡居中；然后将照准部旋转 90°，使管水准器垂直于原先的位置，再旋转第三个脚螺旋使气泡居中。整平工作要反复进行，直到管水准器气泡在任何方向都居中为止。最后，检查仪器的对中情况，若激光对中器光斑已偏离测站标志中心，则可微松开中心连接螺旋，平移仪器（不可旋转仪器），使仪器精确对中，并再次检查整平是否已被破坏，若已被破坏则再用脚螺旋整平。对中和整平是两项相互影响的工作，应反复进行，直至管水准器气泡居中，同时激光对中器光斑对准测站标志中心，最后关闭激光对中器。

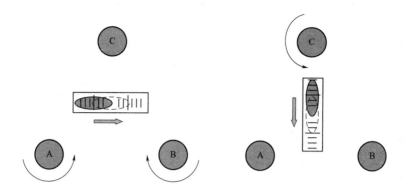

图 2 - 4 - 4　管水准器气泡、脚螺旋与旋转方向示意图

（2）瞄准。瞄准的具体操作如下：

1）调节目镜调焦螺旋，十字丝清晰。

2）松开垂直制动螺旋和水平制动螺旋，利用粗瞄准器内的三角形标志的顶尖瞄准目标点，使目标物像落在望远镜的视场范围内，然后旋紧上述两个螺旋。

3）调节物镜调焦螺旋，使目标物像清晰，注意消除视差。

4）旋转垂直微动螺旋和水平微动螺旋，精确照准目标。

在观测水平角时，应尽量照准目标的底部，用双丝夹住目标，使目标在中间位置，或使十字丝的竖丝精确切准目标的中心；观测竖直角时，应使十字丝中丝与目标部位相切。

（3）读数。照准目标后，按下测量键，即可进行读数。全站仪的观测数据直接显示在屏幕上，直接读取和记录即可。显示屏幕的内容及常用快捷功能图标见表 2 - 4 - 1 和表 2 - 4 - 2。

表 2 - 4 - 1　　　　　　　　各显示符号表示的内容

| 显示符号 | 内　　容 | 显示符号 | 内　　容 |
|---|---|---|---|
| V | 垂直角 | Z | 高程 |
| V/% | 垂直角（坡度显示） | M | 以米为距离单位 |
| HR | 水平角（右角） | Ft | 以英尺为距离单位 |
| HL | 水平角（左角） | Dms | 以度分秒为角度单位 |
| HD | 水平距离 | Gon | 以哥恩为角度单位 |
| VD | 高差 | mil | 以密为角度单位 |
| SD | 斜距 | PSM | 棱镜常数（以 mm 为单位） |
| N | 北向坐标 | PPM | 大气改正值 |
| E | 东向坐标 | PT | 点名 |

表 2 - 4 - 2                         常 用 快 捷 功 能 图 标

| 图　标 | 功　能 |
| --- | --- |
| ★ | 该键为快捷功能键，包含激光指示、PPM 设置、合作目标、电子气泡、测量模式、激光对点 |
| 🗄 | 该键为数据功能键，包含原始数据、坐标数据、编码数据及数据图形 |
| 1 | 该键为测量模式键，可设置 N 次测量、连续精测或跟踪测量 |
| NO | 该键为合作目标键，可设置目标为反射板、棱镜或无合作 |
| OFF | 该键为电子气泡键，可设置 X 轴、XY 轴补偿或关闭补偿 |
| ⋮ | 该键在不同界面有不同的功能 |

### 4. 全站仪的功能

全站仪的功能可分为基本测量功能和程序功能。基本测量功能包括测距和测角（水平角、竖直角），程序功能包括坐标测量、对边测量、悬高测量、面积计算和放样等。下面以 NTS - A11R[10] 全站仪为例，介绍全站仪的部分功能及注意事项。

（1）角度测量。在测量程序下进入角度测量界面，如图 2 - 4 - 5 所示，按键与功能见表 2 - 4 - 3。

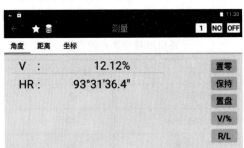

图 2 - 4 - 5　角度测量界面

表 2 - 4 - 3                         角度测量按键与功能

| 按键 | 功　能 |
| --- | --- |
| 置零 | 将当前水平角度设置为零，设置后将需要重新进行后视设置 |
| 保持 | 保持当前角度不变，直到释放为止 |
| 置盘 | 通过输入设置当前的角度值，设置后将需要重新设置后视 |
| V/％ | 垂直角显示在普通和百分比之间进行切换 |
| R/L | 水平角显示在左角和右角之间转换 |

（2）距离测量。在测量程序下进入距离测量界面，如图 2-4-6 所示，按键与功能见表 2-4-4。

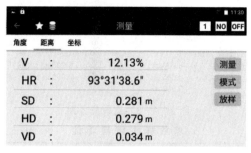

图 2-4-6　距离测量界面

表 2-4-4　　　　　　　　　　　距离测量按键与功能

| 按键 | 功　　能 |
|------|----------|
| 测量 | 开始进行距离测量 |
| 模式 | 进入到测量模式设置 |
| 放样 | 进入到距离放样模式 |

（3）坐标测量界面。在测量程序下进入坐标测量界面，如图 2-4-7 所示，按键与功能见表 2-4-5。

图 2-4-7　坐标测量界面

表 2-4-5　　　　　　　　　　　坐标测量按键与功能

| 按键 | 功　　能 |
|------|----------|
| 测量 | 开始进行坐标测量 |
| 模式 | 设置测距模式 |
| 镜高 | 进入棱镜高度输入界面 |
| 仪高 | 进入仪器高度输入界面，设置后需要重新定后视 |
| 测站 | 进入测站坐标的输入界面，设置后需要重新定后视 |

（4）坐标放样。在放样程序下进入点放样界面，如图 2-4-8 所示，按键与功能见表 2-4-6。

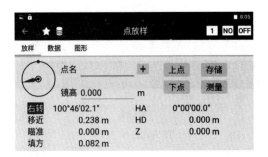

图 2 - 4 - 8　点放样界面

表 2 - 4 - 6　　　　　　　　　点 放 样 按 键 与 功 能

| 按键 | 功　　能 |
|---|---|
| ＋ | 调用或者新建一个放样点 |
| 上点 | 当前放样点的上一点，当是第一个点时将没有变化 |
| 下点 | 当前放样点的下一点，当是最后一个点时将没有变化 |
| 存储 | 存储前一次的测量值 |
| 测量 | 进行测量 |
| 数据 | 显示测量的结果 |
| 图形 | 显示放样点、测站点、测量点的图形关系 |

（5）全站仪使用的注意事项。

1）严禁将仪器直接放到地面上，以免砂土对基座造成损坏。

2）全站仪发射激光时，不得对准眼睛。

3）仪器安装至三脚架或拆卸时，应一只手先握住仪器，以防仪器跌落。

4）在日光下测量时，应避免直接用望远镜照准太阳，以免损伤眼睛及仪器发光二极管。

5）仪器运输时，应将仪器装于箱内，避免挤压、碰撞和剧烈震动。长途运输时，应使用软垫包围箱体。

6）仪器使用完毕后，用绒布或毛刷清除仪器表面灰尘。若仪器被雨水淋湿，切勿通电开机，应用干净软布擦干并在通风处放一段时间。

7）仪器长期不使用时，应关掉电源，卸下电池分开存放，还应每月给电池充电一次。

8）发现仪器功能异常，非专业维修人员不可擅自拆开仪器，以免发生不必要的损坏。

2.21【课件】
光电测距原理

2.22【视频】
电磁波测
距原理

## 二、光电测距

### 1. 光电测距原理

光电测距以电磁波作为载波传输测距信号，以测定两点间距离的一种方法，具有测程远、精度高、作业快、不受地形限制等优点，是大地测量、工程测量和地形测量中距离测量的主要方法。光电测距的原理：利用已知的光速，测定其在测线两端点间的传播时间以计算距离。

如图 2 - 4 - 9 所示，$A$、$B$ 为地面上的两个固定点，欲测两端点间距离，在 $A$ 点安置光电测距仪，$B$ 点安置反射棱镜。测距仪发出电磁波测距信号到达反射棱镜，经反射返回测距仪，测定电磁波在两点间的往返时间 $t$，则可计算 $A$、$B$ 之间的距离：

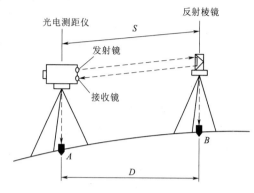

图 2 - 4 - 9　光电测距原理

$$S = \frac{1}{2}Ct \qquad (2 - 4 - 1)$$

式中　$S$——斜距；

　　　　$C$——电磁波信号在大气中的传播速度，其值约为 $3 \times 10^8 \text{m/s}$。若在测距过程中，同时测定了竖直角 $\alpha$，则可以由斜距 $S$ 计算水平距离 $D$。

光电测距的精度主要决定于测定光波往返传播时间的精度。根据测定时间方式的不同，光电测距仪又分为脉冲式测距仪和相位式测距仪。脉冲式测距仪是将发射光波的光强调制成脉冲光，射向目标并接收反射光，直接测定光波在待测距离上往返的时间。相位式测距仪对光波的振幅调制，使光强随电振荡的频率而周期性变化，根据调制波在待测距离上往返传播所产生的相位变化，间接地确定传播时间 $t$。

2. 光电测距仪的分类

（1）按测定时间的方式分类。

1）脉冲式测距仪（直接测定）。

2）相位式测距仪（间接测定）。

（2）按采用的载波分类。

1）微波测距仪：用无线电波作为载波。

2）红外光测距仪：用红外光作为载波。

3）激光测距仪：用激光作为载波。

（3）按测程分类。

1）短程测距仪：测程小于 3km。

2）中程测距仪：测程为 3～15km。

3）远程测距仪：测程大于 15km。

（4）按测距精度分类。

光电测距仪出厂标称精度（标准差）表达式为

$$m_D = \pm(A + B \times D) \qquad (2 - 4 - 2)$$

式中　$A$——标称精度固定误差，mm；

　　　　$B$——标称精度比例误差系数，mm/km，一般以百万分率（$1\text{ppm} = 1 \times 10^{-6}$）表示；

　　　　$D$——测量距离，km。

2.23【课件】
相对误差

2.24【视频】
测距仪的精度及分类

$A$、$B$ 的数值越小，则测距仪的精度级别越高。

根据出厂标称标准差，测距仪分为四级：

1）Ⅰ级：$m_D \leqslant (1\text{mm} + 1\text{ppm} \cdot D)$。

2）Ⅱ级：$(1\text{mm} + 1\text{ppm} \cdot D) < m_D \leqslant (3\text{mm} + 2\text{ppm} \cdot D)$。

3）Ⅲ级：$(3\text{mm} + 2\text{ppm} \cdot D) < m_D \leqslant (5\text{mm} + 5\text{ppm} \cdot D)$。

4）Ⅳ级：$m_D > (5\text{mm} + 5\text{ppm} \cdot D)$。

3．距离测量的注意事项

（1）仪器和反光镜的对中偏差不应大于 2mm。

（2）四等及以上等级控制网的边长测量，应分别量取两端点观测始末的气象数据，计算时应取平均值。

（3）测量气象元素的温度计宜采用通风干湿温度计，气压表宜选用空盒气压表；读书前应将温度计悬挂在离开地面和人体 1.5m 以外且阳光不能直射的地方，读数应精确至 0.2℃；气压表应置平，指针不应滞阻，读数应精确至 0.5hPa。

（4）当观测数据超限时。应重测整个测回；若观测数据出现系统性误差时，应分析原因，并应采取相应措施重新观测。

### 三、全站仪水平角测量

1．水平角观测原理

水平角是空间两相交直线之间的夹角在水平面上的投影，取值范围为 0°～360°。如图 2-4-10 所示，$A$、$B$、$C$ 为不同高程的地面点，沿铅垂线投影到水平面可分别得到 $A_1$、$B_1$、$C_1$，则 $A_1B_1$ 与 $A_1C_1$ 的夹角 $\beta$ 即为地面 $AB$ 和 $AC$ 两方向线之间的水平角。由此可知，$\beta$ 也就是过 $AB$ 和 $AC$ 方向线作两个竖直面所形成的二面角。

设想在两竖直面的交线上的任意一点 $O$ 处，放置一个按顺时针注记的全圆量角器（称为水平度盘），使其中心与 $O$ 点位于同一铅垂线上，并处于水平状态。过 $AB$ 和 $AC$ 方向线的竖直面分别与水平度盘相交得读数 $m$ 和 $n$，则 $n$ 减 $m$ 就是水平角 $\beta$，即

$$\beta = n - m \qquad (2-4-3)$$

2．水平角观测方法

水平角观测方法主要有测回法和方向观测法两种。测回法适用于观测两个方向所形成的水平角，而当一个测站上待观测的方向数大于等于 3 个时，通常采用方向观测法。

（1）测回法。如图 2-4-11 所示，在测站点 $O$ 安置全站仪，用测回法观测 $OA$ 和 $OB$ 两方向间的水平角 $\beta$，一测回的观测步骤如下：

1）确定观测的起始方向。

2）设 $OA$ 为起始方向，正镜（盘左）瞄准 $A$ 点，将水平度盘读数设置为零（置零）或稍大于零的位置，记录水平度盘读数 $a_{左}$；顺时针转动仪器，瞄准 $B$ 点，记录水平度盘读数 $b_{左}$，

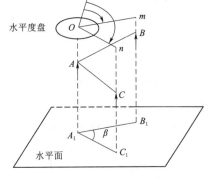

图 2-4-10 水平角观测原理

2.25【课件】
水平角测量原理

2.26【视频】
水平角测量原理

2.27【课件】
水平角测量方法

2.28【视频】
测回法测量水平角

则盘左位置测得的水平角 $\beta_左$ 为

$$\beta_左 = b_左 - a_左 \qquad (2-4-4)$$

3）倒镜（盘右）瞄准 $B$ 点，记录水平度盘读数 $b_右$；逆时针转动仪器，瞄准 $A$ 点，记录水平度盘读数 $a_右$，则盘右位置测得的水平角 $\beta_右$ 为

$$\beta_右 = b_右 - a_右 \qquad (2-4-5)$$

用盘左、盘右两个半测回观测一个水平角，可以消除部分仪器误差对测角的影响，同时可以检核观测过程中有无错误。当两个半测回水平角之差 $\Delta\beta$ 满足限差要求，则取上、下半测回水平角值的平均值，作为一测回的角值 $\beta$：

$$\beta = \frac{1}{2}(\beta_左 + \beta_右) \qquad (2-4-6)$$

在观测中适当增加测回数，可在一定范围内提高测角的精度。当测回数在两个以上时，还可根据 $180°/n$（$n$ 为测回数）的原则变换水平度盘位置，以减小度盘刻划不均匀误差对测角的影响。例如，当测回数 $n=3$ 时，变换度盘的差值为 $60°$，3 个测回盘左位置瞄准起始方向的读数可分别配置在等于或略大于 $0°$、$60°$ 和 $120°$ 处。当各测回水平角值之差满足限差要求，则取各测回水平角值的平均值作为最终的角值。测回法观测手簿示例见表 2-4-7。

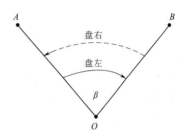

图 2-4-11 测回法照准部旋转示意图

表 2-4-7 测回法观测手簿

| 测站 | 目标 | 竖盘位置 | 水平度盘读数 ( ° ′ ″ ) | 半测回角值 ( ° ′ ″ ) | 一测回角值 ( ° ′ ″ ) | 各测回角值 ( ° ′ ″ ) | 备注 |
|---|---|---|---|---|---|---|---|
| O | A | 盘左 | 0 02 06 | 165 54 00 | 165 54 18 | 165 54 18 | 第 1 测回 |
| | B | | 165 56 06 | | | | |
| | A | 盘右 | 180 02 12 | 165 54 36 | | | |
| | B | | 345 56 48 | | | | |
| O | A | 盘左 | 90 00 00 | 165 54 30 | 165 54 18 | | 第 2 测回 |
| | B | | 255 54 30 | | | | |
| | A | 盘右 | 270 00 00 | 165 54 06 | | | |
| | B | | 75 54 06 | | | | |

（2）方向观测法。方向观测法从一个起始方向（零方向）开始，依次观测各个目标方向并记录水平度盘读数，将相邻方向值作差以得到相应的水平角值。注意，当目标方向数大于 3 时，还需要回到起始方向观测并记录水平度盘读数，这一步骤称为"归零"。此时，全站仪在观测中旋转了一个圆周，因此这种情况又称为全圆方向观测法。

如图 2-4-12 所示，在测站点 $O$ 安置全站仪，用方向观测法观测 $OA$、$OB$、$OC$ 和 $OD$ 方向间的水平角，一测回的观测步骤如下：

2.29【视频】方向观测法测量水平角

2.30【视频】全圆方向观测法测量水平角

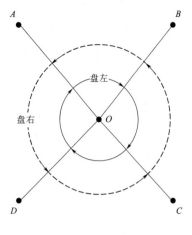

图 2-4-12　方向观测法

1）确定观测的起始方向。

2）设 OA 为起始方向，正镜（盘左）瞄准 A 点，将水平度盘读数设置为零（置零）或稍大于零的位置，记录水平度盘读数 $a_1$；顺时针转动仪器，依次瞄准 B、C 和 D 点，记录相应的水平度盘读数 $b$、$c$ 和 $d$；继续顺时针转动仪器，再次瞄准 A 点，记录水平度盘读数 $a_2$。

3）倒镜（盘右）瞄准 A 点，记录水平度盘读数 $a'_1$；逆时针转动仪器，依次瞄准 D、C 和 B 点，记录相应的水平度盘读数 $d'$、$c'$ 和 $b'$；继续逆时针转动仪器，再次瞄准 A 点，记录水平度盘读数 $a'_2$。

从上述观测程序可知，在半测回（盘左或盘右）中，起始方向 OA 的前、后两次读数之差 Δ 称为半测回归零差。若 Δ 超出限差要求，则说明观测中存在错误，应及时重测。在一测回中，同一方向的盘左读数 $R_左$ 和盘右读数 $R_右$（±180°）之差称为两倍照准差（2C）：

$$2C = R_左 - (R_右 \pm 180°) \qquad (2-4-7)$$

在一个测站上使用同一台仪器观测不同的方向，2C 值理论上是一个常数，但由于观测误差的存在，各个方向的 2C 值并不相等。因此，各个方向的 2C 变化值可作为衡量观测精度的指标之一。在同一测回内，若各方向的 2C 互差满足限差要求，则取每一方向盘左读数和盘右读数（±180°）的平均值作为该方向的平均方向值，即

$$平均方向值 = \frac{1}{2}[盘左读数 + (盘右读数 \pm 180°)] \qquad (2-4-8)$$

在一测回中，起始方向有前、后 2 个平均方向值。因此，需要将这 2 个值再取平均值，作为起始方向的平均方向值。为了方便水平角的计算，将各方向的平均方向值减去起始方向的平均方向值，这样就得到从 0°00′00″（起始方向）起算的方向值，称为归零方向值：

$$归零方向值 = 平均方向值 - 起始方向的平均方向值 \qquad (2-4-9)$$

当观测了多个测回，还需计算同一方向各测回归零方向值的较差，若满足限差要求，则将各测回同一方向的归零方向值相加后除以测回数，得到该方向各测回归零方向平均值：

$$各测回归零方向平均值 = \frac{\sum 归零方向值}{n} \qquad (2-4-10)$$

方向观测法手簿示例见表 2-4-8。

3. 测角仪器的检验和校正

（1）经纬仪和全站仪的轴线及其应满足的条件。

如图 2-4-13 所示，CC 为视准轴，HH 为横轴，LL 为水准管轴，L′L′ 为圆水准器轴，VV 为仪器竖轴（纵轴），应满足的几何条件如下：

表 2-4-8　　　　　　　方 向 观 测 法 手 簿

| 测站 | 目标 | 水平度盘读数 | | 2C | 平均读数 | 一测回归零方向值 | 各测回归零方向平均值 | 水平角值 |
| | | 盘左 | 盘右 | | | | | |
| | | (° ′ ″) | (° ′ ″) | (″) | (° ′ ″) | (° ′ ″) | (° ′ ″) | (° ′ ″) |
| | 第 1 测回 | | | | 0 00 34 | | | |
| | A | 0 00 54 | 180 00 24 | +30 | 0 00 39 | 0 00 00 | 0 00 00 | |
| | | | | | | | | 79 26 59 |
| | B | 79 27 48 | 259 27 30 | +18 | 79 27 39 | 79 27 05 | 79 26 59 | |
| | | | | | | | | 63 03 30 |
| O | C | 142 31 18 | 322 31 00 | +18 | 142 31 09 | 142 30 35 | 142 30 29 | |
| | | | | | | | | 146 15 18 |
| | D | 288 46 30 | 108 46 06 | +24 | 288 46 18 | 288 45 44 | 288 45 47 | |
| | | | | | | | | 71 14 13 |
| | A | 0 00 42 | 180 00 18 | +24 | 0 00 30 | | 0 00 00 | |
| | Δ | −12 | −6 | | | | | |
| | 第 2 测回 | | | | 90 00 52 | | | |
| | A | 90 01 06 | 270 00 48 | +18 | 90 00 57 | 0 00 00 | | |
| | B | 169 27 54 | 349 27 36 | +18 | 169 27 45 | 79 26 53 | | |
| O | C | 232 31 30 | 52 31 00 | +30 | 232 31 15 | 142 30 23 | | |
| | D | 18 46 48 | 198 46 36 | +12 | 18 46 42 | 288 45 50 | | |
| | A | 90 01 00 | 270 00 36 | +24 | 90 00 48 | | | |
| | Δ | −6 | −12 | | | | | |

1）$CC \perp HH$。

2）$HH \perp VV$。

3）$VV \perp LL$。

4）十字丝竖丝$\perp HH$。

5）$L'L' /\!/ VV$。

6）竖盘指标应位于正确位置。

经纬仪或全站仪出厂时，一般满足以上的条件，但由于仪器长期使用和搬运，轴系之间的正确关系往往会发生变动，因此必须在观测角度之前，对仪器进行检验和校正。

（2）水准管轴的检验和校正。

1）检验：将仪器大致整平，旋转照准部，使水准管平行于任意一对脚螺旋的连线，调节脚螺旋使气泡精确居中，然后将照准部旋转$180°$，若气泡仍居中，则说明水准管轴垂直

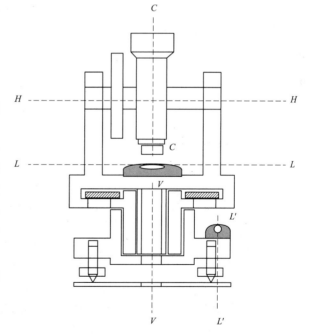

图 2-4-13　经纬仪和全站仪的轴线

于竖轴，无须校正；若气泡偏离中心，则说明需要校正。

2）校正：同时转动上述两个脚螺旋，使气泡向中心方向移动偏移量的一半，然后用校正针拨动水准管一端的校正螺丝使气泡居中。重复检验和校正的步骤，直到满足条件为止。

（3）横轴的检验和校正。

1）检验：如图 2-4-14 所示，在距离垂直墙面 20～30m 处安置仪器，盘左位置瞄准墙上高处一点 $M$，拧紧水平制动螺旋，然后将望远镜放平，根据十字丝中心在墙上定出 $M_1$ 点。倒转望远镜成盘右位置，同样瞄准 $M$ 点，再次将望远镜放平，在墙上定出 $M_2$ 点。若 $M_1$ 和 $M_2$ 点重合，则说明条件满足，否则需要校正。

2）校正：在墙上定出 $M_1$ 和 $M_2$ 连线的中点 $M_0$，用十字丝中心瞄准 $M_0$，拧紧水平制动螺旋，然后将望远镜抬高至 $M$ 点附近，此时十字丝中心偏离 $M$ 点，位于 $M'$ 处。打开仪器侧盖板，升降横轴一端，使十字丝中心照准 $M$ 点。重复检验和校正的步骤，直到满足条件为止。

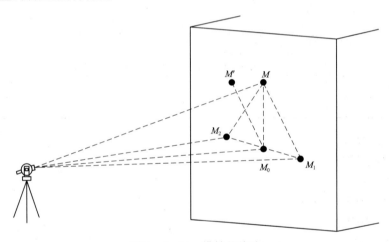

图 2-4-14　横轴的检验

（4）视准轴的检验和校正。

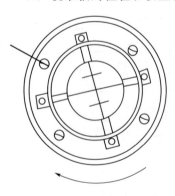

图 2-4-15　十字丝分划板

1）检验：安置仪器，整平，在远处选定一个与仪器同高的目标点 $P$。分别用盘左、盘右位置照准 $P$ 点，读得水平度盘读数 $L$ 和 $R$，并计算两倍照准差（$2C$）。若 $2C$ 值超过限差要求，则需要进行校正。

2）校正：保持盘右位置的照准状态，旋转水平微动螺旋，使水平度盘读数为 $R+C$（盘右位置的正确读数），此时十字丝中心偏离 $P$ 点。如图 2-4-15 所示，打开十字丝分划板护盖，用校正针拨动左、右两个校正螺丝，使十字丝中心精确照准 $P$ 点。重复检验和校正的步骤，直到满足条件为止，最好盖上护盖。

（5）十字丝竖丝的检验和校正。

1）检验：安置仪器，整平，用十字丝中心精确照准某一清晰目标点 $M$ ［图 2-4-16（a）］，拧紧水平、垂直制动螺旋，调节垂直微动螺旋，使望远镜在竖直面内上仰或下俯。观察目标点 $M$ 的移动情况，若目标点沿着竖丝移动［图 2-4-16（b）］，表明条件满足；若目标点偏离竖丝［图 2-4-16（c）］，则需要校正。

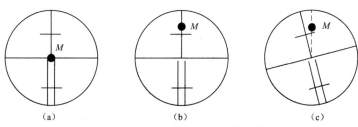

（a） （b） （c）

图 2-4-16　十字丝竖丝的检验

2）校正：旋开十字丝分划板护盖，松开压环螺丝，按竖丝倾斜的反方向慢慢转动十字丝，使竖丝与 $M$ 点重合。重复检验和校正的步骤，直到满足条件为止，最好盖上护盖。

**4. 水平角测量的误差来源**

水平角测量误差来源于 3 个方面：仪器误差、观测误差和外界环境的影响。不同的误差来源对水平角测量的精度有着不同的影响，在作业中，应根据误差产生原因，采取相应的措施，尽量消除或削弱误差的影响。

2.31【课件】角度测量误差分析

（1）仪器误差。仪器误差主要是由于仪器制造和校正不完善所引起的误差。

1）水平度盘偏心差。水平度盘分划中心与照准部旋转中心不重合，导致指标在度盘上读数时产生的误差，称为水平度盘偏心差，也称为照准部偏心差。照准部在度盘不同的方向时，此误差对读数的影响也不同。水平度盘偏心差可通过取同一目标的盘左、盘右读数平均值来消除或削弱。

2）度盘分划误差。水平度盘分划不均匀所造成的误差，称为度盘分划误差。现代光学经纬仪的制造技术较高，此项误差一般都比较小，而全站仪采用编码度盘，此项误差几乎不存在。在观测中，根据 $180°/n$ 的原则变换各测回零方向的水平度盘位置，可以削弱度盘刻划不均匀误差对测角的影响。

3）视准轴误差。仪器的视准轴不垂直于横轴产生的误差，称为视准轴误差。当视准轴绕横轴旋转时，将扫出一个圆锥面，且竖直角越大，对水平方向读数的影响越大。由于视准轴误差对盘左、盘右水平方向观测值的影响大小相等，符号相反。因此，取盘左、盘右读数的平均值，可消除视准轴误差的影响。

4）横轴误差。仪器的横轴与竖轴不垂直产生的误差，称为横轴误差。横轴误差对水平方向观测值的影响随竖直角的增大而增大。当竖直角为 $0°$（视线水平）时，横轴误差对水平度盘读数无影响；当两个目标的竖直角相等时，横轴误差对水平度盘读数的影响可以得到抵消；当取同一目标的盘左、盘右平均值时，横轴误差也可以得到消除。

5）竖轴误差。仪器的竖轴不铅垂产生的误差，称为竖轴误差。竖轴误差产生的原因可能是仪器未严格整平，也可能是竖轴不垂直于照准部水准管轴，其对水平方向观测值的影响随竖直角的增大而增大。竖轴误差的大小和符号相同，不能用盘左、盘右观测的操作方法消除。因此，在观测前要对照准部水准管进行检验和校正，观测时注意精确整平仪器。

（2）观测误差。

1）仪器对中误差。仪器中心与测站点中心不在同一铅垂线上所引起的误差，称为仪器对中误差。偏心距越大或观测边越短，仪器对中误差越大。当水平角为 180°和偏心角为 90°时，仪器对中误差对水平方向的影响最大。为了降低仪器对中误差的影响，当边长较短时应严格对中。

2）目标偏心误差。照准点上所竖立的目标（如标杆、测钎等）与地面点标志中心不在同一铅垂线上所引起的误差，称为目标偏心误差。偏心距越大或观测边越短，目标偏心误差越大。当偏心角为 90°时，目标偏心误差对水平方向的影响最大。瞄准目标时，尽量瞄准目标底部，可减小目标偏心距，从而减小目标偏心误差对水平角的影响。

3）照准误差。影响望远镜照准精度的因素有很多，如望远镜的放大倍数、目标的形状及大小、大气的透明度、人眼的分辨率等。此项误差无法消除，在观测过程中应注意消除视差，仔细照准目标，尽可能削弱其影响。

（3）外界条件的影响。外界条件的影响因素较多，主要有气温的变化、风力、大气透明度、太阳光等，这些不利因素会直接影响仪器的稳定性，降低测量精度，因此，野外操作应尽量避免太阳光直射，选择合适的时间段以将这些外界条件的影响降低到最小。

**5. 水平角观测的注意事项**

水平角测量误差与观测者、仪器和外界环境有关。为了使水平角测量的精度满足规范要求，观测过程中应有针对性地采取相应措施，尽量消除或削弱误差。根据《工程测量标准》（GB 50026—2020），在水平角观测中测站作业应符合下列规定：

（1）仪器及反光镜的对中偏差均不应大于 2mm。

（2）水平角观测过程中，气泡中心偏离整置中心不宜超过 1 格；四等以上等级的水平角观测，当观测方向的垂直角超过 $\pm 3°$ 的范围时，宜在测回间重新整置气泡位置；有垂直轴补偿器的仪器可不受此要求限制。

（3）若受震动等外界因素的影响，仪器的补偿器无法正常工作或超出补偿器的补偿范围时，应停止观测。

（4）当测站或照准目标偏心时，应在水平角观测前或观测后测定归心元素。

（5）一测回内 2C 互差或同一方向值各测回较差超限时，应重测超限方向，并应联测零方向。

（6）下半测回归零差或零方向的 2C 互差超限时，应重测本测回。

（7）若一测回中重测方向数超过总方向数的 1/3 时，应重测本测回；当重测的测回数超过总测回数的 1/3 时，应重测本测站。

**四、导线测量概述**

将相邻控制点连成直线而构成的折线称为导线，控制点称为导线点。导线测量是依次测定导线边的水平距离和两相邻导线边的水平夹角，然后根据起算数据，推算各边的坐标方位角，最后求出导线点的平面坐标。

导线布设灵活，推进迅速，受地形限制小，边长精度分布均匀，是建立小地区平面控制网常用的一种方法，特别是地物分布比较复杂的建筑区，视线障碍较多的隐蔽区和带状地区，多采用导线测量方法。但导线测量存在控制面积小、检核条件少，方位传算误差大等缺点。

导线可分为单一导线和导线网。两条以上导线的汇聚点，称为导线的结点。单一导线和导线网的区别在于导线网具有结点，而单一导线没有结点。按照不同的情况和要求，单一导线可布设为附合导线、闭合导线和支导线。导线网可布设为自由导线网和附合导线网。

2.32【课件】
导线的布
设形式

1. 附合导线

如图 2-4-17 所示从一高级控制点（起始点）开始，经过各个导线点，附合到另一高级控制点（终点），形成连续折线，这种导线称为附合导线。附合导线有三个检核条件：一个坐标方位角条件和两个坐标增量条件，常用于带状地区的控制。

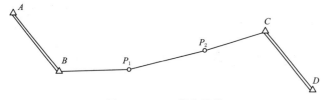

图 2-4-17　附合导线

2. 闭合导线

如图 2-4-18 所示是从一高级控制点（起始点）开始，经过各个导线点，最后又回到原来起始点，形成闭合多边形，这种导线称为闭合导线。闭合导线有着严密的几何条件（一个多边形内角和条件和两个坐标增量条件），构成对观测成果的校核作用，常用于面积开阔的局部地区控制。

3. 支导线

如图 2-4-19 所示是从一高级控制点（起始点）开始，既不附合到另一个控制点，又不闭合到原来起始点，这种导线称为支导线。由于支导线无校核条件，不易发现错误，一般不宜采用。常用于导线点不能满足局部测图时，增设支导线。

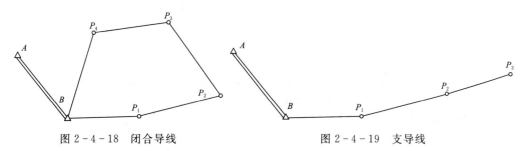

图 2-4-18　闭合导线　　　　　　　　图 2-4-19　支导线

4. 自由导线网

自由导线网，仅具有一个已知点和一个起始方位角而不具有附合条件，如图

2-4-20 所示。

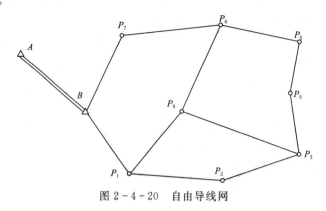

图 2-4-20　自由导线网

5. 附合导线网

附合导线网，具有一个以上已知点或具有其他附合条件，如图 2-4-21 所示。

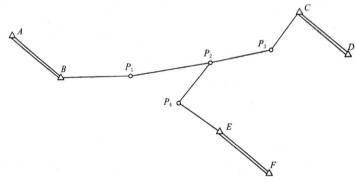

图 2-4-21　附合导线网

### 五、导线测量的外业工作

导线测量的外业工作包括：踏勘选点、建立标志、量边、测角。图根光电测距导线测量的技术要求见表 2-4-9。

2.33【视频】
导线测量
概述

表 2-4-9　图根光电测距导线测量的技术要求

| 比例尺 | 导线长度 | 最多转折角数 | 坐标闭合差图上/mm | 测回数 | 方位角闭合差 | 测距 | |
|---|---|---|---|---|---|---|---|
| | | | | | | 仪器类型 | 方法与测回数 |
| 1:500 | | | | | | | |
| 1:1000 | 2.0×M | 15 | 0.40 | 1 | ≤ $60\sqrt{n}$ | Ⅳ级 | 单向2测回 |
| 1:2000 | | | | | | | |

注　1. M 为测图比例尺分母；n 为导线转折角数。

　　2. 距离测量1测回指仪器照准目标1次，读数4次。

1. 踏勘选点

选点就是在测区内选定控制点的位置。选点之前应收集测区已有地形图和高一级控制点的成果资料。根据测量设计要求，确定导线的等级、形式、布置方案。在地形图上拟定导线初步布设方案，再到实地踏勘，选定导线点的位置。若测区范围内无可供参考的地形图时，通过踏勘，根据测区范围、地形条件直接在实地拟定导线布设方案，选定导线的位置。

2.34【课件】踏勘选点

导线点点位选择必须注意以下几个方面：

（1）为了方便测角，相邻导线点间要通视良好，视线远离障碍物，保证成像清晰。

（2）采用全站仪测边长，导线边应离开强电磁场和发热体的干扰，测线上不应有树枝、电线等障碍物。四等级以上的测线，应离开地面或障碍物1.3m以上。

（3）导线点应埋在地面坚实、不易被破坏处，一般应埋设标石。

（4）导线点要有一定的密度，以便控制整个测区。导线边长要大致相等，不能相差过大。

2.35【视频】导线测量的选点、造标和埋石

**2. 建立标志**

导线点位选定后，在泥土地面上，要在点位上打一木桩，桩顶钉上一小钉，作为临时性标志，如图2-4-22所示；在碎石或沥青路面上，可以用顶上凿有十字纹的大铁钉代替木桩；在混凝土场地或路面上，可以用钢凿一十字纹，再涂上红油漆使标志明显。若导线点需要长期保存，则可以参照图2-4-23埋设混凝土导线点标石。

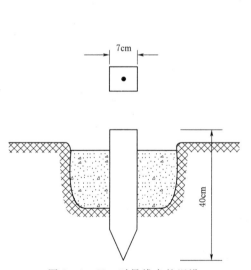

图2-4-22 时导线点的埋设

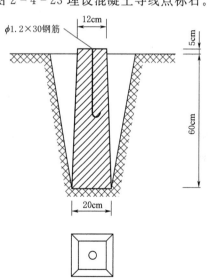

图2-4-23 混凝土导线点的埋设

导线点应分等级统一编号，以便于测量资料的统一管理。导线点埋设后，为便于观测时寻找，可以在点位附近房角或电线杆等明显地物上用红油漆表明指示导线点的位置。应为每一个导线点绘制一张点之记，在点之记上注记地名、路名、导线点编号及导线点距离邻近明显地物点的距离，如图2-4-24所示。

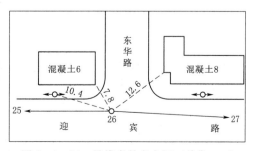

图2-4-24 导线点的点之记（单位：m）

### 3. 导线边长测量

导线边长是指相邻导线点间的水平距离。导线边长采用全站仪测量是目前最常用的方法。使用全站仪测量距离时，应测定温度及气压并输入至仪器中，进行气象改正，提高测量准确度。

### 4. 导线水平角测量

导线水平角测量主要是导线转折角测量。导线水平角的观测，附合导线按导线前进方向可观测左角或右角；对闭合导线一般是观测多边形内角；支导线无校核条件，要求既观测左角，也观测右角以便进行校核。

## 六、导线测量的内业工作

导线测量内业计算的目的是要计算出导线点的坐标，计算导线测量的精度是否满足要求。在计算之前要先查实起算点的坐标、起始边的方位角，校核外业观测资料，确保外业资料的计算正确、合格无误。

### 1. 闭合导线内业计算

现以图 2-4-25 为例，结合表 2-4-10 的使用，说明闭合导线坐标计算的步骤。闭合导线坐标计算必须满足两个条件：一个是多边形内角和的条件；另一个是坐标条件，即由起始点出发，经过各边、角推算出起始点坐标应与起始点已知坐标一致。

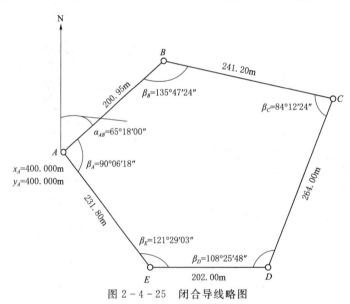

图 2-4-25 闭合导线略图

(1) 检查、填写外业观测的资料、绘略图。导线测量外业工作完成之后，应仔细检查所有外业记录，计算是否齐全正确，各项误差是否在限差之内，以保证原始数据的正确性。同时绘制导线略图，标明点号、相应的角度和边长，以及已知点坐标和起始方位角，以便进行导线点的坐标计算。

(2) 角度闭合差的计算、调整与校核（算例载于表 2-4-10 的第 2、第 3 列）。根据平面几何原理，$n$ 边形的内角和理论值应为 $(n-2) \times 180°$，如设 $n$ 边形闭合导线的各内角分别为 $\beta_1$、$\beta_2$、$\cdots$、$\beta_n$，则内角和的理论值应为

表 2-4-10

## 闭合导线坐标计算表

| 点号 | 水平角 观测值 /(° ′ ″) | 水平角 改正后角值 /(° ′ ″) | 方位角 /(° ′ ″) | 距离 /m | 增量计算值 Δx′/m | 增量计算值 Δy′/m | 改正后增量值 Δx/m | 改正后增量值 Δy/m | 坐标 x/m | 坐标 y/m | 点号 |
|---|---|---|---|---|---|---|---|---|---|---|---|
| 1 | 2 | 3 | 4 | 5 | 6 | 7 | 8 | 9 | 10 | 11 | 12 |
| A |  |  | 65 18 00 |  |  |  |  |  | 400.000 | 400.000 | A |
| B | −12<br>135 47 24 | 135 47 12 | 65 18 00 | 200.95 | 5<br>83.97 | 0<br>182.56 | 84.02 | 182.56 | 484.02 | 582.56 | B |
| C | −11<br>84 12 24 | 84 12 13 | 109 30 48 | 241.20 | 6<br>−80.57 | −1<br>227.35 | −80.51 | 227.34 | 403.51 | 809.90 | C |
| D | −12<br>108 25 48 | 108 25 36 | 205 18 35 | 263.00 | 7<br>−238.66 | −1<br>−112.86 | −238.59 | −112.87 | 164.92 | 697.03 | D |
| E | −11<br>121 29 03 | 121 28 52 | 276 52 59 | 202.00 | 5<br>24.21 | 0<br>−200.54 | 24.26 | −200.54 | 189.18 | 496.49 | E |
| A | −11<br>90 06 18 | 90 06 07 | 335 24 07 | 231.80 | 6<br>210.76 | 0<br>−96.49 | 210.82 | −96.49 | 400.000 | 400.000 | A |
| B |  |  | 65 18 00 |  |  |  | 0.00 | 0.00 |  |  | B |
| Σ | 540 00 57 |  |  | 1139.95 | −0.29 | 0.02 | 0.00 | 0.00 |  |  |  |

**辅助计算**

$$\sum \beta_{测} = 540°00'57''$$

$$\sum \beta_{理} = 540°$$

$$f_\beta = \sum \beta_{测} - \sum \beta_{理} = 57''$$

$$f_{\beta允} = \pm 40'' \sqrt{n} = 89''$$

$$f_x = \sum \Delta x_{测} = -0.29\text{m}, \quad f_y = \sum \Delta y_{测} = 0.02\text{m}$$

导线全场闭合差 $f = \sqrt{f_x^2 + f_y^2} = 0.29\text{m}$

导线全长相对闭合差 $K = \sum D / f \approx 1/3930$

$$\sum \beta_{理} = (n-2) \times 180° \qquad (2-4-11)$$

因为水平角观测有误差，致使内角和的观测值 $\sum \beta_{测}$ 不等于理论值 $\sum \beta_{理}$，其角度闭合差 $f_{\beta}$ 定义为

$$f_{\beta} = \sum \beta_{测} - \sum \beta_{理} \qquad (2-4-12)$$

按照表 2-4-10 的要求，对图根光电测距导线，角度闭合差的允许值为 $f_{\beta允} = \pm 40'' \sqrt{n}$。如果 $f_{\beta} \leqslant f_{\beta允}$，则将角度闭合差 $f_{\beta}$ 按"反号平均分配"的原则，计算角度改正数如下：

$$\upsilon_{\beta} = -\frac{f_{\beta}}{n} \qquad (2-4-13)$$

应当指出：如果 $f_{\beta}$ 的数值不能被导线的角数整除而有余数时，可将其分配在短边所夹的角上，这是对中误差和照准误差与边长成反比例的缘故。如果角度闭合超过允许值，应及时分析原因，局部或全部重测。然后将 $\upsilon_{\beta}$ 加至各观测角 $\beta_i$ 上，求出改正后的角值：

$$\hat{\beta}_i = \beta_i + \upsilon_{\beta} \qquad (2-4-14)$$

调整后的内角和应等于 $\sum \beta_{理}$。

（3）导线边方位角的推算与校核（算例见表 2-4-10 第 4 列）。根据已知边的坐标方位角 $\alpha_{AB}$ 和改正后的角度值 $\hat{\beta}_i$ 推算各边长的坐标方位角，计算公式为

$$\left.\begin{array}{l} \alpha_{前} = \alpha_{后} + \hat{\beta}_{左} \pm 180° \\ \alpha_{前} = \alpha_{后} - \hat{\beta}_{右} \pm 180° \end{array}\right\} \qquad (2-4-15)$$

式中，$\pm 180°$ 的符号选取规律是：当 $\alpha_{后} + \hat{\beta}_{左}$ 或 $\alpha_{后} - \hat{\beta}_{右} > 180°$ 时，取"$-$"号，反之取"$+$"号。

（4）坐标增量计算和坐标增量闭合差的调整（算例见表 2-4-10 第 6、第 7 列）。坐标增量的计算公式为

$$\left.\begin{array}{l} \Delta x = D\cos\alpha \\ \Delta y = D\sin\alpha \end{array}\right\} \qquad (2-4-16)$$

计算时取值位数一般与边长位数相同。图根导线计算位数取到厘米。坐标增量计算无校核，应多算一遍，确保计算的正确性。

导线边的坐标增量和导线点坐标的关系如图 2-4-26 所示。由图 2-4-26 可知，闭合导线各边纵横坐标增量代数和的理论值应分别等于零，即有

$$\left.\begin{array}{l} \sum \Delta x_{理} = 0 \\ \sum \Delta y_{理} = 0 \end{array}\right\} \qquad (2-4-17)$$

由于边长观测值和调整后的角度值有误差，造成坐标增量也有误差，设纵、横坐标增量闭合差分别为 $f_x$、$f_y$，则有

$$\left.\begin{array}{l} f_x = \sum \Delta x_{测} - \sum \Delta x_{理} = \sum \Delta x_{测} \\ f_y = \sum \Delta y_{测} - \sum \Delta y_{理} = \sum \Delta y_{测} \end{array}\right\} \qquad (2-4-18)$$

如图 2-4-27 所示，坐标增量闭合差 $f_x$、$f_y$ 的存在使导线在平面图形上不能闭合，即由已知点 $A$ 出发，沿导线前进方向 $A$—$B$—$C$—$D$—$E$—$A'$ 推算出的 $A'$ 点的坐标不等于 $A$ 点的坐标，其间隔长度值称为闭合导线全长闭合差，计算公式为

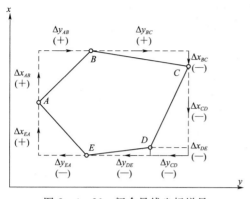

图 2-4-26 闭合导线坐标增量

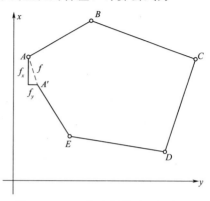

图 2-4-27 闭合导线全长闭合差

$$f = \sqrt{f_x^2 + f_y^2} \qquad (2-4-19)$$

导线全长相对闭合差 $K$ 的计算公式为

$$K = \frac{f}{\sum D} = \frac{1}{\sum D / f} \qquad (2-4-20)$$

若 $K$ 值不超限，可将坐标增量闭合差以"反号与边长成比例分配"的原则分配到各坐标增量中，使改正后的坐标增量闭合差 $\sum x'$、$\sum y'$ 都等于零。设第 $i$ 边边长为 $D_i$，其纵、横坐标增量改正值分别以 $V_{\Delta x_i}$、$V_{\Delta y_i}$ 表示，则

$$\left. \begin{aligned} V_{\Delta x_i} &= -\frac{f_x}{\sum D} D_i \\ V_{\Delta y_i} &= -\frac{f_y}{\sum D} D_i \end{aligned} \right\} \qquad (2-4-21)$$

$V_{\Delta x_i}$、$V_{\Delta y_i}$ 的取值位数与坐标增量取位相同。

$\sum V_{\Delta x_i} = -f_x$、$\sum V_{\Delta y_i} = -f_y$，若不等，应再进行调整，余数给长边。改正后坐标增量为

$$\left. \begin{aligned} \Delta x'_i &= \Delta x_i + V_{\Delta x_i} \\ \Delta y'_i &= \Delta y_i + V_{\Delta y_i} \end{aligned} \right\} \qquad (2-4-22)$$

坐标增量改正值见表 2-4-10 的第 8、第 9 列，改正后坐标增量的和应为 0，即

$$\left. \begin{aligned} \sum \Delta x' &= 0 \\ \sum \Delta y' &= 0 \end{aligned} \right\} \qquad (2-4-23)$$

（5）导线点的坐标计算与校核（算例见表 2-4-10 的第 10、第 11 列）。根据起始点的已知坐标（独立测区是假设坐标）和改正后的坐标增量，计算各导线点的坐标，其计算公式为

$$\left. \begin{aligned} x_{前i} &= x_{后i} + \Delta x'_i \\ y_{前i} &= y_{后i} + \Delta y'_i \end{aligned} \right\} \qquad (2-4-24)$$

式中　$x_{前i}$、$y_{前i}$——第 $i$ 边前一点的坐标；

　　　$x_{后}$、$y_{后}$——第 $i$ 边后一点的坐标；

　　　$\Delta x'_i$、$\Delta y'_i$——第 $i$ 边改正后的坐标增量。

本例中，闭合导线从 $A$ 点开始，依次推算 $B$、$C$、$D$、$E$ 点坐标，最后回到 $A$ 点，计算结果应与 $A$ 点的已知坐标相同，以此作为正确性的检核。

**2. 附合导线的内业计算**

附合导线的内业计算与闭合导线基本相同，二者的主要差异在于角度闭合差 $f_\beta$ 和坐标增量闭合差 $f_x$、$f_y$ 的计算。下面以图 2-4-28 为例，结合表 2-4-11，计算如下：

（1）角度闭合差 $f_\beta$ 的计算。附合导线的角度闭合差是指坐标方位角闭合差。如图 2-4-28 所示，由已知起始边 $AB$ 的坐标方位角 $\alpha_{AB}$，应用观测的连接角和转折角 $\beta_B$、$\beta_1$、$\beta_2$、$\beta_C$ 可以推算出终边 $CD$ 的方位角 $\alpha'_{CD}$，则角度闭合差 $f_\beta$ 定义为

$$f_\beta = \alpha'_{CD} - \alpha_{CD} \qquad (2-4-25)$$

$$\alpha'_{CD} = \alpha_{AB} + \beta_B + \beta_1 + \beta_2 + \beta_C - 4 \times 180° \qquad (2-4-26)$$

角度闭合差 $f_\beta$ 的分配原则与闭合导线相同。

2.41【课件】
附合导线
内业计算

2.42【视频】
附合导线
内业计算

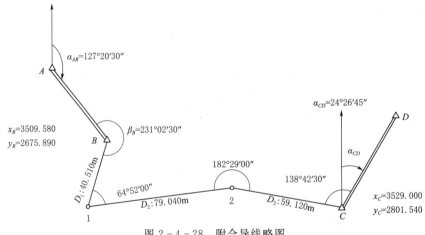

图 2-4-28　附合导线略图

（2）坐标增量闭合差的计算。附合导线的两个端点，起始点 $B$ 及终点 $C$ 都是精度较高的高级控制点，误差可忽略不计，故

$$\left.\begin{array}{l} \sum \Delta x_{理} = x_C - x_B \\ \sum \Delta y_{理} = y_C - y_B \end{array}\right\} \qquad (2-4-27)$$

由于测角和量边误差的存在，故坐标增量代数和 $\sum \Delta x_{测}$、$\sum \Delta y_{测}$ 不能满足理论上的要求，其差值称为附合导线坐标增量闭合差，计算公式为（计算结果见表 2-4-11）

$$\left.\begin{array}{l} f_x = \sum \Delta x_{测} - \sum \Delta x_{理} = \sum \Delta x_{测} - (x_C - x_B) \\ f_y = \sum \Delta y_{测} - \sum \Delta y_{理} = \sum \Delta y_{测} - (y_C - y_B) \end{array}\right\} \qquad (2-4-28)$$

应当指出：闭合导线所需已知控制点少，甚至没有已知控制点也可布设，在水利工程测量中广泛应用。但其检核条件较少，可能出现假闭合现象，即角度和坐标增量闭合差均较小，而所算坐标不一定正确，产生的原因是连接角误差大或粗差。附合导

表 2-4-11

## 附合导线坐标计算表

| 点号 | 水平角 观测值 /(° ′ ″) | 改正后角值 /(° ′ ″) | 方位角 /(° ′ ″) | 距离 /m | 增量计算值 Δx′/m | 增量计算值 Δy′/m | 改正后增量值 Δx/m | 改正后增量值 Δy/m | 坐标 x/m | 坐标 y/m | 点号 |
|---|---|---|---|---|---|---|---|---|---|---|---|
| 1 | 2 | 3 | 4 | 5 | 6 | 7 | 8 | 9 | 10 | 11 | 12 |
| A | | | | | | | | | | | A |
| B | 231 02 30 | 231 02 33 | 127 20 30 | | | | | | 3509.580 | 2675.890 | B |
| 1 | 64 52 00 | 64 52 04 | 178 23 03 | 40.510 | −40.494 (10) | 1.142 (6) | −40.484 | 1.148 | 3469.096 | 2677.038 | 1 |
| 2 | 182 29 00 | 182 29 04 | 63 15 07 | 79.040 | 35.573 (20) | 70.582 (12) | 35.593 | 70.594 | 3504.689 | 2747.632 | 2 |
| C | 138 42 30 | 138 42 34 | 65 44 11 | 59.120 | 24.295 (16) | 53.898 (10) | 24.311 | 53.908 | 3529.000 | 2801.540 | C |
| D | | | 24 26 45 | | | | | | | | D |
| Σ | 617 06 00 | | | 178.670 | 19.374 | 125.622 | | | | | |

辅助计算

$f_\beta = \alpha_{AB} + \sum\beta_左 - 4\times180° - \alpha_{CD} = -15''$　　$f_x = 19.374 - (3529.000 - 3509.580) = -0.046$　　$f_y = 125.622 - (2801.544 - 2675.890) = -0.028$

$f_容 = \pm60''\sqrt{4} = \pm120''$　　$f = \sqrt{f_x^2 + f_y^2} = 0.0539$

$K = \sum D/f \approx 1/3314$

线所需已知点多，条件较难满足，但不会出现假闭合现象，所算坐标较可靠。

# 模块五　GNSS 平面控制测量

### 一、全球导航卫星系统（GNSS）

2.43【课件】
GNSS 简介

GNSS 是 Global Navigation Satellite System 的缩写，即全球导航卫星系统。当前主要的 GNSS 系统包括美国的 GPS、中国的北斗卫星导航系统（BDS）、俄罗斯的 GLONASS 和欧盟的 GALILEO。

GPS（Global Positioning System）即全球定位系统，是由美国建立的一个卫星导航定位系统，用户利用该系统可以在全球范围内实现全天候、连续、实时的三维导航定位和测速，进行高精度的时间传递和高精度的精密定位。GPS 计划始于 1973 年，并于 1995 年 4 月 27 日宣布投入工作。由于 GPS 定位技术与美国的国防现代化发展密切相关，因而美国从自身的安全利益出发，限制非特许用户利用 GPS 定位精度。GPS 除在设计方面采取了许多保密性措施外，还对 GPS 用户实施 SA（Selective Availability）与 A-S（Anti-Spoofing）限制性政策，具体做法包括对不同的 GPS 用户提供不同的定位精度服务、对 GPS 服务实施干扰、对精密定位服务方式实施加密。其中 SA 政策于 1991 年 7 月 1 日开始实施，因其影响美国的商业利益，于 2000 年 5 月 2 日被取消。1999 年 1 月 25 日美国时任副总统戈尔以文告形式宣布将启动 GPS 现代化，通过采用新技术实现空间段现代化和控制段现代化，同时保持与现有的 GPS 设备的兼容性，增强对全球民用、商业和科研用户提供的服务。

北斗卫星导航系统（Beidou Navigation Satellite System，即 BDS），简称北斗系统，是我国着眼于国家安全和经济社会发展需要，自主建设运行的全球卫星导航系统，是为全球用户提供全天候、全天时、高精度的定位、导航和授时服务的国家重要时空基础设施。放眼世界，我国面对的是百年未有之大变局，拥有自己的卫星导航系统对于维护国家安全、促进经济社会发展至关重要。我国需要沿着中国特色社会主义道路奋勇前进，日益走近世界舞台中央，为人类作出新的更大贡献，北斗卫星导航系统应运而生。

中国坚持"自主、开放、兼容、渐进"的原则建设和发展北斗系统。20 世纪后期，我国开始探索适合国情的卫星导航系统发展道路，逐步形成了三步走发展战略：

2000 年年底，建成北斗一号系统，向中国提供服务。

2012 年年底，建成北斗二号系统，向亚太地区提供服务。

2020 年，建成北斗三号系统，向全球提供服务。

我国的北斗卫星导航系统，从北斗一号、北斗二号、北斗三号"三步走"发展战略决策，到有别于世界其他国家技术路径设计，再到利用两年多时间发射 18 箭 30 星，经历从无到有、从有到优、从区域到全球的发展历程，走出了一条自力更生、自主创新、自我超越的建设发展之路，其间凝结了无数的心血与付出，充分彰显了一代代航天人自主创新的豪情。2020 年 7 月 31 日，北斗三号全球卫星导航系统正式开通，标志着北斗"三步走"发展战略圆满完成，北斗迈进全球服务新时代。

北斗三号具备导航定位和通信数传两大功能，可提供定位导航授时、短报文通信、国际搜救、星基增强、地基增强、精密单点定位共 6 类服务，是功能强大的全球卫星导航系统。北斗系统提供服务以来，已在交通运输、农林渔业、水文监测、气象测报、通信授时、电力调度、救灾减灾、公共安全等领域得到广泛应用，服务国家重要基础设施，产生了显著的经济效益和社会效益。基于北斗系统的导航服务已被电子商务、移动智能终端制造、位置服务等厂商采用，广泛进入我国大众消费、共享经济和民生领域，应用的新模式、新业态、新经济不断涌现，深刻改变着人们的生产生活方式。2035 年前还将建设完善更加泛在、更加融合、更加智能的综合时空体系。

**二、GNSS 静态相对定位测量**

20 世纪 80 年代末，我国开始应用全球导航卫星系统（GNSS）技术建立平面控制网，称为 GNSS 控制网。在 GNSS 卫星定位中，按接收机状态的不同分为静态定位和动态定位；根据定位模式可将卫星定位分为绝对定位（也称单点定位）、相对定位；根据观测值类型可将卫星定位分为伪距测量和载波相位测量；根据定位时效性可将卫星定位分为实时定位和事后定位。其中，GNSS 静态相对定位，是工程平面控制测量的首选技术，可用于各种等级的工程平面控制测量。

2.44【课件】
静态相对
定位测量

1. GNSS 测量控制网的主要技术要求

GNSS 静态相对定位技术是将 2 台或多台 GNSS 接收机分别安置在不同控制点上，同步接收 GNSS 卫星信号，将载波相位观测值线性组合后形成差分观测值（单差观测值、双差观测值或三差观测值），以消除卫星时钟误差，削弱电离层和对流层延时影响，消除整周模糊度，从而解算出 WGS-84 坐标系下的高精度基线，进行基线向量网平差、地面用户网联合平差，最终得到控制点在用户坐标系下的坐标。现阶段生产的用于控制测量的 GNSS 接收机一般是双频甚至多频接收机，可接收 L1、L2 和 L5 载波信号，同时接收多系统（BDS/GPS/GLONASS/GALILEO）卫星信号。接收机标称精度可达 2.5mm+1mm/km，接收机内存可以记录采样间隔 1s 的数据容量。近 10 年来，卫星星座的相关技术日新月异，特别是我国 BDS 组网成功，使得 GNSS 静态测量的可靠性和定位精度有了根本保证。

《水利水电工程测量规范》（SL 197—2013）将 GNSS 测量控制网划分为五个等级，各等级控制网的精度要求及相邻点间距应按表 2-5-1 的规定执行。

表 2-5-1　　　　　　　　GNSS 测量控制网精度要求及相邻点间距规定

| 等级 | 相邻点平均间距/km | 固定误差 $a$ /mm | 比例误差 $b$ /(mm/km) | 最弱相邻点边长相对误差 |
| --- | --- | --- | --- | --- |
| 二等 | 8～13 | ≤10 | ≤2 | 1/150000 |
| 三等 | 4～8 | ≤10 | ≤5 | 1/80000 |
| 四等 | 2～4 | ≤10 | ≤10 | 1/40000 |
| 五等 | 0.5～2 | ≤10 | ≤20 | 1/20000 |
| 图根 | 0.2～1 | ≤10 | ≤20 | 1/4000 |

2. GNSS 控制网的网形设计

GNSS 静态网网形构成比较灵活，这是因为控制点精度与控制网网形关系不大，它主要取决于卫星与测站点间构成的几何网形、观测的载波相位信号质量和数据处理模型。在学习网形构成时要先认识几个基本概念：

（1）观测时段。观测时段是指接收机从开始接收到终止接收卫星信号的连续观测时间段。

（2）同步观测环。同步观测环是指 3 台或 3 台以上接收机同步观测所获得的基线向量构成的闭合环，简称同步环。

（3）异步环。异步环是指网中同步环之外的所有闭合环。

（4）独立基线。独立基线是由 N 台接收机同步观测所确定的函数独立的基线。同步基线总数 $J_T = N(N-1)/2$，独立基线 $J_D = N-1$，是同步观测构成的最大独立基线组。

（5）重复基线。重复基线是指不同时段重复观测的基线。

（6）独立环。独立环是由不同时段独立基线构成的闭合环。

GNSS 静态网网形构成就是把独立基线连在一起构成网络。为了有效地发现粗差，保证测量成果的可靠性和精度，独立基线必须构成一些几何图形（如三角形、多边环形、附合路线、星形网等），形成几何检核条件。同步观测基线间的连接方式主要有星形网、点连式、边连式、网连式和边点混连式。

GNSS 静态相对定位测量是采用 GNSS 定位技术建立测量控制网，通过外业观测及内业数据处理，从而确定网中各点在指定坐标参照系下的坐标。GNSS 静态相对定位测量的作业流程如图 2-5-1 所示。

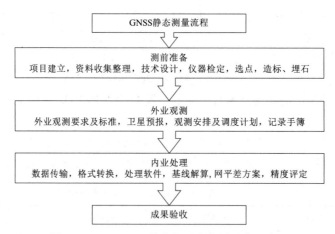

图 2-5-1　GNSS 静态相对定位测量作业流程

3. 测前准备及外业观测

在进行 GNSS 静态测量外业工作之前，必须做好实施前的布网、选点及埋设标志的工作。与常规测量中的外业观测相比，GNSS 静态测量除了安置接收机天线、设置接收机参数、开关机等工作需由作业人员完成以外，其他观测工作都是由接收机自动完成的，作业人员通常无须加以干预。

（1）布网。结合《水利水电工程测量规范》（SL 197—2013）中，对 GNSS 网的网形设计要求，应遵循以下几个原则：

1）GNSS 网的点与点间尽管不要求通视，但考虑到利用常规测量加密时的需要，每点应有一个以上通视方向。

2）为了顾及原有城市测绘成果资料以及各种大比例尺地形图的沿用。应采用原有城市坐标系统。对凡符合 GNSS 网点要求的旧点，应充分利用其标石。

3）各等级 GNSS 网可布设成多边形或附合路线，其相邻点最小距离不宜小于平均间距的 1/3，最大距离不宜大于平均间距的 3 倍。

4）新建 GNSS 网与原有控制网联测时，其联测点数不宜少于 3 点，分布宜均匀。在需用常规测量方法加密控制网的地区，GNSS 网点应成对布设，对点间相互通视。

5）基线长度大于 20km 时，应采用《全球定位系统（GPS）测量规范》（GB/T 18314—2009）中 C 级 GPS 网的时段长度进行静态观测。

6）二等、三等、四等 GNSS 控制网应采用网连式、边连式布网；五等、图根控制网可采用点连式布网。

7）GNSS 控制网由非同步基线构成的多边形闭合环或附合路线的边数应满足表 2-5-2 的规定。

**表 2-5-2**　　　**GNSS 控制网非同步观测闭合环或附合路线边数规定**

| 测 量 等 级 | 二等 | 三等 | 四等 | 五等 | 图根 |
|---|---|---|---|---|---|
| 闭合环或附合路线的边数/条 | ≤6 | ≤8 | ≤8 | ≤10 | ≤10 |

（2）选点。由于 GNSS 测量观测站之间不一定要求相互通视，而且网的图形结构也比较灵活，所以选点工作比常规控制测量的选点要简便。但由于点位的选择对于保证观测工作的顺利进行和保证测量结果的可靠性有着重要的意义，所以在选点工作开始前，除收集和了解有关测区的地理情况和原有测量控制点分布及标架、标型、标石完好状况，决定其适宜的点位外，结合《水利水电工程测量规范》（SL 197—2013）的要求，选点工作还应遵守以下原则：

1）点位应设在易于安装接收设备、顶空开阔的较高点上，且地面基础稳定，易于点的保存。

2）点位目标要显著，视场内障碍物的高度角不宜大于 15°，以减小 GNSS 信号被遮挡或障碍物吸收。

3）点位应远离大功率无线电发射源（如电视台、微波站等）其距离不小于 200m；远离高压输电线，其距离不得小于 50m。以避免电磁场对 GNSS 信号的干扰。

4）点位附近不应有大面积水域及强烈干扰卫星信号接收的物体，以减弱多路径效应的影响。

5）点位应选在交通方便，有利于其他观测手段扩展与联测的地方。

6）网形应有利于同步观测边、点联结。

7）当所选点位需要进行水准联测时，选点人员应实地踏勘水准路线，提出有关建议。

8）当利用旧点时，应对旧点的稳定性、完好性以及觇标的安全可用性作一检查，符合要求方可利用。

（3）标志埋设。GNSS 网点一般应埋设具有中心标志的标石，以精确标志点位，点的标石和标志必须稳定、坚固以利长久保存和利用。埋石结束后，需 GNSS 点之记样表上交如下资料：

1）填写了埋石情况的 GNSS 点之记，见表 2-5-3。

2）土地占用批准文件与测量标志委托保管书。

3）拍摄的所建造标石的照片。

4）埋石工作总结。

**表 2-5-3　　　　　　　　GNSS 点 之 记**

日期：　　年　　月　　日　　记录者：　　　　绘图者：　　　　校对者：

| 点名及种类 | GNSS 点 | 名 | | 土　　质 | | |
| | | 号 | | | | |
| | 相邻点（名、号、里程、通视否） | | | 标石说明（单、双层、类型）旧点 | | |
| | | | | 旧 点 名 | | |
| | 所在地 | | | | | |
| | 交通路线 | | | | | |
| | 所在图幅号 | | | 概略位置 | $X$ | $Y$ |
| | | | | | $L$ | $B$ |

（略图）

| 备　　注 | |
| --- | --- |

（4）天线安置。天线应架设在三脚架上，并安置在标志中心的上方直接对中，天线安置的对中允许误差为 2mm，天线基座上的圆水准器气泡必须整平；天线的定向标志线应指向正北，并顾及当地磁偏角的影响，以减弱相位中心偏差的影响。天线定向误差依定位精度不同而异，一般不应超过±（3°～5°）；架设天线不宜过低，一般应距地面 1m 以上。天线架设好后，在圆盘天线间隔 120°的三个方向分别量取天线高，精确至 1mm，三次测量结果之差不应超过 3mm，取其三次结果的平均值记入测量手簿中，天线高记录取值 0.001m。

（5）开机观测。天线安置完成后，在离开天线适当位置的地面上安放 GNSS 接收机，接通接收机与电源、天线、控制器的连接电缆，并经过预热和静置，即可启动接收机进行观测。观测中，应避免在天线周围使用无线电通信设备。使用 GNSS 接收机进行作业的具体操作步骤和方法，随接收机的类型和作业模式不同而异。而且，随着接受设备硬件和软件的不断改善，操作方法也将有所变化，自动化水平将不断提高。因此，具体操作步骤和方法可按随机所附操作手册进行。《水利水电工程测量规范》（SL 197—2013）中规定，无论采用何种接收机，控制网观测时 GNSS 静态测量的基本技术指标应满足表 2－5－4 的要求。

表 2－5－4　　　　　　　　　　　GNSS 静态测量的基本技术要求

| 等　　级 | | 二等 | 三等 | 四等 | 五等 | 图根 |
|---|---|---|---|---|---|---|
| 接收机类型 | | 双频 | 双频或单频 | 双频或单频 | 双频或单频 | 双频或单频 |
| 静态 | 卫星高度角 | ≥15 | ≥15 | ≥15 | ≥15 | ≥15 |
| | 观测时段数 | ≥2 | ≥1.6 | ≥1.4 | ≥1.2 | ≥1 |
| | 观测时段长度/min | ≥90 | ≥60 | ≥45 | ≥30 | ≥15 |
| | 有效观测卫星数/个 | ≥5 | ≥4 | ≥4 | ≥4 | ≥4 |
| | 数据采样间隔/s | 10～30 | 10～30 | 10～30 | 10～30 | 10～30 |
| PDOP | | ≤6 | ≤6 | ≤6 | ≤8 | ≤10 |

**注**　1. 观测时段数≥1.6 或≥1.4、≥1.2，指采用控制网观测模式时，每站至少观测一时段，其中二次设站点数不应小于 GNSS 网总点数的 60%或 40%、20%。

　　2. POOP 指空间位置精度因子（Position Dilution of Precision）。

（6）观测记录。在外业观测工作中，应正确登记点名及编号、接收设备型号及序号、天线高、观测时间等内容。观测过程中的数据一般由 GNSS 接收机自动进行；均记录在存储介质（如硬盘、硬卡或记忆卡等）上，其主要内容包括：

1）载波相位观测值及相应的观测历元。

2）同一历元的测码伪距观测值。

3）GNSS 卫星星历及卫星钟差参数。

4）实时绝对定位结果。

5）测站控制信息及接收机工作状态信息。

### 三、GNSS 静态相对定位测量内业数据处理

在建立 GNSS 网时，其数据处理通常是随着外业工作的展开分阶段进行的。从算法角度分析，可将 GNSS 网的数据处理流程划分为数据传输、格式转换（可选）、基线解算和网平差四个阶段，如图 2－5－2 所示。

2.45【课件】静态相对定位测量内业数据处理

图 2－5－2　GNSS 数据处理流程

GNSS 测量数据处理的对象是 GNSS 接收机在野外所采集的观测数据，包括 GNSS 接收机天线至卫星伪距、戴波相位和卫星星历等数据。如果采样间隔为 20s，则每 20s 钟记录一组观测值，一台接收机连续观测一小时将有 180 组观测值。观测值中有对 4 颗以上卫星的观测数据以及地面气象观测数据等。由于在观测过程中，这些

数据是存储在接收机的内部存储器或可移动存储介质上的，因此，在完成观测后，如果要对它们进行处理分析，就必须首先将其下载到计算机中，这一数据下载过程即为数据传输。

下载到计算机中的数据按 GNSS 接收机的专有格式存储，一般为二进制文件。通常，只有 CNSS 接收机厂商所提供的数据处理软件能够直接读取这种数据以进行处理。若所采用的数据处理软件无法读取该格式的数据（这种情况通常发生在采用第三方软件进行数据处理时），或在项目中存在着由多家不同厂商接收机所采集的数据时，则需要事先通过格式转换，将它们转换为所采用数据处理软件能够直接读取格式的数据，如常用的 RINEX 格式的数据。

在基线解算过程中，由多台 GNSS 接收机在野外通过同步观测所采集到的观测数据，被用来确定接收机间的基线向量及其方差-协方差阵。基线解算结果除了被用于后续的网平差外，还被用于检验和评估外业观测成果的质量。基线向量提供了点与点之间的相对位置关系，并且与解算时所采用的卫星星历同属一个参照系。通过这些基线向量可确定 GPS 网的几何形状和定向。但是，由于基线向量无法提供确定点的绝对坐标所必需的绝对位置基准，因此，必须从外部引入，该外部位置基准通常是由一个以上的起算点提供。

网平差是数据处理的最后阶段。在这一阶段中，基线解算时所确定出的基线向量被当作观测值，基线向量的验后方差-协方差阵则被用来确定观测值的权阵，并引入适当的起算数据，通过参数估计的方法确定出网中各点的坐标。通过网平差还可以发现观测值中的粗差，并采用相应的方法进行处理。另外，网平差还可以消除由于基线向量误差而引起的几何矛盾，并评定观测成果的精度。

1. 《水利水电工程测量规范》（SL 197—2013）关于无约束平差及约束平差的技术要求

在《水利水电工程测量规范》（SL 197—2013）中，对 GNSS 网的无约束平差作了如下规定：

（1）应在 WGS-84 坐标系中进行三维无约束平差，并提供各观测点在 WGS-84 坐标系中的三维坐标、各基线向量三个坐标差观测值的改正数、基线长度、基线方位及相关的精度信息。

（2）无约束平差的基线向量改正数的绝对值不应超过相应等级的基线长度允许中误差的 3 倍。

对于 GNSS 网的约束平差规定如下：

1）应在国家坐标系或地方坐标系中进行二维或三维约束平差。

2）对于已知坐标、距离或方位，可强制约束，也可加权平差约束。

3）平差结果，应输出观测点在相应坐标系中的二维或三维坐标、基线向量的改正数、基线长度、基线方位角等，以及相关的精度信息。需要时，还应输出坐标转换参数及其精度信息。

4）控制网约束平差的最弱相邻点边长相对误差，应满足表 2-5-1 中相应等级的规定。

2. 南方地理数据处理平台（SGO）

有关 GNSS 内业数据处理的数学模型、算法及过程比较复杂，但随着数据处理软件的不断开发，GNSS 测量数据的处理变得越来越简单化。具体操作步骤和方法可按数据处理软件操作手册进行。下面以南方测绘仪器公司开发的南方地理数据处理平台（简称 SGO）为例，讲解 GNSS 观测数据内业处理的方法。SGO 是一款 GNSS 数据处理的集合平台，静态解算功能是 SGO 的核心功能之一。SGO 进行 GNSS 数据处理的流程如图 2-5-3 所示。

图 2-5-3　GNSS 数据处理的流程图

（1）数据准备。静态解算首先需要在野外进行外业观测，收集测量点的 GNSS 观测数据。保证构成基线的观测点位具有较长的同步观测时段，有利于相对定位时消除具有强空间相关性的误差因素影响。

经过外业测量后可以得到一系列测站的观测文件。如果使用南方测绘仪器公司的接收机，一般会得到 sth 格式；使用其他厂商生产的仪器，其观测文件通常需要转换为通用的可交换式 RINEX 格式文件，表现为 yyO、yyN 等文件格式。文件中 yy 是年份后两位。如 2019 年为 19，2020 年为 20；O 是观测数据，N 是星历数据。

至此，数据准备工作就完成了。

（2）数据导入。外业测量得到的观测数据需要先导入 SGO 软件，对其进行质量检查，如数据是否完整、接收机钟差是否超限、多路径效应和周跳情况是否明显等。只有质量好的观测文件，才能获得满意的测量成果。

点击"新建工程"，按照对话框提示输入工程名称和存储位置，如图 2-5-4 所示。

图 2-5-4　新建工程

点击"确定"后进行工程设置，对工程进行坐标系统、控制网等级、导入和导出设置等参数设置，如图 2-5-5 所示。

图 2-5-5 工程设置

工程设置完成后点击"确定"保存，点击"常用操作"中的"导入"菜单，下拉后点击"导入观测值文件"，开始导入文件。在弹出的文件选择对话框中，定位到测量文件保存的目录，选中待处理的文件后，点击"确定"，导入软件，如图 2-5-6 和图 2-5-7 所示。

图 2-5-6 导入观测值文件

导入观测值文件加载完成后会弹出测站信息对话框，针对不同测站进行勾选，点击下方的"编辑"按钮，依据外业人工记录的测站信息，对测站的天线类型、天线高和量取方式等进行设置，如图 2-5-8 所示。

全部设置完成之后点击"确定"，即可完成数据的导入。

图 2-5-7　选择导入数据

图 2-5-8　测站信息

（3）质量检查。对于导入的观测文件，可以点击"批量质量检查"对所有观测值文件进行质量检查，包括数据完整性、多路径、信噪比、钟差等 12 项指标。在批量质量检查对话框中选择所有观测值或者特定观测值，点击"处理"，软件将逐个对观测值文件进行质量检查，并实时将结果显示在界面表格中，如图 2-5-9 所示。

若个别质量检查不通过或者想要了解更多详细质量检查结果，可以关闭批量窗口，在工程管理器中分别对每一个测站观测值进行单独质量检查。单独质量检查能够以文字、图像的形式，详细、直观地展示质量检查结果。右键点击工程管理器中的对

图 2-5-9　批量质量检查

应测站，选择"质量检查"，即可在主界面看到各项质量检查结果，如图 2-5-10～图 2-5-15 所示。

图 2-5-10　质量检查结果基本信息

　　若质量检查不合格，可能导致基线解算不合格。用户需要对质量不佳的观测时段进行禁用，或者对观测条件不佳的卫星进行禁用，严重时甚至需要重新采集数据才能进行解算。

　　（4）基线解算。在基线解算过程中，由多台 GNSS 接收机在野外通过同步观测采集到的观测数据可用来确定接收机间的基线向量及其方差-协方差阵。一般来说，普通的工程应用基线解算通常在外业测量期间就进行完成。然而对于高精度长距离应用，外业测量间的基线解算只是对观测数据质量的初步评估，正式的基线解算通常是在整个外业观测工作完成后进行的，需要进行严密详细处理。

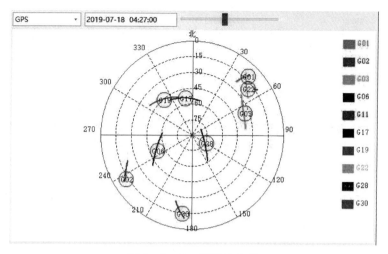

图 2 - 5 - 11　卫星分布图

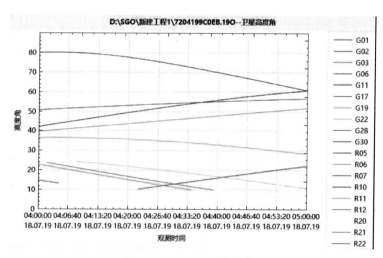

图 2 - 5 - 12　卫星高度角

　　只有基线解算合格，才有可能得到合格的 GNSS 测量控制网。基线解算过程也是内业处理人员最密切关注的部分，它涉及多种解算策略选择，需要测量人员根据实际情况进行灵活变通。软件的工作就是忠实地执行测量人员的决策，按决策方案进行解算。解算策略选择是否得当，将影响基线解算结果能否用于后续的网平差计算。所以，测量人员在这一步的工作需要做到耐心、细致，不断调整方案，使基线解算成果不超限。

　　决定基线解算结果优劣的因素分为两部分，分别是数据源的质量和参与解算数据的选择。在"质量检查"中已经对观测数据的质量有大致把握，比如其数据量是否充分、多路径效应的误差影响是否需要进行更多考虑、观测过程的周跳情况是否严重等。数据源质量能够决定基线解算超限情况，但更重要的是测量人员需要根据这些质量因素决定某些数据是否参与差分解算，或者采用什么样的观测值组合方式能够最大

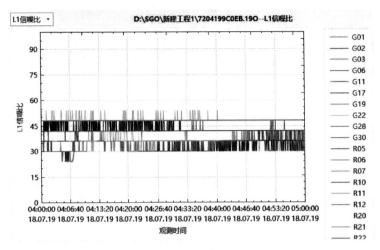

图 2-5-13　信噪比

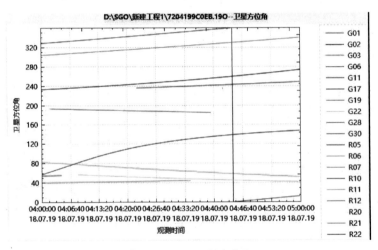

图 2-5-14　卫星方位角

限度地削弱误差的影响，使所测数据解算合格。这项工作对测量人员的专业知识与工作经验提出了较高的要求。

SGO 软件基线解算的具体步骤如下。

1）基线处理设置。点击"基线处理设置"，设置基线解算的参数，包括分段最小历元、周跳探测方法、高度截止角、采样间隔、固定率、解算类型等，还可以根据情况设定参与解算的具体卫星，如图 2-5-16 所示。

完成参数设置后，点击"基线处理"，选择要处理的基线，开始处理。

2）不合格基线的精化处理。基线解算精化处理，即反复修改不合格基线的解算参数，改变基线解算策略，直到基线解算合格。至于基线为什么会解算不合格，以及遇到不同的情况应该怎么处理，将是我们介绍的重点。

首先应该明确，基线解算失败的原因非常复杂，无法一言以蔽之；软件使用的基线

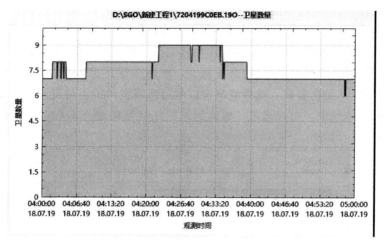

图 2-5-15 卫星数量

解算方法也多种多样。SGO 软件使用的五种解算类型是当前较为常用、经历实践检验的较为全面的解算类型，一般情况下的观测值通常都能通过一定的参数组合解算成功。

下面，介绍常见的基线解算失败原因以及解决的办法。

a. 基线起点坐标设定不准确。一种情况是起点坐标设定不准确。基线解算得到的结果是基线向量，是一段有向线段。起点坐标不准确会导致基线出现尺度和方向上的偏差。对于起点坐标设定不准确的判定，目前并没有有效的方法能够进行直接探测。造成这种情况的原因一般是测量人员的误操作，如天线高的量取时记录错误，或者将其输入到软件测站信息时发生错误。因此需要测量人员保证天线高数据记录正确，并且仔细核对测站信息中对应测站的天线高。

另一种情况是由于观测时间太短，以致其概略坐标计算精度略低，对基线解算质量产生一定影响，这种情况可以对观测时间进行大致判断。利用 SGO 的基线方向"交换起止"功能，将起点设定为观测时间略长的一端，如图 2-5-17 所示。

图 2-5-16 基线设置

图 2-5-17 交换起止设置

因此，基线起点坐标不准确所带来的基线解算不合格，只能通过测量人员反复核查，避免误操作，以及适当延长观测时间来进行规避。

b. 测站卫星观测时间太短。如果某些测站的个别卫星观测时间太短，可能会导致计算测站间卫星双差时可用的数据量太少，使得这些卫星的模糊度无法固定，最终令整条基线的解算受到影响。这种情况可以通过查看测站的卫星观测信息来进行初步判断。在 SGO 软件中，可以通过"编辑测站"功能直观地查看每个测站的每颗可视卫星的观测情况，如图 2-5-18 所示。

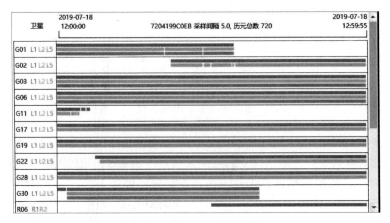

图 2-5-18　卫星观测情况

如图 2-5-18 所示，G11 的观测量较少，可能对基线解算造成影响。解决的办法之一是禁用该卫星。直接在界面中双击 G11，就可以禁用该颗卫星，使其不能加入解算。当然，这样做的前提是，禁用该卫星后，仍有充足的卫星可供解算。解决的办法之二是适当减小基线解算参数中的分段最小历元和采样间隔参数，这样可以使解算时利用更多数据。但也存在另一方面问题：当观测条件不佳的时，这一举措会使整体解算加入更多观测质量不佳的数据，反而不利于基线解算，因此需要尝试不同的参数组合，以达到最优解算方案。

c. 观测值含有严重的周跳。观测过程中存在未检测出的周跳会使解算结果的残差发生较明显的跳变，查看基线的解算报告或者查看基线的残差分析图（图 2-5-19），可发现端倪。

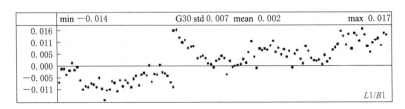

图 2-5-19　基线残差分析图

图 2-5-19 中的残差在某个时段出现了突变，这说明观测值中含有周跳。对于这种情况，可尝试更换基线解算参数设置中的周跳探测方式，或者剔除含粗差影响较

大的数据重新进行解算。具体方法是在测站的"编辑测站"中，直接拖动选择某个时段范围内的数据进行禁用，周跳探测方式设置如图 2-5-20 所示。

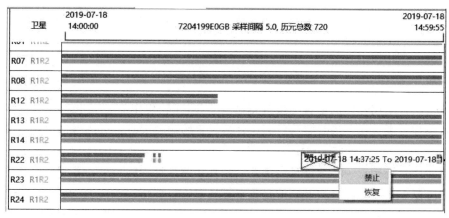

图 2-5-20　周跳探测方式设置

d. 观测时段多路径效应比较严重。观测时段内多路径效应比较严重会导致残差分析图的结果普遍偏大，如图 2-5-21 所示。

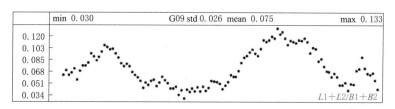

图 2-5-21　偏大的残差数值

图 2-5-21 中残差虽然极差不大，可是普遍数值比较高，最小值也不在 0 附近，所以可以认为该观测时段内这颗卫星的多路径效应比较严重。这种情况需要考虑删除这一时段或者该卫星来剔除多路径效应的影响；或者适当提高高度截止角，这样能减少一部分因低角度地面反射带来的多路径效应影响。但是，该方法不能适用所有情况，因为并不是所有的多路径效应都是低高度角引起的，且过高的高度截止角又会降低卫星的几何精度因子，导致定位精度降低。

e. 观测时段的对流层或电离层折射影响偏大。对流层和电离层的折射影响也体现在观测值残差中，表现为残差结果的波动。这种波动虽然比较明显，但其波动程度一般较小，不超过一周，与周跳有明显的区别，波动的残差数值如图 2-5-22 所示。

针对这种情况，一般有下面两种解决方法：

方法一：稍微提高高度截止角。电离层延迟和对流层延迟是和路径相关的延迟，因此如果减少卫星信号传播过程中经过的距离，便可以在一定程度上减少这两方面的误差。与多路径效应的处理方式相似，该方法不能适用所有情况，具有一定的盲目性，所以不可无限度地提高高度截止角。

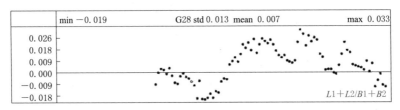
图 2 - 5 - 22　波动的残差数值

方法二：采用不同的解算类型进行解算。SGO 软件中有"无电离层组合"的基线解算类型可供选择，当观察到电离层延迟因素影响较大时，可适当选用此解算类型进行解算。

（5）闭合环检查。基线解算合格并不是基线解算过程的结束。需要考虑基线组成的闭合环限差是否超限，对基线的整体解算质量进行评估。

点击"闭合环列表"可以查看闭合环质量，关注各方向闭合差及闭合限差，如图 2 - 5 - 23 所示。

| ID | 类型 | 质量 | X闭合差(mm) | Y闭合差(mm) | Z闭合差(mm) | 边长闭合差(mm) | 环长(m) |
|---|---|---|---|---|---|---|---|
| 0GX5-0JM2-KQ33 | 同步环 | 合格 | 2.938 | -6.249 | -3.155 | 7.592 | 9697.35 |
| 0GX5-0JM2-KQ17 | 同步环 | 合格 | -1.504 | 5.102 | 4.312 | 6.848 | 7945.28 |
| 0GX4-KQ09-KQ10 | 同步环 | 检查 | -1.158 | 9.669 | 7.185 | 12.102 | 12384.9 |
| 0GX4-KQ09-KQ10 | 异步环 | 合格 | -8.839 | 2.829 | 6.944 | 11.591 | 12384.9 |
| 0GX4-0JM7-KQ34 | 同步环 | 检查 | 3.081 | -6.955 | -13.952 | 15.891 | 11121.2 |
| 0GX4-0JM1-0JM7 | 同步环 | 检查 | -0.552 | 5.351 | 11.378 | 12.585 | 9065.99 |
| 0GX4-0GX7-0JM8 | 同步环 | 检查 | 5.066 | 10.065 | 19.685 | 22.682 | 9736.28 |
| 0GX4-0GX7-0JM7 | 同步环 | 检查 | 0.636 | 4.3 | 10.924 | 11.757 | 4758.91 |
| 0GX4-0GX7-0JM1 | 同步环 | 合格 | 0.552 | -1.553 | 0.423 | 1.702 | 10492.1 |
| 0GX3-KQ10-KQ34 | 异步环 | 合格 | -2.25 | 3.424 | -1.208 | 4.272 | 13014.8 |
| 0GX3-KQ10-KQ34 | 异步环 | 合格 | -1.467 | 0.438 | -2.094 | 2.594 | 13014.8 |
| 0GX3-KQ10-KQ34 | 异步环 | 合格 | 2.643 | 0.328 | -11.066 | 11.382 | 13014.8 |
| 0GX3-KQ10-KQ34 | 异步环 | 合格 | -2.783 | 2.174 | -5.124 | 6.223 | 13014.8 |
| 0GX3-KQ09-KQ34 | 同步环 | 合格 | -0.108 | 0.542 | 0.042 | 0.554 | 19319.8 |
| 0GX3-KQ09-KQ34 | 异步环 | 合格 | -2.895 | -8.286 | -9.964 | 13.279 | 19319.8 |
| 0GX3-KQ09-KQ34 | 异步环 | 合格 | -2.468 | -0.885 | -0.555 | 2.68 | 19319.8 |
| 0GX3-KQ09-KQ34 | 异步环 | 合格 | 5.941 | -14.636 | -13.596 | 20.841 | 19319.8 |
| 0GX3-KQ09-KQ10 | 异步环 | 合格 | 5.81 | 0.507 | 0.234 | 11.221 | 13255.5 |

显示全部　　总数量 605　　每页 100　　　首页　　上一页　　1/7　　　下一页　　尾页

图 2 - 5 - 23　闭合环列表

图 2 - 5 - 23 中"质量"一栏均为合格或者检查，就说明整体基线解算基本符合控制网要求。如果遇到"超限"，就需要重新考虑构成闭合环的基线，重新解算对应基线，或者在不破坏网形的基础上舍弃一些质量不佳的环，最终达到所有的闭合环都符合要求。基线解算合格后，便可以进行下一步的网平差。

（6）网平差。基线解算仅能得到基线向量，而无法确定绝对位置，因此需要在网平差过程中引入绝对位置基准，从而确定 GNSS 网中各点位在指定参考系下的坐标以及其他所需参数的估值。同时，也可以通过平差消除测量中的一些误差并评定 GNSS 网精度。

网平差过程要经过自由网平差、三维约束平差、二维平差与高程拟合。这些过程都在 SGO 软件内部自动处理，用户只需要设定控制点即可。

点击"编辑控制点",选择测站点并输入相应坐标,如图 2-5-24 所示。

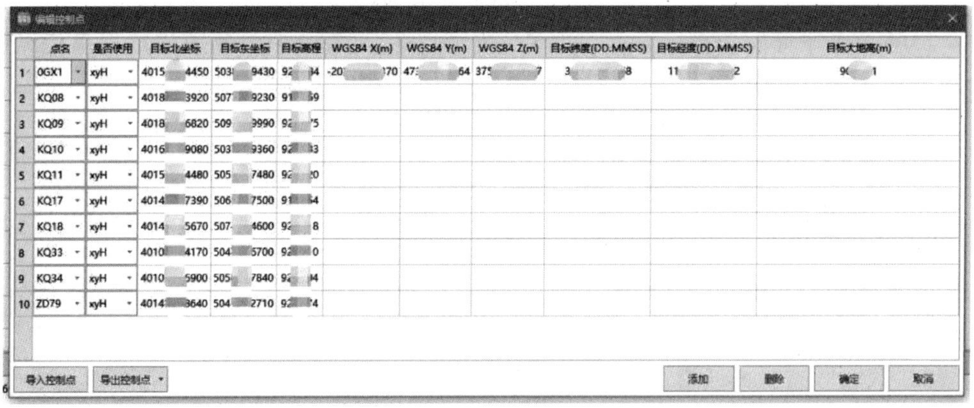

图 2-5-24 编辑控制点

可使用的控制点类型有平面控制点、三维空间控制点等类型,用户可以根据自己的已知点类型进行选择。控制点设置完成后,点击"网平差"即可自动进行平差处理,结束后会弹出网平差报告,用户可以查看具体的 GNSS 网成果并保存,再进行成果验收。

以上便是 SGO 软件进行 GNSS 静态测量内业数据处理的具体操作步骤。

# 【知识目标自测】

1. 在同一次观测中,(　　)的大小和符号保持一个常数或按一定的规律变化。

A. 系统误差　　　　　　　　　　　　B. 偶然误差

C. 绝对误差　　　　　　　　　　　　D. 相对误差

2. 下列不属于偶然误差特性的是(　　)。

A. 在一定的观测条件下,偶然误差的绝对值不会超过一定的限值

B. 绝对值大的误差比绝对值小的误差出现的机会多

C. 绝对值相等的正误差和负误差出现的机会相等

D. 偶然误差的算术平均值随着观测次数的无限增加而趋于零

3. 相对误差,一般用于评定(　　)的精度。

A. 水平角　　　　　B. 高差　　　　　C. 距离　　　　　D. 竖直角

4. 高斯投影属于(　　)。

A. 等面积投影　　　　　　　　　　　B. 等距离投影

C. 等角投影　　　　　　　　　　　　D. 等长度投影

5. 坐标方位角的取值范围为(　　)。

A. $0°\sim270°$　　　　B. $-90°\sim90°$　　　　C. $0°\sim360°$　　　　D. $-180°\sim180°$

6. 测量上所选用的平面直角坐标系,规定 $X$ 轴正向指向(　　)。

A. 东方向                     B. 南方向

C. 西方向                     D. 北方向

7. 在高斯平面直角坐标系中，为了避免 $y$ 坐标出现负值，我国规定把坐标纵轴向西平移（    ）km。

A. 100           B. 300           C. 500           D. 700

8. 直线定向的实质是为了确定直线与（    ）之间的夹角。

A. $X$ 轴方向                  B. $Y$ 轴方向

C. 任意方向                    D. 标准方向

9. 测距仪出厂标称的精度为 $A + B \cdot ppm \cdot D$，其中 $1ppm = $（    ）。

A. $10^3$         B. $10^{-3}$         C. $10^{-6}$         D. $10^6$

10. 全站仪操作的步骤为（    ）。

A. 对中—整平—瞄准—读数        B. 整平—对中—瞄准—读数

C. 对中—瞄准—整平—读数        D. 整平—瞄准—对中—读数

11. 全站仪对中的目的是使（    ）。

A. 圆气泡居中               B. 仪器中心与测站点在同一铅垂线上

C. 视准轴水平               D. 横轴水平

12. 采用测回法观测某一水平角 3 测回，则第 3 测回的起始目标读数应等于或略大于（    ）。

A. $0°$           B. $60°$           C. $120°$           D. $180°$

13. 两倍照准差等于（    ）。

A. 盘左读数－（盘右读数±180°）      B. 盘左读数－（盘右读数±270°）

C. 盘左读数－（盘右读数±90°）       D. 盘左读数－（盘右读数±360°）

14. 在方向观测法的观测中，同一盘位起始方向的两次读数之差称为（    ）。

A. 归零差                B. 测回差

C. 互差                    D. 中误差

15. 单一导线的布置形式有（    ）。

A. 一级导线、二级导线          B. 单向导线、往返导线

C. 闭合导线、附合导线、支导线     D. 多边形导线、图根导线

16. 已知 $AB$ 的方位角 $\alpha_{AB} = 20°18'$，则 $AB$ 的反方位角 $\alpha_{BA}$ 等于（    ）。

A. $339°42'$                  B. $20°18'$

C. $110°18'$                  D. $200°18'$

17. 导线角度闭合差的调整方法是将闭合差反符号后（    ）。

A. 按角度大小成正比例分配        B. 按角度个数平均分配

C. 按边长成正比例分配           D. 按边长成反比例分配

18. 在 GNSS 卫星定位中，按接收机状态的不同分为（    ）。

A. 静态定位和动态定位          B. 绝对定位和相对定位

C. 单点定位和多点定位          D. 实时定位和事后定位

# 【能力目标自测】

1. 用钢尺进行距离丈量，共量了 5 个尺段，若每尺段丈量的中误差均为 ±3mm，问全长中误差是多少？

2. 在一个平面三角形中，观测其中两个水平角 $\alpha$ 和 $\beta$，其测角中误差为 ±1″，计算第三个角度 $\gamma$ 及其中误差 $\sigma_\gamma$。

3. 已知某角测量中误差为 ±5″，权为 9，求单位权中误差。

4. 在相同的观测条件下，对某段距离丈量了 5 次，各次丈量的长度分别为：139.413m、139.435m、139.420m、139.428m、139.444m。试求：

（1）距离的算术平均值。

（2）观测值的中误差。

（3）算术平均值的中误差。

（4）算术平均值的相对中误差。

5. 已知 $AB$ 的坐标方位角，观测了下图中四个水平角，试计算边长 $B\rightarrow1$，$1\rightarrow2$，$2\rightarrow3$，$3\rightarrow4$ 的坐标方位角。

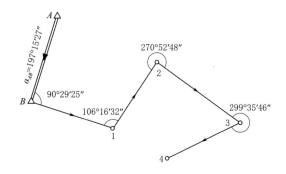

6. 完成下表测回法测角记录的计算。

| 测站 | 目标 | 竖盘位置 | 水平度盘读数<br>(° ′ ″) | 半测回角值<br>(° ′ ″) | 一测回角值<br>(° ′ ″) | 各测回角值<br>(° ′ ″) | 备注 |
|---|---|---|---|---|---|---|---|
| O | A | 盘左 | 0 12 00 | | | | 第 1 测回 |
| | B | | 91 45 00 | | | | |
| | A | 盘右 | 180 11 30 | | | | |
| | B | | 271 45 00 | | | | |
| O | A | 盘左 | 90 11 48 | | | | 第 2 测回 |
| | B | | 181 44 54 | | | | |
| | A | 盘右 | 270 12 12 | | | | |
| | B | | 1 45 12 | | | | |

7. 下图为一实测闭合导线示意图，请根据图中数据计算 2、3、4 点坐标。已知数据：$\alpha_{12} = 125°30'24''$，$x_1 = 1000.00\text{m}$，$y_1 = 1000.00\text{m}$。

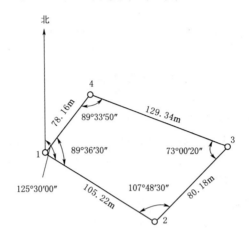

# 地 形 图 测 绘

## 【主要内容】

本项目主要讲述地形图基本知识以及全野外数字化测图的方法，并以南方 CASS 测图软件为例介绍数字化测图软件的使用方法和地形图的基本应用，最后介绍无人机测图技术。

**重点**：地形图的识读，地物和地貌特征点的选择，全站仪及 GNSS-RTK 全野外数字化测图、CASS 软件绘制地物和等高线的方法，数字地形图的应用。

**难点**：地貌特征点的选择、CASS 软件的使用。

## 【学习目标】

| 知 识 目 标 | 能 力 目 标 |
| --- | --- |
| 1. 了解地形图的基本知识<br>2. 理解地形图的识读方法<br>3. 理解野外数字化测图的方法<br>4. 掌握地形图应用的基本内容<br>5. 理解无人机测图技术 | 1. 能准确识读地形图上地物和地貌<br>2. 会用全站仪进行野外采点<br>3. 会使用南方 CASS 测图软件<br>4. 能利用 CASS 软件进行基本几何要素的查询<br>5. 能利用 CASS 软件绘制断面图 |

## 模块一　地形图的基本知识

### 一、地形图概述

地形图是按一定的比例，用规定的符号表示地物、地貌平面位置和高程的正射投影图。测绘人员在从事测绘活动时，除了应当使用国家规定的测绘基准和测绘系统，执行国家规定的测绘技术规范和标准之外，更应具有国家版图意识，使测绘成果完全符合《中华人民共和国测绘法》，自觉承担起保护国家领土安全的责任。2020 年是我国第 17 个全国测绘法宣传日，自然资源部更是发布了 2020 年标准地图，标准地图服务系统新上线 55 幅公益性地图和 1 幅自助制图底图，这为测绘人员进行数据绘制和判读提供了重要参考。在这样规范的指导之下，测绘人员便可以按照图的内容和成图方法不同，测绘平面图、地图、地形图、专题图及剖面图等不同的图形。

3.1【课件】
地形图的
基本概念

3.2【视频】
地形图的
基本知识

**1. 平面图**

当测区范围较小时，可将水准面看作水平面，将地面上的地物点按正射投影（投影线与投影面垂直正交的正投影）的原理，垂直投影到水平面上，并将投影在水平面上的地物的轮廓按一定的比例尺缩绘到图形上去，这种图称为平面图。其特点是：平面图上的图形与地面上相应的地物的图形是相似的，即他们的相应角度相等，边长成比例。

**2. 地图**

当测区范围较大时，就不能将水准面看作平面，必须考虑地球曲率影响。通常采用地图投影的方法，将参考椭球面上的图形编绘成平面图形，这种图称为地图。它有严格的数学基础、科学的符号系统和完善的文字标记规则。地图上的图形因投影的关系都有一定的变形。

**3. 地形图**

将地面上的房屋、道路、河流、植被、耕地等一系列固定物体及地面上各种高低起伏的形态，经过综合取舍，按一定比例尺缩小，以专门的图式符号加注记在图纸表示的正射投影图，都可以称为地形图。地形图上一般用等高线表示地貌，以图式符号加注记表示地物。

**4. 专题图**

专题图以普通地图为底图，着重表示自然地理和社会经济各要素中的一种或几种，反映主要要素的空间分布规律、历史演变和发展变化等。专题图又称专门地图、主题地图、专业地图等。专题图类别很多，但大体上可分为自然地图、社会经济图和工程技术图三大类，如地质图、气候图、人口分布图、交通图、工程布局图等。

**5. 断面图**

为了了解某一方面的地面起伏情况，而把该方向的起伏状况按一定比例尺缩绘成的带状图，称为断面图（假想用剖切面将物体的某处切断，仅画出该剖切面与物体接触部分的图形称为断面图）。

常见的与国家版图有关的错误主要有三类：错绘、漏绘和违背"一个中国"原则。作为一名专业技术人员，应具有扎实的测绘基本技能，具备准确完成相关境界测绘工作的能力。同时增强国家版图意识，正确使用国家地图，保护国家利益和民族利益，弘扬爱国主义精神，不负戍边战士的艰苦付出，不辜负国家和人民的重托。

**二、地形图的比例尺**

在测绘地形图之前，首先要明确测图比例尺的概念。所谓地形图的比例尺，就是图上某一线段的长度与地面上相应线段的水平距离 $D$ 之比。地形图的比例尺主要有数字比例尺和直线比例尺两种。

**1. 数字比例尺**

数字比例尺一般用分子为1的分数形式表示。设图上某直线的长度为 $d$，地面上相应的水平长度为 $D$，则该图的比例尺为

$$\frac{d}{D} = \frac{1}{M} \tag{3-1-1}$$

3.3【课件】
地形图比
例尺

比例尺的大小是以比例尺的比值来衡量的，比例尺分母越大，比例尺越小。反之分母越小，则比例尺越大。国民经济建设和国防建设都需要测绘各种不同比例尺的地形图。通常把1∶100万、1∶50万、1∶20万称为小比例尺地形图；1∶10万、1∶5万、1∶2.5万、1.1万称为中比例尺地形图，1∶5000、1∶2000、1∶1000、1∶500称为大比例尺地形图。工程建设中大都采用大比例尺地形图。

**2. 直线比例尺**

为了应用方便，同时减少由于图纸伸缩而引起的误差，通常在地形图上绘制直线比例尺，用于直接在图上量取直线段的水平距离。直线比例尺是在一段直线上截取若干相等的线段，称为比例尺的基本单位，一般为1cm或2cm，将左边的一段基本单位又分成10个或20个等分小段，如图3-1-1所示。

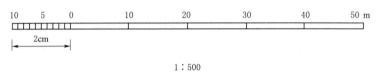

1∶500

图3-1-1　直线比例尺

**3. 比例尺精度**

测图用的比例尺越大，测区地物地貌就测绘得越详细，但测图所需的工作量也越大。因此，测图比例尺关系到实际需要、成图时间及测量费用。一般以工作需要为决定的主要因素，即根据在图上所需要表示出最小地物有多大，点的平面位置或两点间的距离精确到程度为准。这里首先需要说明一个问题，人的眼睛由于视觉的限制，正常能分辨最短距离一般为0.1mm，因此实地丈量地物的边长，或丈量地物与地物间的距离，只能精确到按比例尺缩小后相当于图上0.1mm。在测量工作中，称相当于图上0.1mm的实际水平距离为比例尺精度，即比例尺精度（mm）等于0.1乘以比例尺分母（$M$）。工程中常用的几种大比例尺地形图的比例尺精度见表3-1-1。

表3-1-1　　　　　　　　　　**比 例 尺 精 度**

| 比例尺 | 1∶500 | 1∶1000 | 1∶2000 | 1∶5000 |
|---|---|---|---|---|
| 比例尺精度/m | 0.05 | 0.10 | 0.20 | 0.50 |

根据比例尺精度，有两件事可参考决定：

（1）按工作需要，多大的地物需在图上表示出来或测量地物要求精确到什么程度，由此可参考决定测图的比例尺。如要求测量能反映出量距精度为±10cm的图，应选比例尺为1∶1000的地形图。

（2）当测量比例尺已经确定后，可以推算出测量地物时应该精确到什么程度。如在进行1∶500的地形图测绘时，量距精度需达到±5cm。

**三、地形图的判读**

地形图上的地物地貌是用各种符号表示的，国家颁布的地形图图式是地形图符号的统一规定，要读图必须认识图上符号，地形图使用者应当备有一本图式。读图应从图廓外开始。

**（一）图廓外信息识读**

图名图号：每幅图可以图幅内的村镇、山头、湖泊或该地区的习惯名等命名（大比例尺地形图也可能没有图名），每幅图的图名注记在上图廓线的上方中央，按规定编码的图号在图名的下方。图 3－1－2 图名图号分别是"沙湾"和"20.0—15.0"。

接图表：在图名的左边，由九个矩形格组成，中央填绘斜线的格代表本图幅，四周的格表示上下左右相邻的图幅，每个格中都注有相应图幅的图名。当需要相邻图幅时，由接图表可轻易地检索到它们。

比例尺：下图廓线的下方中央是地形图的数字比例尺（本例为 1：2000）。

其他廓外注记：在比例尺的左边，注记了测图年月、测图方法、地形图采用的平面高程系统及图式的版本。比例尺的右边一般注记了测量员、绘图员、检查员的姓名。

左图廓外下部有测绘单位的名称。除从这些注记可以明确地形图平面、高程系统外，通过测图年月可以推测地形变化的程度及地形图的可靠程度。测图单位为收集资料提供了可靠的线索。此外内外图廓线间空白处除注记坐标格网线的坐标数值外，也注记道路、水系的延伸去处，相邻区域的行政区名等。

**（二）图廓内信息识读——地物和地貌的识读**

1. 地物的表示方法

3.4【课件】
地物符号

地面上的地物在地形图上都是用简明、准确、易于判断实物的符号表示的，这些符号就是地形图图式，由国家测绘主管部门统一编制、印刷、发行。地形图图式的符号有比例符号、非比例符号、半比例符号和注记符号四种。有些地物的轮廓较大，如房屋、池塘、花圃等，这些地物能按测图比例尺绘在图纸上，所绘制的轮廓称为比例符号，也就是能表示地物位置以及形状的大小的符号；有些地物的轮廓较小，如水

3.5【视频】
地物符号

井、独立树、测量控制点等，这些地物按测图比例尺缩小后在图上无法表示出来，必须采用一种特定的符号表示，这种符号称为非比例尺符号；对于线状地物，如铁路、公路、围墙、通信线等，其长度可按比例缩绘，但其宽度不能按比例缩绘，而需用一定的符号表示，这种符号称为半比例符号，也称为线状符号。半比例符号只能表示地物的位置（符号中心线）和长度，不能表示地物的宽度；用文字、数字或特殊的标记对地物加以说明的符号称为注记符号，如城镇名、道路名、高程注记、平面控制点点号等。

2. 地貌的表示方法

3.6【课件】
地貌符号

地貌是指地球表面的各种起伏形态，包括山地、丘陵、高原、平原、盆地等。地貌的形状虽然千差万别，但实际都可以看作是一个不规则的曲面。这些曲面是由不同方向和不同倾斜度的平面所组成的。相邻倾斜面相交处即为棱线，这些棱线就是地貌的特征线或地性线，如山脊线、山谷线、山脚线、变坡线等。在地面坡度变化处的点，如山顶点、盆地中心点、鞍部最低点、谷口点、山脚点、坡度变换点等，都称为地貌特征点。在地貌测绘中，立尺点应选择在这些特征点上，将这些特征点的平面位置测绘在图上，并注记它们的高程，这样地貌特征线的平面位置和坡度也就随之确定下来。地形图上表示地貌的方法有多种，目前最常用的是等高线法。对峭壁、冲沟、

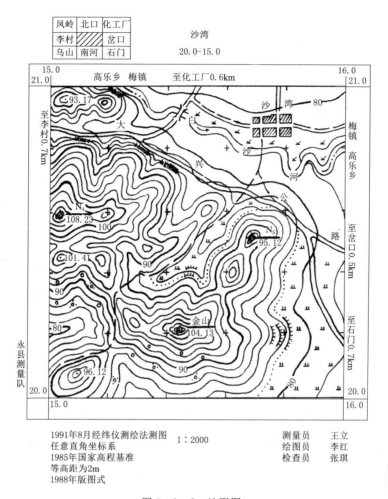

| 凤岭 | 北口 | 化工厂 |
| 李村 | ▨ | 岔口 |
| 乌山 | 南河 | 石门 |

沙湾
20.0-15.0

1991年8月经纬仪测绘法测图　　　1∶2000　　　测量员　王立
任意直角坐标系　　　　　　　　　　　　　　　绘图员　李红
1985年国家高程基准　　　　　　　　　　　　　检查员　张琪
等高距为2m
1988年版图式

图3-1-2　地形图

梯田等特殊地形，不用等高线表示时，应绘注相应的符号。

（1）等高线的概念。等高线是地面高程相等的相邻点会集而成的闭合曲线。可以想象一静止的水面淹没了一座山包的一部分，水面与山坡的接触线是一条闭合曲线，因为水面上任何点的高程相等，所以此闭合曲线就是一条等高线。如图3-1-3所示，假设水面升高或降低到水位为10m、12m、14m…，可以得到许多这样的闭合曲线——高程为10m、12m、14m…的等高线。将这些曲线投影到一水平面上，然后按一定比例尺缩小，即得到了这个山头在地形图上的表示。

（2）等高距与等高线平距。

1）等高距：是相邻等高线间的高差。

2）等高线平距：是相邻等高线间的水平距离。

同一幅地形图上，任意两条相邻等高线间的高差相等，也就是同一幅地形图上只有一个等高距。

由于地面形态的起伏变化，等高线间的水平距离在不同地点、不同方向不可能相

3.7【视频】
等高线

109

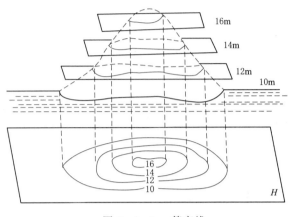

图 3-1-3　等高线

等。正是利用等高线平距不相等的特性，可以从地形图上判别地表坡度的变化。

在同一幅地形图上等高距为常数。等高线平距随地面坡度变化，坡度大等高线平距小，等高线稠密。坡度小等高线平距大，等高线稀疏。因此等高线的疏密程度也反映出地表陡缓程度。

在地形图测量设计中必须依据测图比例尺、测区地面平均坡度及坡度变化程度，选择合适的等高距。

（3）等高线的种类。前面已指出在同一幅图内只确定一种等高距，然而一个图幅内地貌的变化可能导致地面坡度差异很大，同一图幅内平缓地域和山头的表达可能不甚确切，不同程度地降低了它们的测绘和使用精度。为了在测绘地形图时能更准确、更细致地描绘地貌，规定可使用四种不同的等高线。

1）首曲线。首曲线是按规范规定的等高距（基本等高距 $h$）勾绘的等高线，又称为基本等高线，图上用细实线表示。

2）计曲线。为了读图的方便，每隔四条首曲线加粗一条首曲线（即每五条首曲线，第五条应加粗），加粗的首曲线称为计曲线。一般选择高程为 5 或 10 的整倍数的首曲线作为计曲线，同时在计曲线上注记高程，便于判读。

3）间曲线。为了在相对较平缓的局部范围内更细致、真实地描绘地貌，可使用间曲线。间曲线是在相邻两首曲线间以基本等高距一半（$h/2$）勾绘的曲线，又称半距等高线，用虚线表示。

4）助曲线。当使用间曲线还不足以描绘地貌的细微部分时，可使用助曲线。助曲线是按四分之一基本等高距（$h/4$）勾绘的曲线，也用虚线表示。

（4）等高线的特性。

1）同一等高线上各点，其高程必定相等。

2）等高线是闭合曲线：因为任何山或山谷都是一个曲面封闭体，与平面相交后，其交线必定是闭合曲线，闭合曲线有大有小，大的曲线若未能在本图幅内闭合，一定会在相邻的两幅或多幅图内闭合。

3）除遇悬崖、峭壁、陡坎等特殊情况外，等高线不能相交、不能重合、也不能分岔。

4）等高线在通过山脊山谷线时，应与山脊山谷线正交。

5）等高线越密，表示地面坡度越陡，反之，越稀表示坡度越缓。

（5）特殊地貌。

有些地貌，例如陡坎、冲沟等，很难用等高线描绘，或者用等高线描绘不确切、不形象。这类不能用等高线表示的地貌统称为特殊地貌。特殊地貌用一些专用符号表示。如图 3-1-4 所示，图中画出了冲沟、雨裂、悬崖、崩崖及陡坎等特殊地貌的符号。

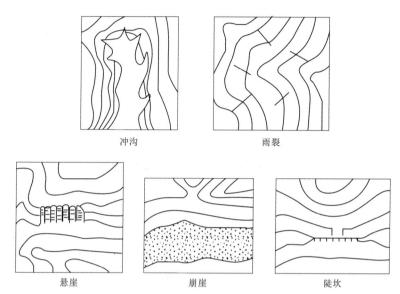

冲沟　　　　　雨裂

悬崖　　　　崩崖　　　　陡坎

图 3-1-4　几种典型地貌

### 四、地形图的分幅与编号

为了方便编图、印刷、保管和使用地图，必须对地图进行分幅和编号。通常有矩形分幅和梯形分幅两种分幅形式。大比例尺地形图一般采用矩形分幅；中小比例尺地形图采用梯形分幅。

**1. 矩形分幅与编号**

大比例尺地形图通常采用平面直角坐标的纵、横坐标线为界限来分幅，图幅的大小通常为 50cm × 50cm、40cm × 50cm、40cm×40cm，每幅图中以 10cm×10cm 为基本方格。一般规定，对 1∶5000 的地形图，采用纵、横各 40cm 的图幅；对 1∶2000、1∶1000 和 1∶500 的地形图，采用纵、横各 50cm 的图幅；以上分幅称为正方形分幅。也可以采用纵距 40cm、横距 50cm 的分幅，称为矩形分幅。

如图 3-1-5 所示，一幅 1∶5000 的地形图包括四幅 1∶1000 的地形图；一幅 1∶2000 的地形图包括四幅 1∶1000 的地形图；一幅 1∶1000 的地形图包括四幅 1∶500 的地形图。正方形图幅的图廓规格

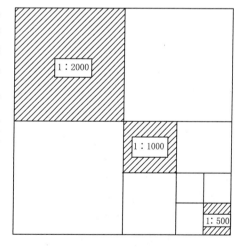

图 3-1-5　正方形分幅

111

见表 3 - 1 - 2。

表 3 - 1 - 2　　　　　　　　　正方形图幅的图廓规格

| 比例尺 | 图廓的大小/<br>（cm×cm） | 实地面积/km² | 一幅 1∶5000 地形图中<br>所包含的图幅数 | 图廓西南角坐标/m |
|---|---|---|---|---|
| 1∶5000 | 40×40 | 4 | 1 | 1000 的整倍数 |
| 1∶2000 | 50×50 | 1 | 4 | 1000 的整倍数 |
| 1∶1000 | 50×50 | 0.25 | 16 | 500 的整倍数 |
| 1∶500 | 50×50 | 0.0625 | 64 | 50 的整倍数 |

正方形图幅的编号方法有两种：坐标编号法和流水编号法。

（1）坐标编号法。用图幅西南角坐标的公里数作为本幅图纸的编号，记成"$x-y$"形式。1∶5000 地形图的图号取至整公里数；1∶2000 和 1∶1000 地形图的图号取至 0.1km；1∶500 地形图的图号取至 0.01km。

（2）流水编号法。对于带状测区或测区范围较小时，可根据具体情况，按从上到下、从左到右的顺序进行数字流水编号。也可采用其他方法如行列编号法编号，目的是便于管理和使用，如图 3 - 1 - 6 所示。

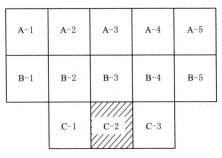

（a）流水编号法　　　　　　　　　　　　（b）行列编号法

图 3 - 1 - 6　流水编号法与行列编号法

2. 梯形分幅和编号

梯形分幅是按经线和纬线来划分。左右以经线为界，上下以纬线为界，图幅形状近似为梯形，故称为梯形分幅。

（1）1∶100 万比例尺地形图的分幅与编号。1∶100 万地形图是我国基本比例尺地形图分幅和编号的基础，它采用国际统一的分幅编号方法。如图 3 - 1 - 7 所示，国际分幅编号规定由经度 180° 起，自西向东，逆时针按经差 6° 分成 60 个纵行，并用阿拉伯数字 1~60 编号；由赤道起，向北、向南分别按纬差 4° 各分成 22 个横列，由低纬度向高纬度以拉丁字母 A、B、…、V 表示，这样就组成了一幅 1∶100 万比例尺地形图。例如，北京所在的 1∶100 万比例尺地形图的图幅号为 J - 50。

（2）1∶10 万比例尺地形图的分幅与编号。1∶10 万比例尺地形图是在 1∶100 万比例尺地形图图幅的基础上分幅和编号的。1 幅 1∶100 万比例尺地形图可划分为 144 幅 1∶10 万比例尺地形图，分别以 1、2、…、144 来表示。因此，每幅 1∶10 万比例尺地

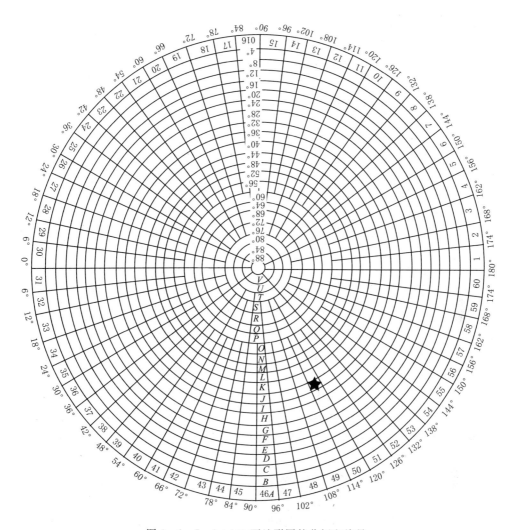

图 3-1-7  1:100 万地形图的分幅和编号

形图的纬差为 20′，经差为 30′。如图 3-1-8 所示，有斜线的小梯形为北京所在图幅，它的图幅编号为 J-50-5。

（3）1:5 万、1:2.5 万、1:1 万比例尺地形图的分幅与编号。这 3 种比例尺的分幅与编号是在 1:10 万比例尺地形图分幅和编号的基础上进行。如图 3-1-9 所示，将 1 幅 1:10 万比例尺地形图按纬差 10′、经差 15′，划分为 4 幅 1:5 万比例尺地形图，其编号是在 1:10 万比例尺地形图的编号后加上自身代号 A、B、C、D。图 3-1-9 中阴影部分为北京所在的 1:5 万比例尺地形图，图号为 J-50-5-B。

每幅 1:5 万比例尺地形图又分为 4 幅 1:2.5 万比例尺地形图，其纬差为 5′，经差是 7′30″，其编号是在 1:5 万比例尺地形图后面加上自身代号 1、2、3、4。图 3-1-9 中斜线较密的那幅图为北京所在的 1:2.5 万比例尺地形图，图号为 J-50-5-B-4。

每幅 1:10 万比例尺地形图分为 8 行 8 列共 64 幅 1:1 万比例尺的地形图，分别

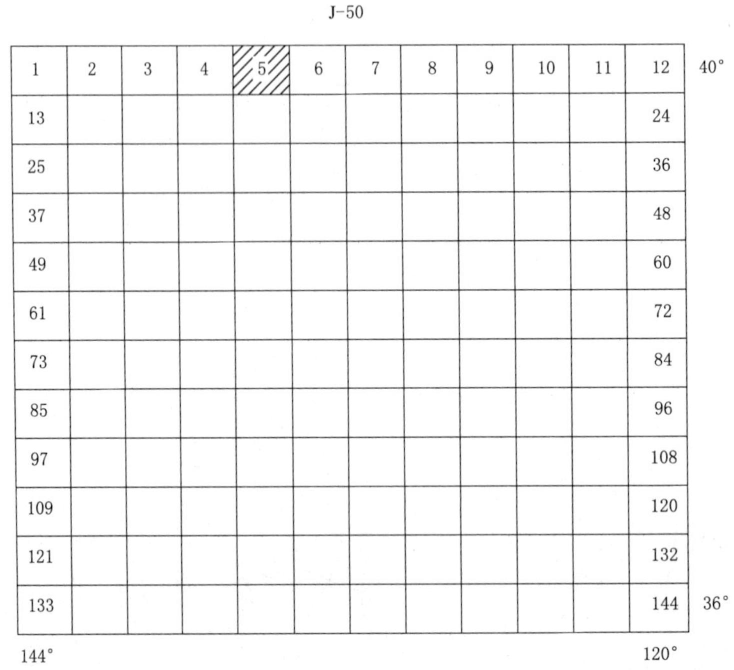

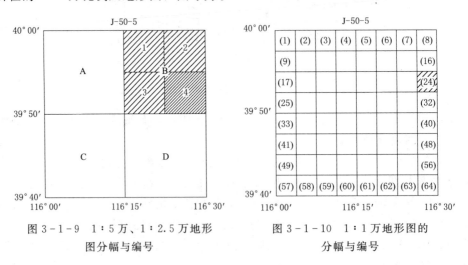

J-50

图 3-1-8　1∶10 万比例尺地形图分幅与编号

以（1）、（2）、…、（64）表示，其纬差是 2′30″，经差 3′45″。1∶1 万比例尺地形图的编号是在 1∶10 万比例尺地形图幅号加上自身代号。图 3-1-10 所示的阴影部分为北京所在的 1∶1 万比例尺地形图，图号为 J-50-5-（24）。

图 3-1-9　1∶5 万、1∶2.5 万地形
图分幅与编号

图 3-1-10　1∶1 万地形图的
分幅与编号

（4）1∶5000 比例尺地形图的分幅与编号。1∶5000 地形图的分幅与编号是在 1∶1 万地形图基础上进行的。每幅 1∶1 万地形图分成 4 幅 1∶5000 地形图，用 a、b、c、d 表示，其纬差是 1′15″，经差是 1′52.5″。1∶5000 地形图的编号，是在 1∶1 万地形图的编号后，加上自身的代号。图 3-1-11 所示阴影部分为北京

某点所在的 1∶5000 地形图图幅，编号为 J-50-5-（24）-b。

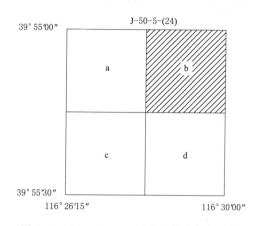

图 3-1-11　1∶5000 地形图的分幅与编号

# 模块二　数 字 化 测 图

## 一、测定地形碎部点的方法

碎部点测量方法依据其原理分类，有极坐标法、方向交会法、距离交会法、直角坐标法、方向距离交会法等多种方法。

3.8【课件】测定地形碎部点的方法

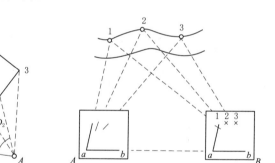

图 3-2-1　极坐标法测绘地物　　　图 3-2-2　方向交会法测绘地物

### 1. 极坐标法

极坐标法是测定碎部点位最常用的一种方法。如图 3-2-1 所示，测站点为 $A$ ，定向点为 $B$ ，通过观测水平角 $\beta_1$ 和水平距离 $D_1$ 就可确定碎部点 1 的位置，同样，由观测值 $\beta_2$、$D_2$ 又可测定点 2 的位置，这种定位方法即为极坐标法。

### 2. 方向交会法

当地物点距离较远，或遇河流、水田等障碍不便丈量距离时，可以用方向交会法来测定。如图 3-2-2 所示，设欲测绘河对岸的特征点 1、2、3 等，自 $A$、$B$ 两控制点与河对岸的点 1、2、3 等量距不方便，这时可先将仪器安置在 $A$ 点，经过对点、整平和定向以后，测定 1、2、3 点的方向，然后再将仪器安置在 $B$ 点，按同样方法再测定 1、2、3 点的方向，利用专业测绘软件将所测定的方向值绘制方向辅助线，则 $A$、$B$ 两点所绘制的方向线辅助线的交点，即得到 1、2、3 点的位置。实际操作过程中，应注意检查交会点位置的正确性。

3. 距离交会法

在测完主要房屋后，再测定隐蔽在建筑群内的一些次要的地物点，特别是这些点与测站不通视时，可按距离交会法测绘这些点的位置。如图 3 - 2 - 3 所示，图中 $P$、$Q$ 为已测绘好的地物点，若欲测定 1、2 点的位置，具体测法如下：

用使用全站仪测定水平距离 $P_1$、$P_2$ 和 $Q_1$、$Q_2$，在绘图软件中，分别以 $P$、$Q$ 为圆心，用 $P_1$、$P_2$、$Q_1$、$Q_2$ 的长度为半径作圆弧，两圆弧相交可得交点 1、2，连接图上的 1、2 两点即得地物一条边的位置。如果再已知房屋宽度，就可以用偏移的方法描绘出该地物。

4. 直角坐标法

如图 3 - 2 - 4 所示，$P$、$Q$ 为已测建筑物的两房角点，以 $PQ$ 方向为 $y$ 轴，找出地物点在 $PQ$ 方向上的垂足，丈量 $y_1$ 及其垂直方向的支距 $x_1$，便可定出点 1。同法可以定出 2、3 等点。与测站点不通视的次要地物靠近某主要地物，地形平坦且在支距 $x$ 很短的情况下，适合采用直角坐标法来测绘。

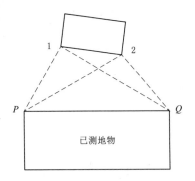

图 3 - 2 - 3　距离交会法测绘地物

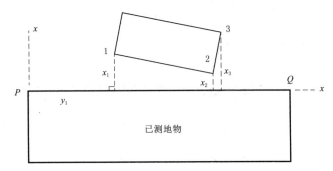

图 3 - 2 - 4　直角坐标法测绘地物

5. 方向距离交会法

与测站点通视但量距不方便的次要地物点，可以利用方向距离交会法来测绘。方向仍从测站点出发来测定，而距离是从图上已测定的地物点出发来量取，按比例尺缩小后，用分规卡出这段距离，从该点出发与方向线相交，即得欲测定的地物点，这种方法称为方向距离交会法。

如图 3 - 2 - 5 所示，$P$ 为已测定的地物点，现要测定点 1、2 的位置，从测站点 $A$ 瞄准点 1、2，画出方向线，从 $P$ 点

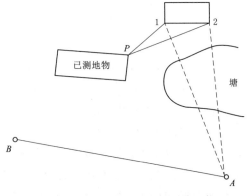

图 3 - 2 - 5　方向距离交会法测绘地物

出发量取水平距离 $D_{P_1}$ 与 $D_{P_2}$ ，即可通过距离与方向交会得出点 1、2 的图上位置。

## 二、地物的测绘

地面上的各种地物可依据其特性分成若干类，各类地物的测量方法有各自的特点。即使是同类地物其形状大小也千差万别，测绘地物就是测量最低限度的特征点，用规定的符号，缩小表示在图上。

3.9【课件】地物的测绘

地物分类如下：

人工地物：房屋、道路、水渠、电力线等。

自然地物：河流、湖泊、森林、泉水等。

1. 地物的测绘方法

地物种类很多，各具特点，测绘方法亦存在差别，但必须能反映其形状、大小、性质和位置这四个要素，下面分别予以介绍。

（1）居民地的房屋与建筑物的测绘。居民地是地形类别的名称，实际上是指人类工作生活相对集中的区域，在这样的区域内有较多的建筑物、房屋街道是其显著特点。

对大比例尺地形图而言，原则上应独立测绘出每座永久建筑物。但有些尺寸太小的房屋在 1∶2000、1∶5000 地形图上难以一一独立绘出时可酌情综合处理。

城市里的居住小区和富裕农村新建的居民区都有合理的规划，房屋排列整齐规则，各个房屋外形相同，只需测量少量外轮廓点，配合细部尺寸的丈量，即可绘出整排房屋，如图 3-2-6 所示。

城镇中的老城区，房屋密集隐蔽，通视条件极差，测绘难度大。事前要仔细研究，制定周密的方案，布设若干导线深入其中，然后以导线边作基线，用支距法分片测绘。

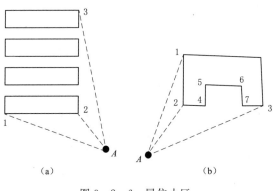

图 3-2-6 居住小区

测量房屋以房屋墙基角为准，外廓为矩形的房屋，至少测量三个基角点，并检查它们是否构成直角。立镜员应依次连续立同一房屋的三个角点以便测记员及时正确地勾绘该房屋。每座建筑物至少有一个高程注记点，并应注记其层数及结构（如砖混、框架等）。

居民地有各种各样的名称，如村名、单位名、小区名等，应当经调查核实后，予以注记。

（2）道路的测绘。道路包括公路、铁路、城镇中的街道、乡间的大路和小路及其附属物，如桥梁、隧道、涵洞、路堤、路堑、排水沟、里程碑、标志牌等。道路及其附属物均需测绘，临时性的便道不测绘，并行的多条小路择其主要的测绘。

道路在图上均以比例尺缩小的真实宽度双线表示。道路的边界线明显的，可以在一侧边界立镜测绘，丈量路宽绘出另一侧的边界线。曲线段及拐弯处应减小立镜点的间距，直线段可适当加大。铁路轨顶（曲线段为内轨）、公路路面中心、道路交叉处、桥面等必须测注高程。边界不明显的道路，测量其中心线，从中心线向两侧丈量至边界距离，然后绘出道路边界线。

路堤、路堑按实际边界线测绘，并在坡顶坡脚适当位置测注高程点。凡宽度在图上可以绘出的排水沟均应按比例测绘。其他附属物（桥梁、涵洞、里程碑等）按实际位置测绘，用专用符号表示。

铁路、公路在同一平面交叉时，公路中断铁路不中断。道路立交时，应如实测绘该处的立交桥，并用相应符号表示。

城镇街道还需标注路面材料、街道名称。凡在围墙内的各单位的内部道路，除主要道外，一律用内部路符号（虚线）绘出。

道路测绘一般采用沿道路延伸方向追索立镜，有利于测记员勾绘道路。

（3）水系的测绘。水系是另一类特征明显的地物，它们包括大到江河湖海，小到溪流沟渠、池塘水库、泉井等自然的和人工的水源、水面和水的通道，及其相关的水工建筑物，如堤、水坝、桥、水闸、码头、渡口等。

海岸线以高潮时的水位线为准测绘，并适当注记高程。

河流、湖泊、池塘、水库按实际边界测绘，有堤的按堤岸测绘，没有堤岸和明显界线的按正常洪水水位线测绘。除测绘岸线之外，还要测绘施测时的水涯线并注记水面高程。

溪流除岸线外，须测绘测量时的流水线，并适当注记高程和流向。

时令河应测注河床的高程。

堤坝要测注顶面与坡脚的高程。

测绘水系时，沿水系界线在起点、转折点、弯曲点、交叉点、终点立尺测定。当河流的宽度小于图上 0.5mm，沟渠实际宽度小于 1m 时，以单线表示。

井、泉视具体情况测绘，水乡地区除较有名的井泉外，一般不予测绘。沙漠干旱地区所有泉眼皆需测绘。泉井必须标注测绘时的水面高程。同样水乡的溪流沟渠可酌情综合取舍。

（4）管线及墙栅的测绘。

1）管线是指露在地面的管道、高压电力线、通信线等。

2）墙栅是指城墙、围墙、栅栏、铁丝网、篱笆等。

管线类测绘时，均测绘支撑物，如高压线的电杆，用符号表示。

（5）植被区域的测绘。地表除水面和荒漠之外，几乎为各种植物所覆盖，植被是各种植物的总称。它们有的是天然生长的，例如天然林、灌木丛、芦苇、草地等；有的是人工种植的，例如水稻、树苗、人工经济林等。在地形图上应反映各种植物的分布状况。

当地类界线与线状地物重合时，可略去地类界线。在各地类界圈定的范围内，填绘相应的植被符号，必要时还可配以文字说明和高程注记。农田要用不同的地类符号区分种植的不同作物的地块和土地的特性，如水稻、旱地、菜地等。田埂在图上的宽度大于 1mm 时用双线表示，各地块内应测注代表性的高程点。

（6）特殊地物点的测绘。特殊地物包括各类、各级测量控制点、具有纪念意义的地物、具有方向意义的地物以及公用事业和公用安全设施等。各类、各级测量平面控制点在测绘准备阶段已展绘在图上，测图过程中应当将各级水准点的位置测绘到图上，并注记点号与高程。

2. 测绘地形图的注意事项

地形图测绘是一项多人配合、环节较多、把握尺度较灵活的作业，除熟练掌握方法和技巧之外，还需要较丰富的经验。从前人的宝贵经验中总结出的注意事项是具普遍意义的，应当得到地形图测绘人员的重视。

（1）测站检查。测站检查是地形测图正确性的保证措施之一，只有杜绝测站上可能发生的错误，才能确保地形图准确无误。测站检查包括测站点的检查和定向方向的检查。

测站点的检查是检查测站点的平面位置和高程注记的正确性。

测站检查是在测站精确安置全站仪，完成测站坐标设置及后视定向后，应立即观测另一个已知控制点的坐标，对比坐标差值是否在误差允许的范围之内（限差为图上 0.1mm），以检查测站点及后视定向是否正确，否则应进一步检查错误的原因。

测站点高程的检查，在测站点检查的同时应马上量取仪器高、目标高，并及时输入到仪器中，在观测检查点的坐标的同时，也监测其高程，以作对比检查，如差值在误差允许的范围之内（限差为 1/5 基本等高距），证明测站点高程注记正确，否则应查找产生不符的原因。

定向正确性检查应在一个测站测图过程中多次进行，以避免出错。这种检查应在工作间隙进行，在测站工作完结前还应作最后一次定向检视。

（2）视距不宜过长。利用全站仪采集坐标数据，地物点、地形点测距的最大长度应符合表 3-2-1 的规定。

表 3-2-1 　　　　　　　　地物点、地形点测距的最大长度 　　　　　　　单位：m

| 测图比例尺 | 测距最大长度 | |
| --- | --- | --- |
| | 地物点 | 地形点 |
| 1∶500 | 160 | 300 |
| 1∶1000 | 300 | 500 |
| 1∶2000 | 450 | 700 |

注　1. 1∶500 比例尺测图时，在建成区和平坦地区及丘陵地，地物点距离应采用皮尺量距或光电测距，皮尺丈量最大长度为 50m。

2. 山地、高山地地物点最大视距可按地形点要求。

3. 当采用数字化测图或按坐标站点测图时，其测距最大长度可按上表地形点放大一倍。

（3）适当的碎部点密度。虽然从理论上而言，碎部点越多、越密地形图就越精确，而实际上过多的点对成图不一定有利。因为过多的点将增大图面的负荷，许多点挤在一堆，反而难以清晰地描绘地形。其基本原则是在确保准确反映地物地貌的前提下，碎部点间距尽可能大一点，但即使在地形很简单的地区，最大间距一般也不要超过图上的 3cm。

（4）适时实地勾绘地形图。地形的变化是十分复杂的，其细微的变化没有规律，测记员必需随测量的进程，依据测绘出的碎部点，面对所测区域及时地勾绘地物、地性线、特殊的地貌及等高线的草图，以作内业绘图修正。

测图过程中必须坚持不了解、不明白的地形不绘，有疑问的碎部点不绘。同时要求测记员应当随时注意观察立镜员的立镜地点及其周围的地形。

（5）合理分工、密切配合。合理分工、密切配合可以充分调动每个成员的技能和积极性，提高整个集体的测图效率。密切配合互通信息，可以提高成图质量。

测绘地形图时地物综合取舍的目的是在保证用图需要的前提下，使地形图更清晰易读。综合取舍原则的基本指导思想是：除少数特殊的有重要意义的地物之外，一般地物的尺寸小到图上难以清晰表示时，就有必要对其进行综合取舍，而且综合取舍不会给用图带来重大影响。规范对带普遍性的综合取舍作出了明确的规定，例如不论比例尺大小，建筑物轮廓凹凸小于图上的 0.4mm，可以舍去凹凸部分，用直线表示其整体轮廓，而一般房屋甚至 0.6mm 的凹凸部分都可舍去。

是否综合取舍与比例尺有重大关系，例如规范规定一般 1：500、1：1000 比例尺地形图，房屋不能综合取舍，即每幢房屋都应单独测绘，而 1：2000、1：5000 比例尺地形图可以视具体情况，酌情综合测绘。因此测绘地形图必须熟悉规范的要求。但规范不可能对所有情况作出规定，在很多时候需要测绘人员灵活处理，处理是否得当完全取决于一个测绘技术员的经验与水平。

### 三、全站仪数据采集

3.10【课件】全站仪数据采集

使用全站仪进行野外数据采集是目前最常用的一种方法。在测站点上安置全站仪，量取仪器高，并将气压、温度、棱镜参数及仪器高等信息输入全站仪中，设置测站坐标，利用后视点坐标进行后视定向，即可进行目标点的坐标测量并记录数据，如图 3-2-7 所示。在采集数据的同时，用草图、笔记或简码等方法记录绘图信息。在内业处理时，将野外测绘数据导出，利用人机交互编辑成图。

3.11【视频】南方 332R6m 全站仪建站及数据采集

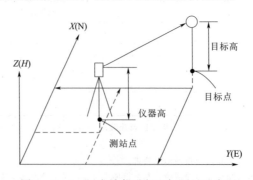

图 3-2-7　用全站仪进行坐标测量示意图

现以南方 NTS-A12R10 全站仪为例介绍野外数据采集的操作方法，具体操作步骤见表 3-2-2。

表 3 - 2 - 2 南方 NTS-A12R10 全站仪数据采集操作步骤

| 任务 | 步骤 | 操 作 | 仪器屏幕显示信息 | 备 注 |
|------|------|-------|------------------|-------|
| 新建工程 | 1 | 点击"安卓全站仪"图标，进入全站仪功能操作 | | 长按全站仪电源键开机后，全站仪正常启动后的安卓界面 |
| | 2 | 点击"工程"图标，新建一个工程 | | |
| | 3 | 在工程列表中点击右下角"➕"图标 | | |
| | 4 | 输入工程名称等信息，点击"确定"按键 | | |
| | 5 | 工程列表中出现新建的工程名称"ch001" | | |
| | 6 | 双击"ch001"工程名称，屏幕顶部出现"ch001"工程名称，进入该工程 | | |

续表

| 任务 | 步骤 | 操作 | 仪器屏幕显示信息 | 备注 |
|------|------|------|----------------|------|
| 坐标数据导入 | 1 | 点击屏幕左上角"🗄"图标，进入数据查阅界面 | | 将准备好的坐标文件拷贝到U盘，U盘存储格式必须为FAT32，方便安卓系统识别及读取 |
| | 2 | 点击"坐标数据"选项卡，点击右上角"⋮"图标，点击"导入数据"子菜单 | | |
| | 3 | 点击"文件选择"按键 | | |
| | 4 | 在文件选择界面中，选择"U盘"选项卡，选择"ch001.txt"文件 | | |
| | 5 | 点击"导入"按键，可看到导入数据成功的提示信息，点击屏幕左上角"←"图标，可返回"数据"查看界面 | | |
| | 6 | 左右拖动数据查看界面，检查坐标数据是否正确导入，点击"数据图形"选项卡，可查看控制点位置图形 | | |

续表

| 任务 | 步骤 | 操 作 | 仪器屏幕显示信息 | 备 注 |
|---|---|---|---|---|
| 坐标数据导入 | 7 | 坐标数据检查无误后，点击屏幕左上角"←"图标，返回全站仪主界面 | 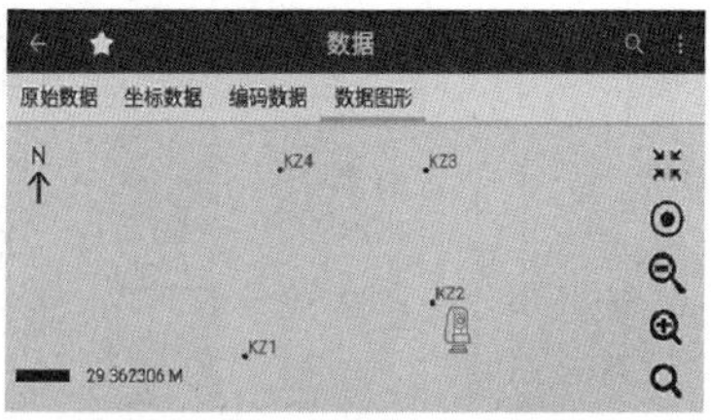 | |
| 数据删除 | 1 | 点击右上角"⋮"图标，选择"清空数据"子菜单，按提示进行操作，即可清除坐标数据 | 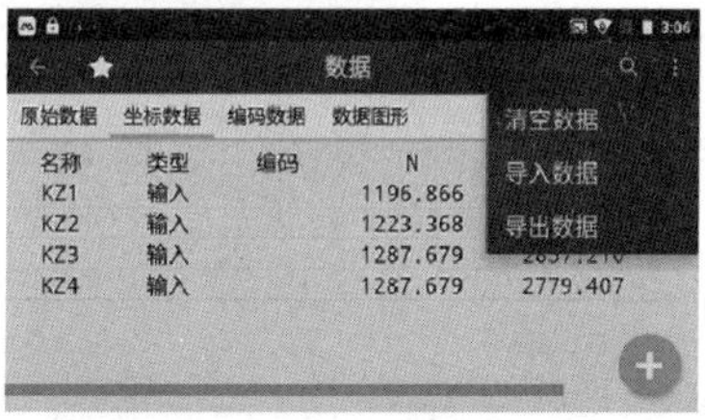 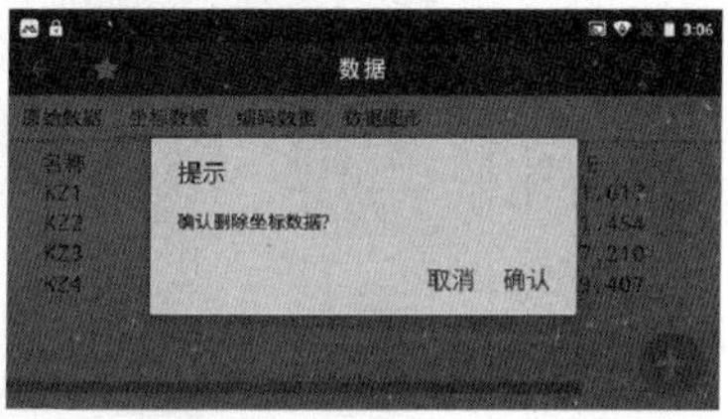 | 若导入的坐标数据有错误，需要清除数据，长按某行数据，可删除该点数据 |
| 手工输入数据 | 1 | 在"坐标数据"选项卡界面上，点击屏幕右下角"＋"图标 | 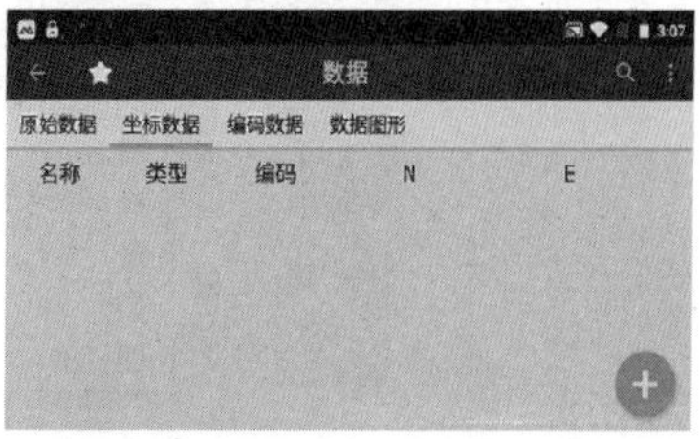 | 若控制点数据不多或现场条件所限，无法导入坐标数据时，可以手工输入控制点坐标数据 |
| | 2 | 依照弹出的输入窗口，输入控制点数据，完成后点击"确定"按键，即可完成该点的坐标数据录入 | 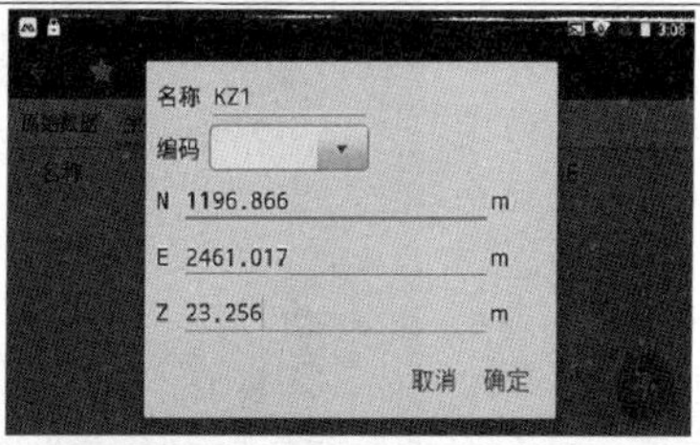 | |
| | 3 | 左右拖动数据查看界面，检查坐标数据是否正确录入，其他控制点坐标数据照此方法继续输入 | 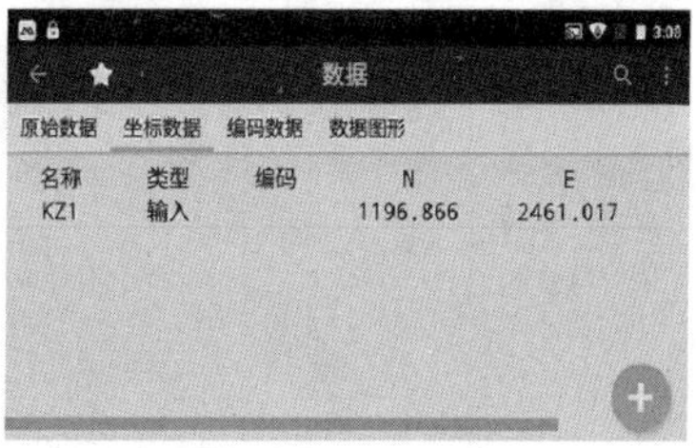 | |

123

| 任务 | 步骤 | 操 作 | 仪器屏幕显示信息 | 备 注 |
|------|------|-------|-----------------|-------|
| 设置反射目标 | 1 | 点击主界面右上角"NO"图标，设置全站仪反射目标为棱镜，常数－30.0mm 为棱镜参数默认值，无须改动，设置完成后返回主界面 | | 设置全站仪反射目标类型及参数 |
| 建站 | 1 | 在全站仪主界面，点击"建站"图标，在弹出菜单中选择"已知点建站"子菜单 | | 控制点 KZ1 为测站点，KZ2 设为后视点。在控制点 KZ1 上安置全站仪，对中整平，用钢卷尺量取仪器高，记录到 mm，例如：1.528m；调整对中杆棱镜的高度，称为镜高，记录到 mm，例如：1.500m |
| | 2 | 点击测站右边的"＋"按键，弹出选择数据来源的菜单，点击"调用"子菜单 | | |
| | 3 | 在控制点列表中，选择点号 KZ1，点击"确定"按键，返回"已知点建站"界面 | | |

| 任务 | 步骤 | 操　作 | 仪器屏幕显示信息 | 备　注 |
|---|---|---|---|---|
| 建站 | 4 | 在"仪高"栏输入全站仪高度1.528m，在"镜高"栏输入棱镜高度1.500m，点击"后视角"按键，切换为"后视点"选择状态 | | |
| | 5 | 点击"后视点"右边的"＋"按键，按测站调用控制点的方法，调用点号KZ2为后视点 | | |
| | 6 | ★此步骤非常重要，转动全站仪，调整目镜及物镜，精确瞄准控制点KZ2，检查无误后，点击"设置"按键，显示"建站完成"提示信息 | | |
| 后视检查 | 1 | 进行后视检查，在全站仪主界面，点击"建站"图标，在弹出菜单中选择"后视检查"子菜单 | | |

续表

| 任务 | 步骤 | 操作 | 仪器屏幕显示信息 | 备注 |
|---|---|---|---|---|
| 后视检查 | 2 | 点击"测量"按键，显示所调用的后视点KZ2的坐标及高程，棱镜置于后视点KZ2上，全站仪精确瞄准棱镜中心，继续点击"测量"按键，若建站正确，测量值与设置值的差值为0，建站正确，返回全站仪操作主界面 | 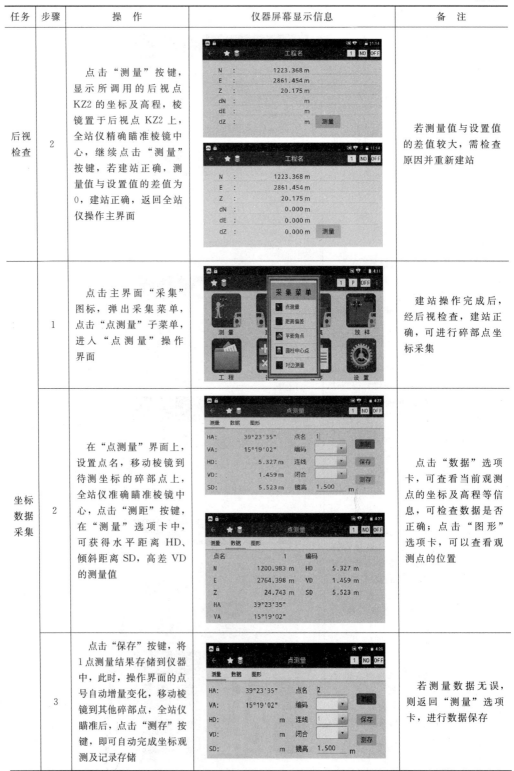 | 若测量值与设置值的差值较大，需检查原因并重新建站 |
| 坐标数据采集 | 1 | 点击主界面"采集"图标，弹出采集菜单，点击"点测量"子菜单，进入"点测量"操作界面 | | 建站操作完成后，经后视检查，建站正确，可进行碎部点坐标采集 |
| 坐标数据采集 | 2 | 在"点测量"界面上，设置点名，移动棱镜到待测坐标的碎部点上，全站仪准确瞄准棱镜中心，点击"测距"按键，在"测量"选项卡中，可获得水平距离HD、倾斜距离SD，高差VD的测量值 | | 点击"数据"选项卡，可查看当前观测点的坐标及高程等信息，可检查数据是否正确；点击"图形"选项卡，可以查看观测点的位置 |
| 坐标数据采集 | 3 | 点击"保存"按键，将1点测量结果存储到仪器中，此时，操作界面的点号自动增量变化，移动棱镜到其他碎部点，全站仪瞄准后，点击"测存"按键，即可自动完成坐标观测及记录存储 | | 若测量数据无误，则返回"测量"选项卡，进行数据保存 |

续表

| 任务 | 步骤 | 操　作 | 仪器屏幕显示信息 | 备　注 |
|------|------|--------|------------------|--------|
| 坐标文件导出 | 1 | 将 U 盘插入全站仪 USB 接口中，点击屏幕左上角"▤"图标，选择"坐标数据"选项卡，点击右上角"▤"图标，选择"导出数据"子菜单 | 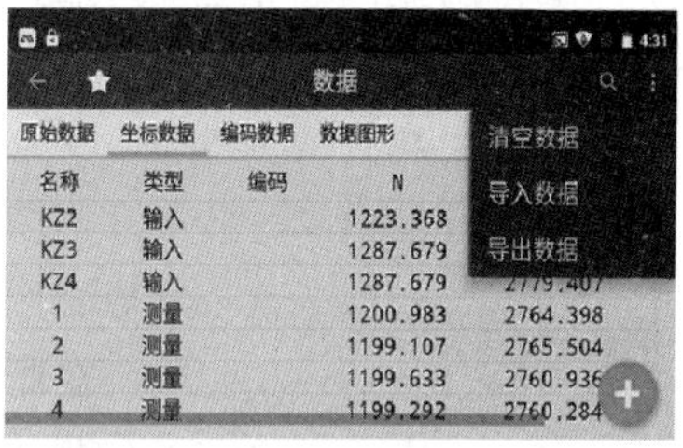 | 碎部点坐标采集工作完成后，应及时导出全站仪中的坐标文件，以免丢失或破坏 |
| | 2 | 导出位置选择"U盘"，数据类型选择"坐标数据"，数据格式选择"Cass"，点击"导出"按键，即可将 CASS 格式的坐标文件存储到 U 盘上 | 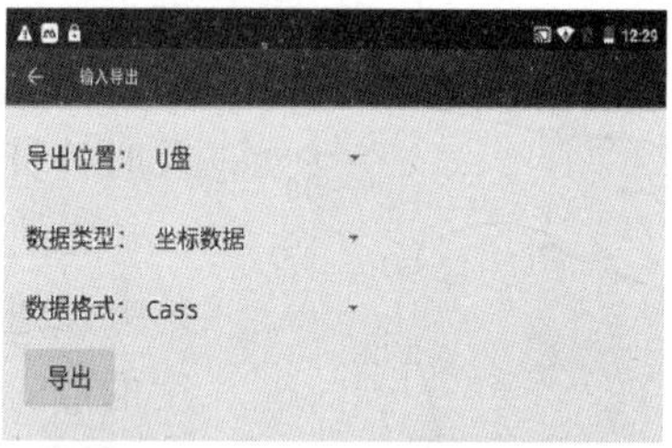 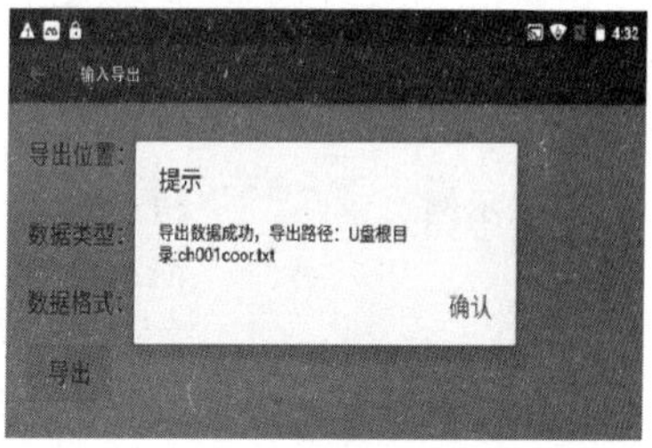 | |

## 四、数字测记模式

数字测记模式就是用全站仪在野外测量地形特征点的定位信息时，同时记录下测点的几何信息及其属性信息，然后在室内编辑成图。测记模式作业具有采集设备轻便、作业效率高、野外工作时间短等特点，具有白纸测图经验的作业人员很容易掌握，是目前数字化测图工作的主要作业方法。

3.12【课件】数字测记模式

针对记录几何信息和属性信息的不同方法，数字测记模式可分为草图法作业和编码法作业。

1. 草图法作业

草图法作业就是利用全站仪测定碎部点三维坐标，并将数据自动记录在内部存储器中，手工绘制现场地形地貌的草图，将各碎部测量点上的点号记录在草图的相应位置上，并注记地物地貌，明确点位属性信息及连接关系，供内业人机交互编辑成图。草图记录的内容主要有地物的相对位置、地貌的地性线、点名、丈量距离记录、地理名称和说明注记等。草图上应附注测站点及后视点的信息、北方向、绘制时间、绘图员姓名等资料。草图的点号和测量记录的点号应严格保持一致。草图的绘制要遵循清晰、易读、相对位置准确、比例尽可能一致的原则。草图法的优点是用示意图记录点的属性及与其他点的关系，形象、直观，无须记忆编码规则，外业作业速度快，劳动强度低，并且一旦出现错误时，根据草图也便于分析、查找原因。缺点是内业编图工作量较大，花费时间长。作为内业图形信息编码的依据，草图应能清楚地表明每个地物轮廓上地物点的连接关系和地物之间的大致位置。有些不能在测站上直接测量的地物点，可根据已知点通过丈量距离计算其坐标。

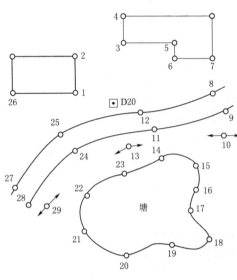

图 3-2-8　草图法示例

草图法示例如图 3-2-8 所示，图中为某测区在测站 D20 上施测的部分点。另外，在野外采集时，能测到的点要尽量测，实在测不到的点可利用皮尺或钢尺量距，将丈量结果记录在草图上；室内用交互编辑方法成图或利用电子手簿的量算功能，及时计算这些直接测不到的点的坐标。

在进行地貌采点时，可以用一站多镜的方法进行。一般在地性线上要有足够密度的点，特征点也要尽量测到。例如在山沟底测一排点，也应该在山坡边再测一排点，这样生成的等高线才真实。测量陡坎时，最好坎上坎下同时测点或准确记录坎高，这样生成的等高线才没有问题。在其他地形变化不大的地方，可以适当放宽采点密度。

在一个测站上所有的碎部点测完后，要找一个已知点重测，进行检核，以检查施测过程中是否存在因误操作、仪器碰动或出故障等原因造成的错误。检查完，确定无误后，关掉仪器电源、中断电子手簿、关机、搬站。到下一测站，重新按上述采集方法和步骤进行施测。

野外数据采集，由于测站离测点可以比较远，观测员与立镜员之间的联系通常离不开对讲机。仪器观测员要及时将测点点号告知测记员，使草图标注的点号或记录手簿上点号与仪器观测点号一致。若两者不一致，应查找原因，是漏测还是多测，或一个位置重复测量等，必须及时更正。

2. 编码法作业

编码法作业是在测定碎部点的定位信息的同时，需根据一定的编码规则，输入简编码，描述测点的几何关系和属性。带简编码的数据经内业识别，自动转换为绘图程序内部码，可以实现自动绘图。编码法的优点是内业成图编辑工作量较小，作业效率高；缺点是要熟记编码及规则，野外作业速度稍慢。在测区地形复杂、通视不好，地形、地物测量不连贯，或测量非典型的复杂地形、地物时，编码处理困难。特别是出现错误时，难以发现与纠正。

使用编码作业进行数据采集时，现场对照实地输入野外操作码（也可自己定义野外操作码，内业编辑索引文件），图 3-2-9 中点号旁的括号内容为每个采集点输入的操作码。

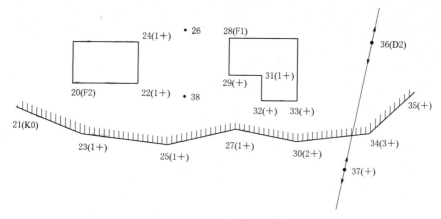

图 3 - 2 - 9　编码操作示意图

对于 CASS 的简码作业，其操作码的具体使用规则如下：

（1）对于地物的第一点，操作码＝地物代码。

（2）连续观测某一地物时，操作码为"＋"或"－"。

（3）交叉观测不同地物时，操作码为"n＋"或"n－"。其中"n"表示该点应与以上 $n$ 个面的点相连（n＝当前点号－连接点号－1，即跳点数）。还可用"＋A＄"或"－A＄"标识断点。"A＄"是任意助记字符。

（4）观测平行体时，操作码为"p"或"np"。其中，"p"的含义为通过该点所画的符号应与上点所在地物的符号平行且同类，"np"的含义为通过该点所画的符号应与以上跳过 $n$ 个点后的点所在的地物符号平行且同类，对于带齿牙线的坎类符号，将会自动识别是堤还是沟。若上点或跳过 $n$ 个点后的点所在的符号不为坎类或线类，系统将会自动搜索已测过的坎类或线类符号的点。因而，用于绘平行体的点，可在平行体的一"边"未测完时测对面点，亦可在测完后接着测对面点，还可在加测其他地物点之后，测平行体的对面点。

（5）若要对同一点赋予两类代码信息，应重测一次或重新生成一个点，分别赋予不同的代码。

**五、RTK 坐标数据采集**

GNSS-RTK 是以载波相位观测值进行实时动态相对定位的技术。实际工作中，常将 GNSS-RTK 简称为 RTK。其原理如图 3 - 2 - 10 所示是将位于基准站上的 GNSS 接收机观测的卫星数据，通过数据通信链（无线电台）实时发送出去，而位于附近的移动站 GNSS 接收机在对卫星观测的同时，也接收来自基准站的电台信号，通过对所收到的信号进行实时处理，给出移动站的三维坐标，并估算其精度。RTK 由两部分组成：基准站部分和移动站部分。其操作步骤是先启动基准站，后进行移动站操作。现以银河 6 为例，介绍 RTK 野外数据采集的操作方法。

**（一）基准站设置**

（1）架脚架于视野开阔的点上。为了让主机能搜索到多数量卫星和高质量卫星，

3.13【课件】
RTK 数据采集

3.14【视频】
GNSS 定位原理

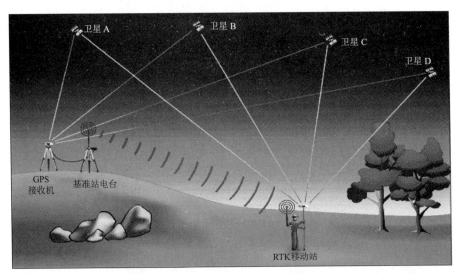

图 3-2-10　GNSS-RTK 定位原理示意图

基准站一般应选在周围视野开阔，避免在截止高度角 15°以内有大型建筑物；同时为了让基准站差分信号能传播得更远，基准站一般应选在地势较高的位置。

（2）接好电源线和发射天线电缆。注意电源的正负极（红正黑负）。

（3）打开主机开机键和电台。主机开始自动初始化和搜索卫星，当卫星数和卫星质量达到要求后（大约 1min），主机上的 DATA 指示灯开始快闪，同时电台上的 TX 指示灯开始每秒钟闪 1 次。这表明基准站差分信号开始发射，整个基准站部分开始正常工作。

**（二）移动站设置**

（1）将移动站主机接在碳纤对中杆上，并将接收天线接在主机顶部。

（2）打开主机，主机开始自动初始化和搜索卫星，当达到一定的条件后，主机上的 DATA 指示灯开始快闪（必须在基准站正常发射差分信号的前提下），RX 指示灯开始每秒钟闪 1 次。表明已经收到基准站差分信号，这时就可以正常工作了。

（3）打开手簿，快速双击图 3-2-11 的 EGStar 图标，启动工程之星软件。

图 3-2-11　启动 EGStar

（4）在图 3-2-12 所示的界面中单击工程→新建工程，在弹出的对话框（图 3-2-13）中输入工程名称（一般以当天的时间命名，如 20100526）输入完毕后点击下面的"确定"，弹出图 3-2-14 的界面，在"坐标系统"中点击"编辑"。在出现的坐标系统列表中，再点击"增加"出现坐标系统参数配置界面，如图 3-2-15 所示。

"参数系统名"输入当天的时间，如 2011 年 1 月 17 日就输入 20110117，选择 Beijing54 或者 Xian80 坐标系，再修改中央子午线（如广州的中央子午线为 114），输入完毕后点击 ok，再点击确定。这样一个新的工程就建成了（每天最好都新建一个工程，并且以时间命名）。

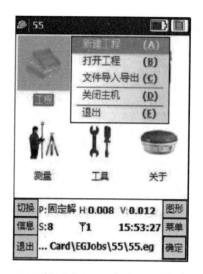

图 3-2-12　新建工程

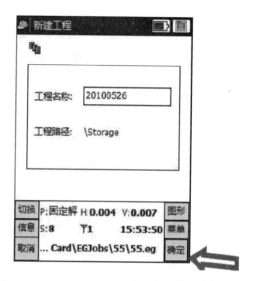

图 3-2-13　工程命名

图 3-2-14　坐标系统设置

图 3-2-15　坐标系统参数配置

（5）四参数校正。新建工程后，在手簿显示固定解的前提下，在图 3-2-16 所示界面中点击测量→点测量。分别到两个已知点上去采集原始坐标数据，方法如下：

第一步：拿着移动站走到第一个已知点上，对中整平，在手簿上按"A"键，在弹出的对话框（图 3-2-17）中输入点名和天线高（天线高选择输入杆高），点击ok，点名最好以已知点名称命名，方便后面坐标点匹配操作。

第二步：到另一个已知点上对中、测量（方法和第一步一样），这样就采集了两个 84 经纬坐标。两个已知点测完后点击左下角的"退出"或者右边的"菜单"。点击输入→求转换参数，如图 3-2-18。点击"增加"在图 3-2-19 中输入第一个已知点的坐标，点击确定。然后在图 3-2-20 界面中选择"从坐标管理库选点"；选择

图 3-2-16　点测量

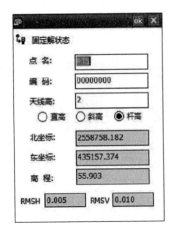

图 3-2-17　设置点名
和天线高

图 3-2-18　点击坐标库

图 3-2-19　添加已知点

图 3-2-20　坐标库选点

点击图 3-2-21 所示相应的坐标点（如已知点为 ZS63，在这里就选择 ZS63，一定要点与实际位置对应起来。），弹出对话框，点击确定，这样一个已知点就输入完成。接着用相同的方法输入第二个已知点，输完两个已知点后点击保存。

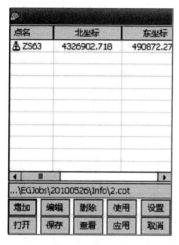

图 3-2-21　已知控制点坐标与测点坐标匹配

图 3-2-22　文件命名

在文件名中输入当天的时间，以时间命名是最好的。输入后点击右上角的 ok，提示保存成功，点击右上角的 ok（图 3-2-22），再点击应用（图 3-2-23）。最后点击 Yes，这样参数就计算完毕，就可以进行地形测量了（图 3-2-24）。

图 3-2-23　数据存储

图 3-2-24　坐标参数转换

（6）数据采集。校正完成后就可以进行数据采集了。选择点测量→目标点测量→输入点名、天线高（杆高）→确定保存。工程之星软件提供快捷方式，测量点时按"A"键，显示测量点信息，输入点名、天线高，按手簿上的回车键"Enter"保存数据。

RTK 差分解有以下几种形式：

1）单点解，表示没有进行差分解，无差分信号。

2）浮点解，表示整周模糊度没有确定，精度较低。

3）固定解，表示固定了整周模糊度，精度较高。

在数据采集时，只有达到固定解状态时才可以保存数据。

**（三）动态数据导出**

双击打开"工程之星（EGStar）"软件，点击"工程"进入"文件导入导出"，选择对应的"文件导出"功能，在"导出文件类型"栏处选择对应的"南方 Cass 格式"，这样就可直接运用导出的数据在南方绘图软件上绘图；再对应地选好"测量文件（即所采集的成果，后缀名为 DAT）"和"成果文件（即输入要导出文件的名称及存放的位置）"，都输入完成后，点击"导出"。要导出数据时，应注意记好导出文件存放的位置，以便接下来将数据传送到电脑上。利用手簿的专用软件使手簿和电脑连接，读取手簿里面所观测的数据文件，将数据复制到电脑上即可完成数据导出的任务，如图 3-2-25 所示。

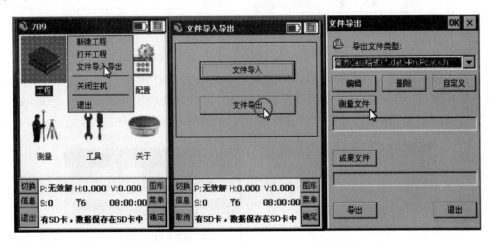

图 3-2-25 数据导出

## 六、数字地图内业成图方法

### （一）成图一般规则

1. 各要素符号间配合表示的一般原则

当两个地物重合或接近难以同时准确表示时，应将重要地物准确表示，次要地物移位 0.2mm 或缩小表示。

3.15【课件】
成图一般
规则

独立地物与其他地物重合时，可见独立地物完整表示，而将其他地物符号中断 0.2mm 表示，两独立地物重合时，可将重要独立地物准确表示，次要独立地物移位表示，但应保证其相关位置正确。

房屋或围墙等高出地面的建筑物，直接建筑在陡坎或斜坡上的建筑物，应按正确位置绘出，陡坎无法正确绘出时，可移位 0.2mm 表示，悬空建筑在水上的房屋轮廓与水涯线重合时，可间断水涯线，而将房屋完整表示。

水涯线与陡坎重合时，可用陡坎线代替水涯线，水涯线与坡脚重合时，仍应在坡脚将水涯线绘出。

双线道路与房屋、围墙等高出地面的建筑物边线重合时，可用建筑物边线代替道路边线，且在道路边线与建筑物的接头处，应间隔 0.2mm。

境界线以线状地物一侧为界时，应离线状地物 0.2mm 按规定符号描绘境界线；若以线状地物中心为界时，境界线应尽量按中心线描绘，确实不能在中心线绘出时，可沿两侧每隔 3～5mm 交错绘出 3～4 节符号；在交叉、转折及与突变交接处需绘出符号以表示方向。

地类界与地面上有实物的线状符号重合时，可省略不绘；与地面无实物的线状符号（如架空管线、等高线等）重合时，应将地类界移位 0.2mm 绘出。

等高线遇到房屋及其他建筑物、双线路、路堤、路堑、陡坎、斜坡、湖泊、双线河及其注记，均应断开（电子图上可消隐表示）。

为了表示各处等高线不能显示的地貌特征点高程，在地形图上要注记适当的高程注记点。高程注记点应尽量均匀分布，根据地形情况图上每 100cm$^2$ 面积内，应有 1～3 个等高线高程注记。山顶、鞍部、山脊、山脚、谷底、谷口、沟底、沟口、凹地、台地、河岸和湖岸旁、水涯线上以及其他地面倾斜变换处，均应有高程注记。城市建筑区的高程注记点应测注在接到中心线、交叉口、建筑物墙基脚、管道检查井进口、桥面、广场、较大的庭院内或空地上以及其他地面倾斜变换处。基本等高距为 0.5m 时，高程注记点应注记至 cm，基本等高距大于 0.5m 时，高程注记点应注记至 dm。

2. 地形图的要素内容及综合取舍规则

各级测量控制点均应展绘在地形图上并加以注记。水准点按地物点精度测定其平面位置，图上应表示。根据相应等级决定高程值的注记位数。

1∶500 及 1∶1000 测图时，除临时性建筑物可舍去外，房屋一般不进行综合取舍。但建筑物本身的轮廓凸凹在图上小于 0.4mm 的，可用直线连接，个别次要地物以具体情况而定（1∶500 测图时房屋内部天井应根据实际大小测绘，1∶1000 测图时图上小于 6mm$^2$ 的天井可不表示）。1∶2000 测图时房屋在图上 0.5mm 以下的转折、间隔等综合表示。

圆形或弧形拟合精度以不超过图上 0.4mm 为准。

附着在建筑物上的电力线、通信线等可舍去。

菜地、果园等耕作区内以木、油毡纸、草等为原料建造的简单房屋，住人的应测绘，对凹凸小的拐角可适当综合。

围墙与坎重合时，用围墙坎符号表示。

当独立地物在图上符号重叠时，可将次要地物移位表示。

管线直线部分的支架（杆）和附属设施密集时，可适当取舍，支架（杆）间有多种线路时只表示高等级的线路；建筑区内的电力线、通信线可不连线，但应在支架（杆）或房角处绘出连线方向。

道路上的人行道应表示，路边和路中的栏杆可不测绘，但路中的混凝土结构的隔离墙 0.5m 高度以上的，按围墙表示。

大车路以下等级的道路不需注记路面材料。

道路通过居民地不宜中断，应按真实位置绘出，但如果道路较小且街边房屋能清晰反映出道路走向时，不需绘出道路边线。

地形图上高程注记点应分布均匀，注记点间距在 1∶500 比例尺地形图上一般为 15m，1∶2000 比例尺地形图上一般为 50m。

1∶500 地形图上高程注记至 cm，1∶2000 地形图上则注记至 dm。

等高线从零米起算，每隔四根首曲线加粗一根计曲线。并在计曲线上注明高程，字头朝向高处，但需避免在图内倒置。

同一地段生长有多种植物时，可按经济价值和数量适当取舍，符号配置不应超过三种。

田埂、水沟宽度在图上大于 1mm 的应用双线表示，小于 1mm 的应用单线表示（忽宽忽窄的以主体为准，连续清晰表示）。田块内应测注有代表性的高程。

单位名称太长时可以缩写，但含义要清晰，如省略市名部分。

对于《国家基本比例尺地图图式　第 1 部分：1∶500 1∶1000 1∶2000 地形图图式》（GB/T 20257.1—2017）（简称《图式》）没有规定符号，又不便归类表示的地物，可实测地物的轮廓线，并加注专名。

由于电子图表示的内容更为丰富、成图精度更高，各要素分层分色表示，容易产生不同类地物互相压盖、高程点被线压盖、道路上桥、河流上桥等现象，这时应对其进行相关处理，高程值、注记可以移动，对出现不可移动的可以利用区域隐藏命令，将次要的隐藏、主要的前置。

**3. 注记**

（1）注记的一般要求。

1）主次分明：大小字级代表不同大小的等级。

2）互不混淆：注记稠密时，注记的位置安排要恰当。

3）不压盖重要地物，但次要地物可视情况而定。

4）整齐美观。

（2）注记规则。

1）字体：一般有粗等线体、长中等线体、细等线体、长等线体、宋体、左斜宋体等，具体参看《图式》，各种比例尺的地图所用的字形有些微小的差别。1∶500、1∶1000 及 1∶2000 图式中：粗等线体用于镇以上的居民地名称、图名注记；细等线体用于镇以下的居民地名称以及各种说明、各种数字注记；宋体用于行政区划注记；左斜宋体用于江河湖泊注记；长等线体用于图号注记；长中等线体用于山名注记；正等线体用于图廓坐标、图廓间注记。

2）字高：因图式符号对应的出版地图，注记的大小以字级（K）区分，与电子地图上注记的大小以字高（mm）之间容易产生混淆；电子地图的字高亦随字体的不同而有所不同，有的字是"顶天立地"，有的则是"藏头缩脚"，要注意属性高度与打印出图的实际高度的区别；正体字以高或宽计、长体字以高计、扁体和斜体以宽计、数字以高计。现列出字级、字高对照表供参考，见表 3 - 2 - 3。

**表 3-2-3**       **字 级 、字 高 对 照 表**

| 字类 | 汉字 | 外文 | 数字 | 字类 | 汉字 | 外文 | 数字 |
|---|---|---|---|---|---|---|---|
| 字级/K数 | 字高/mm | 字高/mm | 字高/mm | 字级/K数 | 字高/mm | 字高/mm | 字高/mm |
| 7 | 1.50 | 1.2 | 1.2 | 18 | 4.00 | 3.2 | 3.3 |
| 8 | 1.75 | 1.4 | 1.4 | 20 | 3.20 | 3.7 | 4.0 |
| 9 | 2.00 | 1.6 | 1.6 | 24 | 5.50 | 3.2 | 3.2 |
| 10 | 2.25 | 1.8 | 1.8 | 28 | 6.00 | 5.0 | 5.0 |
| 11 | 2.50 | 2.0 | 2.0 | 32 | 7.50 | 6.0 | 6.0 |
| 12 | 2.75 | 2.2 | 2.2 | 33 | 8.50 | 7.0 | 7.0 |
| 13 | 3.00 | 2.4 | 2.4 | 44 | 10.50 | 8.0 | 8.5 |
| 14 | 3.25 | 2.6 | 2.6 | 50 | 11.50 | 9.0 | 10.0 |
| 15 | 3.30 | 2.8 | 2.8 | 56 | 12.50 | 10.0 | 11.0 |
| 16 | 3.75 | 3.0 | 3.0 | 62 | 14.00 | 11.0 | 12.0 |

3）字向：地形图上的注记除公路说明注记，河宽、水深、底质、流速注记，等高线高程注记是随被注记的符号方向变化外，其他各种注记的字向都是朝北。

4）字隔：原则是同一注记的字隔相等；同一物体的重复注记，各注记的字隔相等；每组注记间隔应大致相等。

字隔一般分为三种：①接近字隔；②普通字隔，字间距离小于 1～3mm；③隔离字隔，字间距离为字大的 1～5 倍或更大。图名的字隔以字数的多少决定，两个字的字隔为两个字宽，三个字的字隔为一个字，四个字以上的字隔为 2mm。

5）字列：一般分为水平字列、垂直字列、雁行字列及屈曲字列等四种。

6）字位：字位是指注记文字或数字相对于被说明的要素的位置，通常文字注记在上方或右方。特殊情况下，根据被注物体的大小、性质以及周围地物地貌的分布情况来决定，根据具体情况灵活掌握。通常有上方字位、右方字位及内方字位等三种位置。

**（二）CASS 成图**

1.CASS9.0 系统介绍

CASS9.0 系统是南方测绘仪器公司在 AutoCAD 平台下开发的数字化成图软件（故深入掌握 AutoCAD 对于熟练使用 CASS9.0 软件有明显的提升作用，特别是在批量图形编辑整理以及软件定制方面有很大的帮助），其具有平台更新快、编辑功能丰富、定制及开发简单等特点；其提供了较为丰富的作业模式，数据可以直通 GIS 系统，还有较强的地籍与图幅管理功能和一定的工程计算与应用的功能。

CASS9.0 的操作界面主要分：顶部菜单面板、右侧屏幕菜单和工具栏、属性面板。如图 3-2-26 所示。每个菜单项均以对话框或命令行提示的方式与用户交互应答，操作灵活方便。

3.16【课件】
CASS 成图

3.17【视频】
CASS 软
件介绍

图 3 - 2 - 26　CASS9.0 界面

### 2. CASS9.0 地形图绘制的基本流程

地形图绘制的基本流程如图 3 - 2 - 27 所示。CASS 9.0 成图模式有多种，这里主要介绍"点号定位"的成图模式。例图的路径为 C：\ CASS 9.0 \ DEMO \ STUD-Y. DWG（以安装在 C：盘为例）。

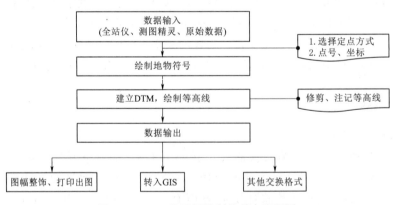

图 3 - 2 - 27　地形图绘制的基本流程图

（1）数据输入。数据进入 CASS 都要通过"数据"菜单。一般是采用厂商提供的专用软件读取全站仪数据，还能通过测图精灵和手工输入原始数据来输入，如图 3 - 2 - 28 和图 3 - 2 - 29 所示。

注：如果仪器类型里无所需型号或无法通信，可先用该仪器自带的传输软件将数据下载。将"联机"去掉，"通讯临时文件"选择下载的数据文件，"CASS 坐标文

件"输入文件名。点击"转换",即可完成数据的转换。

图 3-2-28　通过"数据"
菜单录入数据

图 3-2-29　全站仪内存
数据转换

（2）展点。先移动鼠标至屏幕的顶部菜单"绘图处理"项按左键,这时系统弹出一个下拉菜单。再移动鼠标选择"绘图处理"下的"展野外测点点号"项,如图 3-2-30 所示。

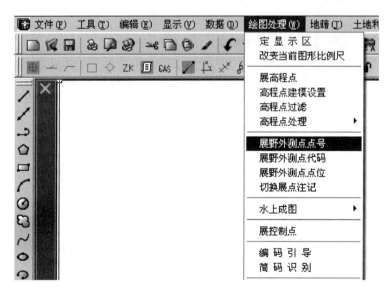

图 3-2-30　选择"展野外测点点号"

输入对应的坐标数据文件名 C：\ CASS 9.0 \ DEMO \ STUDY. DAT 后,便

可在屏幕上展出野外测点的点号，如图3-2-31所示。

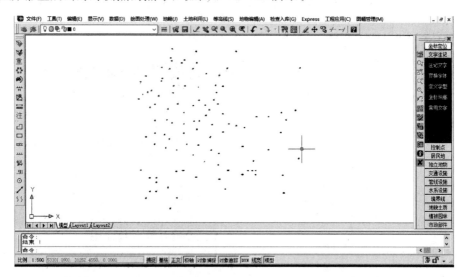

图3-2-31 STUDY. DAT展点图

（3）绘平面图

1）绘制"平行高速公路"。选择右侧屏幕菜单的"交通设施/城际公路"按钮，弹出如图3-2-32所示的界面。

图3-2-32 选择屏幕菜单"交通设施/城际公路"

找到"平行的高速公路"并选中，再点击"确定"，命令区提示：

绘图比例尺1：输入500，回车。

点P/<点号>输入92，回车。

点P/<点号>输入45，回车。

点P/<点号>输入46，回车。

点 P/＜点号＞输入 13，回车。

点 P/＜点号＞输入 47，回车。

点 P/＜点号＞输入 48，回车。

点 P/＜点号＞回车。

拟合线＜N＞? 输入 Y，回车。

［说明：输入 Y，将该边线拟合成光滑曲线；
输入 N（缺省为 N），则不拟合该线。］

1. 边点式/2. 边宽式＜1＞：回车（默认 1）

［说明：选 1（缺省为 1），将要求输入公路
对边上的一个测点；选 2，要求输入公路宽度。］

对面一点

点 P/＜点号＞输入 19，回车。

这时平行高速公路就作好了，如图 3 - 2 - 33
所示。

2）绘制"多点房屋"。

选择右侧屏幕菜单的"居民地/一般房屋"
选项，弹出如图 3 - 2 - 34 所示的界面。

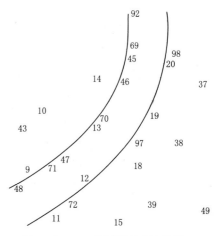

图 3 - 2 - 33　绘制平行高速公路

先用鼠标左键选择"多点砼房屋"❶，再点击"确定"按钮。命令区提示：

第一点：

点 P/＜点号＞输入 49，回车。

指定点：

点 P/＜点号＞输入 50，回车。

闭合 C/隔一闭合 G/隔一点 J/微导线 A/曲线 Q/边长交会 B/回退 U/点 P/＜点号＞
输入 51，回车。

闭合 C/隔一闭合 G/隔一点 J/微导线 A/曲线 Q/边长交会 B/回退 U/点 P/＜点号＞
输入 J，回车。

点 P/＜点号＞输入 52，回车。

闭合 C/隔一闭合 G/隔一点 J/微导线 A/曲线 Q/边长交会 B/回退 U/点 P/＜点号＞
输入 53，回车。

闭合 C/隔一闭合 G/隔一点 J/微导线 A/曲线 Q/边长交会 B/回退 U/点 P/＜点号＞
输入 C，回车。

输入层数：＜1＞回车（默认输 1 层）。

［说明：选择多点砼房屋后自动读取地物编码，用户不须逐个记忆。从第三点起
弹出许多选项（具体操作见《CASS9.0 参考手册》第一章关于屏幕菜单的介绍），这
里以"隔一点"功能为例，输入 J，输入一点后系统自动算出一点，使该点与前一点
及输入点的连线构成直角。输入 C 时，表示闭合。］

---

❶　"多点砼房屋"中的"砼"表示混凝土，此处考虑与实际软件一致，故保留此表述。

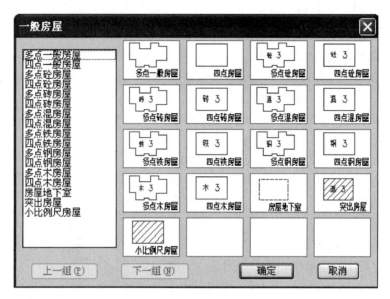

图 3-2-34　选择屏幕菜单"居民地/一般房屋"

3）再绘制一个多点砼房屋，熟悉一下操作过程。命令区提示：

Command：dd

输入地物编码：＜141111＞141111

第一点：点 P/＜点号＞输入 60，回车。

指定点：

点 P/＜点号＞输入 61，回车。

闭合 C/隔一闭合 G/隔一点 J/微导线 A/曲线 Q/边长交会 B/回退 U/点 P/＜点号＞输入 62，回车。

闭合 C/隔一闭合 G/隔一点 J/微导线 A/曲线 Q/边长交会 B/回退 U/点 P/＜点号＞输入 a，回车。

微导线－键盘输入角度（K）/＜指定方向点（只确定平行和垂直方向）＞用鼠标左键在 62 点上侧一定距离处点一下。

距离＜m＞：输入 3.2，回车。

闭合 C/隔一闭合 G/隔一点 J/微导线 A/曲线 Q/边长交会 B/回退 U/点 P/＜点号＞输入 63，回车。

闭合 C/隔一闭合 G/隔一点 J/微导线 A/曲线 Q/边长交会 B/回退 U/点 P/＜点号＞输入 j，回车。

点 P/＜点号＞输入 64，回车。

闭合 C/隔一闭合 G/隔一点 J/微导线 A/曲线 Q/边长交会 B/回退 U/点 P/＜点号＞输入 65，回车。

闭合 C/隔一闭合 G/隔一点 J/微导线 A/曲线 Q/边长交会 B/回退 U/点 P/＜点号＞输入 C，回车。

输入层数：＜1＞输入 2，回车。

［说明："微导线"功能由用户输入当前点至下一点的左角（度）和距离（米），输入后软件将计算出该点并连线。要求输入角度时若输入 K，则可直接输入左向转角，若直接用鼠标点击，只可确定垂直和平行方向。此功能特别适合知道角度和距离但看不到点的位置的情况，如房角点被树或路灯等障碍物遮挡时。］

两栋房子和平行高速公路绘制好后，效果如图 3－2－35 所示。

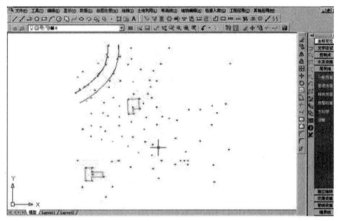

图 3－2－35　绘制好的两栋房子和平行高速公路示意图

4）类似以上操作，分别利用右侧屏幕菜单绘制其他地物。

在"居民地"菜单中，用 3、39、16 三点完成利用三点绘制 2 层砖结构的四点房；用 68、67、66 绘制不拟合的依比例围墙；用 76、77、78 绘制四点棚房。

在"交通设施"菜单中，用 86、87、88、89、90、91 绘制拟合的小路；用 103、104、105、106 绘制拟合的不依比例乡村路。

在"地貌土质"菜单中，用 54、55、56、57 绘制拟合的坎高为 1m 的陡坎；用 93、94、95、96 绘制制不拟合的坎高为 1m 的加固陡坎。

在"独立地物"菜单中，用 69、70、71、72、97、98 分别绘制路灯；用 73、74 绘制宣传橱窗；用 59 绘制不依比例肥气池。

在"水系设施"菜单中，用 79 绘制水井。

在"管线设施"菜单中，用 75、83、84、85 绘制地面上输电线。

在"植被园林"菜单中，用 99、100、101、102 分别绘制果树独立树；用 58、80、81、82 绘制菜地（第 82 号点之后仍要求输入点号时直接回车），要求边界不拟合，并且保留边界。

在"控制点"菜单中，用 1、2、4 分别生成埋石图根点，在提问"等级一点名："时分别输入 D121、D123、D135。

最后选取"编辑"菜单下的"删除"二级菜单下的"删除实体所在图层"，鼠标符号变成了一个小方框，用左键点取任何一个点号的数字注记，所展点的注记将被删除。

平面图作好后效果如图 3－2－36 所示。

图 3 - 2 - 36　绘制好的 STUDY 平面图示意图

（4）绘等高线。

1）展高程点：用鼠标左键点取"绘图处理"菜单下的"展高程点"，将会弹出数据文件的对话框；找到 C：\ CASS 9.0 \ DEMO \ STUDY. DAT，选择"确定"，命令区提示：注记高程点的距离（米）：直接回车，表示不对高程点注记进行取舍，全部展出来。

3.19【视频】
等高线的绘制

图 3 - 2 - 37　建立 DTM 对话框

2）建立 DTM 模型：用鼠标左键点取"等高线"菜单下"建立 DTM"，弹出如图 3 - 2 - 37 所示对话框。根据需要选择建立 DTM 的方式和坐标数据文件名，然后选择建模过程是否考虑陡坎和地性线，选择"确定"，生成如图 3 - 2 - 38 所示 DTM 模型。

3）绘等高线：用鼠标左键点取"等高线/绘制等高线"，弹出如图 3 - 2 - 39 所示对话框。输入等高距后选择拟合方式后"确定"。则系统马上绘制出等高线。再选择"等高线"菜单下的"删三角网"，这时屏幕显示如图 3 - 2 - 40 所示。

4）等高线的修剪：利用"等高线"菜单下的"等高线修剪"二级菜单，如图 3 - 2 - 41 所示。用鼠标左键点取"批量修剪等高线"，选择"建筑物"，软件将自动搜寻穿过建筑物的等高线并将其进行整饰。点取"切除指定二线间等高线"，依提示依次用鼠标左键选取左上角的道路两边，CASS 9.0 将自动切除等高线穿过道路的部分。点取"切除穿高程注记等高线"，CASS 9.0 将自动搜寻，把等高线穿过注记的部分切除。

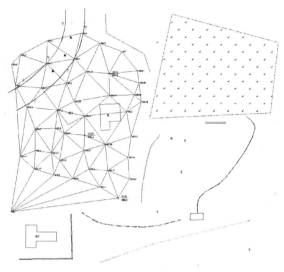

图 3 - 2 - 38　建立 DTM 模型示意图

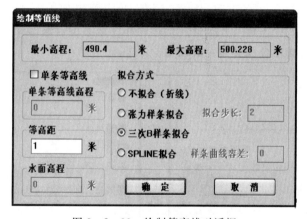

图 3 - 2 - 39　绘制等高线对话框

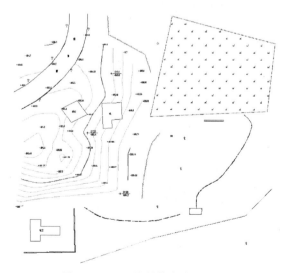

图 3 - 2 - 40　绘制等高线示意图

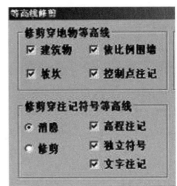

图 3-2-41　"等高线修剪"菜单

（5）加注记。下面我们演示在平行等外公路上加"经纬路"三个字。

首先在需要添加文字注记的位置绘制一条拟合的多功能复合线，然后用鼠标左键点取右侧屏幕菜单的"文字注记—通用注记"项，弹出如图 3-2-42 所示的界面，在注记内容中输入"经纬路"并选择注记排列和注记类型，输入文字大小确定后选择绘制的拟合的多功能复合线即可完成注记。

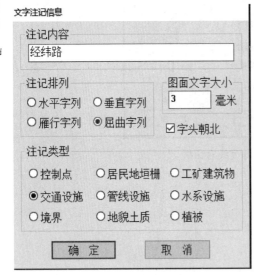

图 3-2-42　弹出文字注记对话框

图 3-2-43　输入图幅信息

经过以上各步，图形编辑绘制就全部完成了。

（6）加图框。用鼠标左键点击"绘图处理"菜单下的"标准图幅（50×40）"，弹出如图 3-2-43 所示的界面。在"图名"栏里，输入"水电学校"；点击左下角坐标右边的"拾取坐标"图标，点击图面的左下角获取左下角坐标，然后按确认。这样这幅图就作好了，如图 3-2-44 所示。

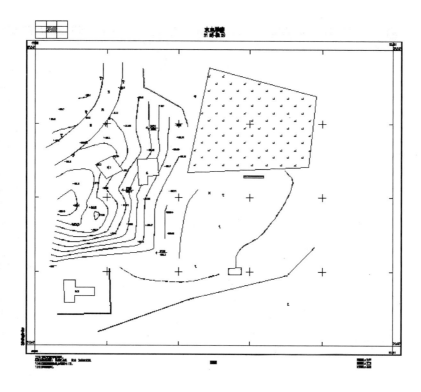

图 3-2-44　加图框

# 模块三　地形图的基本应用

## 一、在地形图上求点的坐标

1. 纸质地形图

如图 3-3-1，求 $A$ 点的坐标。

（1）确定 $A$ 点所在方格 $abcd$。

（2）过 $A$ 点作格网平行线交 $ab$ 于 $g$ 点，交 $ad$ 于 $e$ 点。

（3）量 $ag$ 和 $ae$ 的长度，按地形图比例尺换算到实地距离。

则 $A$ 点坐标为：

$$x_A = x_a + ag$$
$$y_A = ya + ae$$

2. 在 CASS 软件中查询点的坐标

用鼠标点取"工程应用（C）"菜单中的"查询指定点坐标"。用鼠标点取所要查询的点即可，如图 3-3-2 所示。

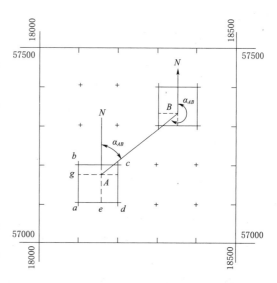

图 3-3-1　在地形图上求点的坐标

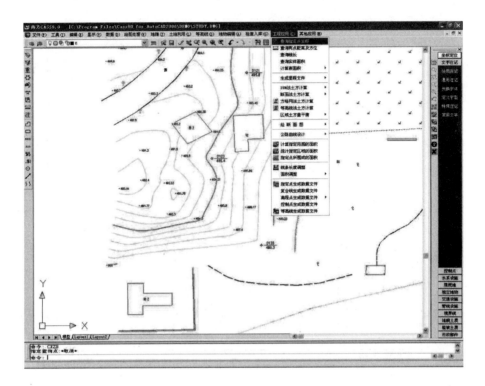

图 3 - 3 - 2　查询指定点坐标

## 二、在地形图上求图上两点间的水平距离、方位角和坡度

### 1. 纸质地形图

如图 3 - 3 - 3 所示，欲求 $A$、$B$ 两点间的距离、坐标方位角，必须先求出 $A$、$B$ 两点的坐标，则 $A$、$B$ 两点水平距离为：

$$D_{AB} = \sqrt{(x_B - x_A)^2 + (y_B - y_A)^2}$$

$$\alpha_{AB} = \arctan \frac{y_B - y_A}{x_B - x_A}$$

$$i = \frac{h}{D} = \frac{H_B - H_A}{d \cdot M}$$

### 2. 在 CASS 软件中查询两点距离及方位

用鼠标点取"工程应用（C）"菜单下的"查询两点距离及方位"。用鼠标分别点取所要查询的两点即可，如图 3 - 3 - 4 所示。

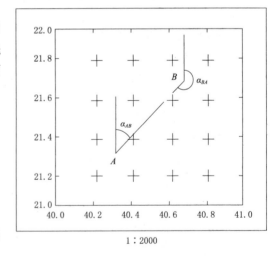

1 : 2000

图 3 - 3 - 3　求地形图上两点的距离和坐标方位角

说明：CASS 9.0 所显示的坐标为实地坐标，所显示的两点间的距离为实地距离。

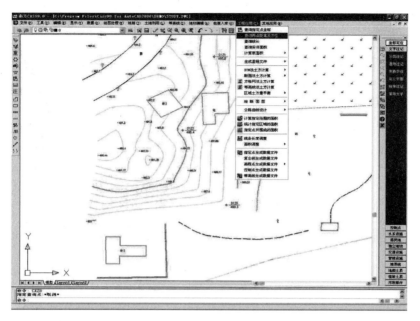

图 3 - 3 - 4　查询两点距离及方位

### 三、在地形图上求点的高程

1．纸质地形图

如图 3 - 3 - 5 所示 P 点，可通过 P 作一条大致垂直于两相邻等高线的线段 mn，在图上量出 mn 和 mP 的长度，则 P 点的高程为：

$$H_P = H_m + h_{mP}$$

$$h_{mP} = \left(\frac{d_{mP}}{d_{mn}}\right) h_{mn}$$

式中，$h_{mn}$ = 1m，为本图幅的等高距。设 $d_{mP}$ = 3.3mm，$d_{mn}$ = 7.0mm，则 $h_{mP}$ = (3.3mm/7.0mm) × 1 = 0.5m，$H_P$ = 65m + 0.5m = 65.5m。

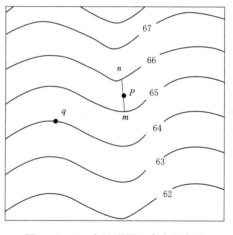

图 3 - 3 - 5　在地形图上求点的高程

2．在 CASS 软件中查询点的高程

在 CASS 中查询点的高程，须地形图对应的 DAT 文件配合使用。

用鼠标点取"等高线"菜单下的"查询指点高程"，屏幕弹出"输入高程点数据文件名"对话框，如图 3 - 3 - 6 所示，在对话框中选择相应的数据文件，点打开。接着用鼠标点击屏幕上任意一点，状态栏里即可显示该点的坐标和高程，如图 3 - 3 - 7 所示。

### 四、在地形图上量测面积

在规划设计中，常需要在地形图上量算一定范围内的面积。传统的面积量算常常

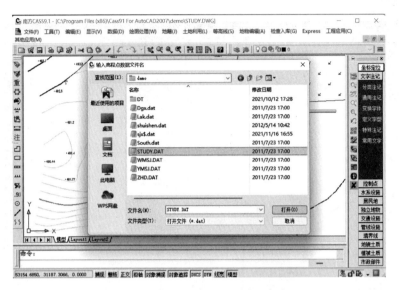

图 3-3-6　选择高程点数据文件

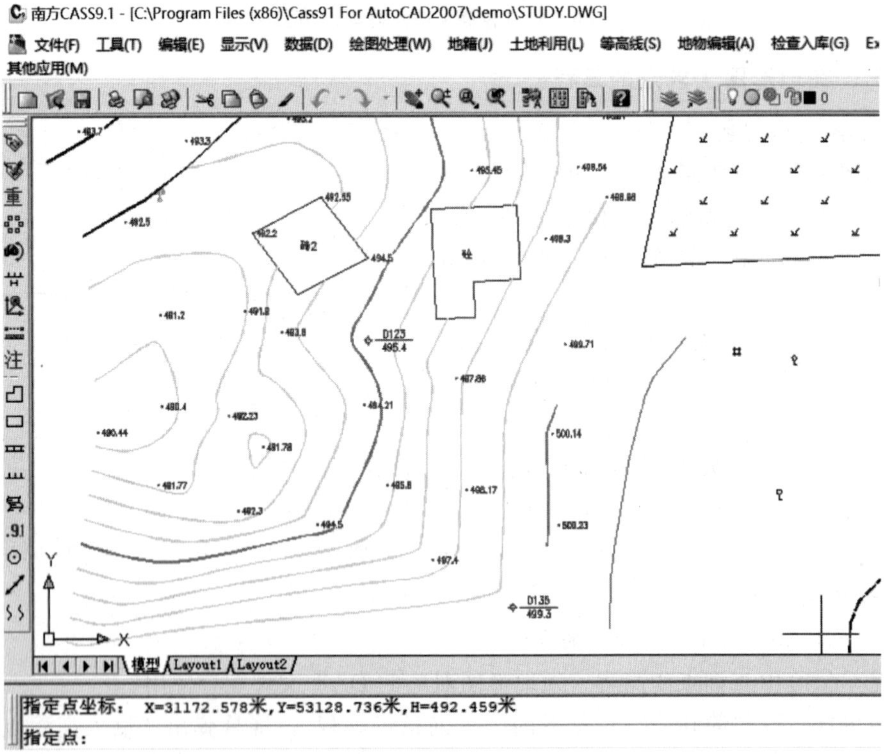

图 3-3-7　查询点高程

采用方格纸法，即数方格的个数，计算面积；平行线法，将多边形分解成梯形，计算面积；解析法，多边形相邻顶点与坐标轴（$X$ 或 $Y$）所围成的各梯形面积的代数和；求积仪法，用求积仪直接量测面积。

在 CASS 软件中可以快速查询指定区域的面积。如图 3-3-8 所示，用鼠标点取"工程应用"菜单下的"查询实体面积"。用鼠标点取待查询的实体的边界线即可。要注意实体应该是闭合的。

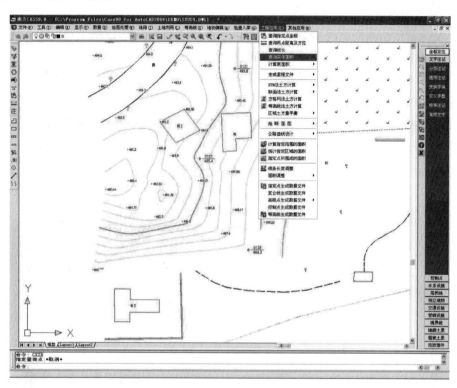

图 3-3-8　查询面积

### 五、绘制指定方向的断面图

在工程设计中，经常要了解在某一方向上的地形起伏情况，例如公路、隧道、管道等的选线，可根据断面图设计坡度，估算工程量，确定施工方案。

1. 纸质地形图

如图 3-3-9 所示，要沿直线 $AB$ 方向绘制断面图。先将直线 $AB$ 与等高线的交点标出，如 1、2、3 等点。绘制断面图时，以横坐标 $AB$ 代表水平距离，纵坐标代表高程，然后在地形图上沿 $AB$ 方向量取 1、2、3、…、10、$B$ 各点至 $A$ 点的水平距离，将这些距离按与地形图一致的比

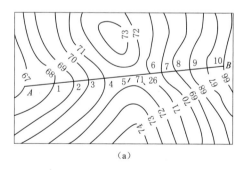

（a）

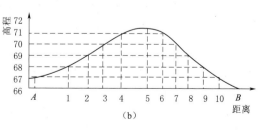

（b）

图 3-3-9　绘制直线 $AB$ 方向的断面图

例尺展绘在横坐标轴上，通过这些点作 $AB$ 的垂线，在垂线上按照高程比例尺（一般地，纵轴比例尺比横轴比例尺大 10 或 20 倍）分别截取 $A$、1、2、…、10、$B$ 等点的高程。用光滑曲线连接各标绘的点，就得到直线 $AB$ 方向的断面图。

2. 用 CASS 软件绘制断面图

CASS 软件绘制断面图的方法有四种，①由图面生成；②根据里程文件；③根据等高线；④根据三角网。以下介绍由图面生成断面图的方法和步骤。

先用复合线生成断面线，点取"工程应用（C）\绘断面图\根据已知坐标"功能，如图 3-3-10 所示。

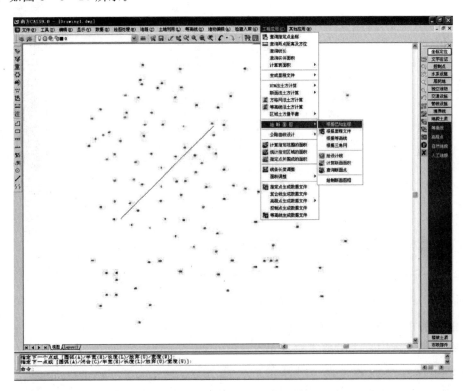

图 3-3-10　根据已知坐标绘制断面图

屏幕提示：选择断面线用鼠标点取上步所绘断面线。屏幕上弹出"断面线上取值"的对话框，如图 3-3-11 所示。如果"坐标获取方式"栏中选择"由数据文件生成"，则在"坐标数据文件名"栏中选择高程点数据文件。

如果选"由图面高程点生成"，此步则为在图上选取高程点，前提是图面存在高程点，否则此方法无法生成断面图。

输入采样点间距：输入采样点的间距，系统的默认值为 20 米。采样点的间距的含义是复合线上两顶点之间若大于此间距，则每隔此间距内插一个点。

输入起始里程<0.0> 系统默认起始里程为 0。

点击"确定"之后，屏幕弹出绘制纵断面图对话框，如图 3-3-12 所示。

输入相关参数，如：

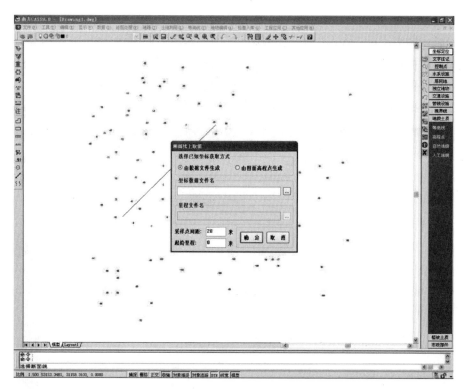

图 3-3-11　根据已知坐标绘断面图

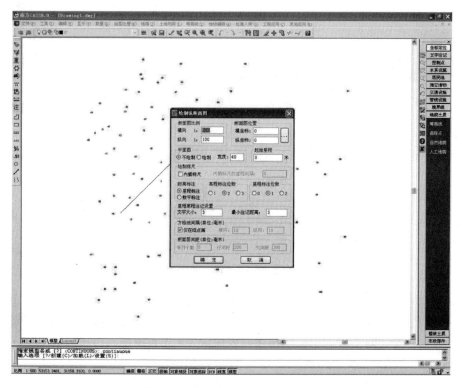

图 3-3-12　绘制纵断面图对话框

横向比例为 1：＜500＞ 输入横向比例，系统的默认值为 1：500。

纵向比例为 1：＜100＞ 输入纵向比例，系统的默认值为 1：100。

断面图位置：可以手工输入，亦可在图面上拾取。

可以选择是否绘制平面图、标尺、标注；还有一些关于注记的设置。

点击"确定"之后，在屏幕上出现所选断面线的断面图，如图 3-3-13 所示。

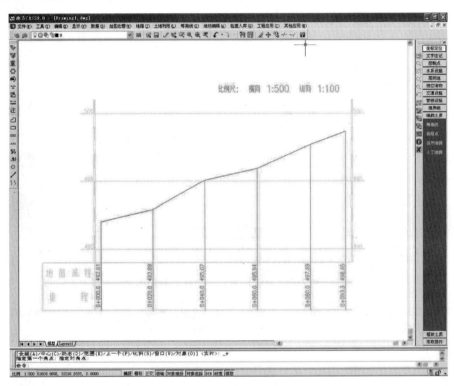

图 3-3-13　断面图

# 模块四　无人机测图技术

3.24【课件】
无人机测
图技术

3.25【视频】
无人机测
图技术

随着测绘和计算机的结合与不断发展，地图已不再局限于以往的传统模式。现代数字地图主要由 DOM（数字正射影像图）、DEM（数字高程模型）、DRG（数字栅格地图）、DLG（数字线划地图）以及复合模式组成。传统测量仪器和测量手段已无法满足快速、高效、多样化、大面积的测图作业。

无人机测图是指利用无人机搭载定姿定位系统以及摄影相机（或激光雷达）从空中对地面进行摄影，快速获取作业区域地物信息，并通过数据分析与处理获取相应的数字产品（如 4D 地图）的过程。近年来，无人机平台的数字航摄测图技术显示出其独特的优势，无人机与航空摄影测量相结合使得"无人机数字低空摄影测量"成为数字化测图的一个崭新发展方向。

国内民用无人机的发展，自 1958 年西北工业大学研制出中国第一套无人机系统以来，呈现出先慢后快的趋势，2013年以后，技术更新迭代迅速。目前我国民族企业自主研发的无人机测图系统，技术水平位于世界前列。包括无人机在内的测绘仪器自主化率的提高，彻底改变了原来依靠国外仪器和技术的局面，从原来的跟跑、并跑到目前在部分领域的领跑。

## 一、无人机垂直摄影测量

垂直摄影测量是指无人机搭载单镜头相机和定姿定位设备，如图3-4-1所示，按照一定的航向、旁向重叠度，根据航线规划软件规划好的航线轨迹，完成从空中对地面的垂直摄影。由于是垂直摄影，所获得的影像主要是顶部信息，侧面信息较少，在有房檐、屋顶和大型竖直地物等区域，无法进行改正。因无人机搭载的是非量测数码相机，因此所获得的影像存在畸变，越往影像边缘畸变越大。在数据处理过程中，需要对影像进行畸变处理。垂直摄影测量主要用来生产数字正射影像、大比例尺地形图和数字高程模型。优势是获取影像效率高、续航时间长；缺点是单镜头，精度较差，无法实现房檐屋顶等竖直地物的改正。

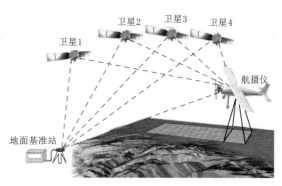

图3-4-1　无人机垂直摄影测量

## 二、无人机倾斜摄影测量

与垂直摄影测量不同，倾斜摄影测量技术是通过在同一飞行平台上搭载一组倾斜相机从五个不同的视角（正射、前视、后视、左视、右视，如图3-4-2所示）同步采集影像，配合IMU/DGPS获取高精度的姿态和位置信息，通过特定的数据处理软件进行数据处理，将所有影像纳入统一的坐标系统中，获取地面物体更为完整准确的信息。倾斜摄影的数据是带有空间位置信息的可量测影像，能同时输出DSM、DOM、TDOM、DLG等多种成果。图3-4-3所示为正射影像与倾斜摄影的不同效果展示。

倾斜摄影测量普遍应用在三维模型中，也可以使用在多样的工程测量中。倾斜摄影测量主要包含以下技术：获取外业数据，将各类影像数据匹配，对平差纠正并处理，对正射影像进行处理。利用无人机进行倾斜摄影获取数字地图主要有以下流程：立体采集、外业测绘与编辑、空三加密、像控点布设与测量、数据成果的生产。

### 1. 外业准备

外业作业前，首先要收集测区资料，包括控制点成果、坐标系统和高程基准参数、已有的地形图成果与地名资料等，制定无人机航测技术方案并申请空域，明确无

图 3-4-2　倾斜摄影测量示意图

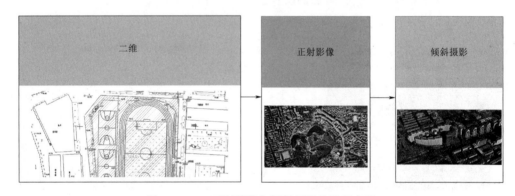

图 3-4-3　正射影像与倾斜摄影的地图产品

人机搭载的传感器、地面分辨率、影像重叠度、飞行航高、摄影基线长度、航线间隔长度、航带架次数、影像拍摄间隔等问题。

2. 像控点布设及测量

像控点是摄影测量解析空三加密和测图的基础，其位置的选择和坐标的测定直接影响到内业成图的数学精度。像控点布设通常有全野外布点法、航线网布点、区域网布点、特殊情况的布点等几种方法，根据具体实际情况选择合适的布点法。像控点的坐标可以利用全站仪或者 RTK 来获取，像控点施测需求及进度要根据常规航测作业的规范进行开展，像控点除使用国家等级点外、可根据测区的实际情况和具体要求，合理地布设。像控点测量标志类型如图 3-4-4 所示。

3. 航飞采集

无人机的飞行质量直接影响到整个航空拍摄的成果。因此在飞行过程中，我们需要对无人机的飞行姿态和飞行时数据的质量全面掌握。具体的飞行步骤如下：

（1）设置地面控制站、对无人机检查组装和设置起飞装置。

（2）对航拍相机进行调试，检查照片并保存在摄像机中，将相机对准某处进行拍摄，调整对焦、距离、亮度和曝光时间，并将相机放入无人机中。

图 3-4-4　像控点测量标志类型

（3）将无人机连接到地面站软件上，通过地面控制站将整个项目的飞行数据及线路传输到无人机上。

（4）再次对无人机的状态进行全面检查，确保飞行安全。

（5）放飞，按照拟定的航摄方案飞行摄影，实时监测无人机的航线位置和姿态。

（6）无人机在飞行结束后在计划的地点降落。

（7）进行无人机状态检查并下载传感器中影像数据，查看 POS 数据和飞行记录。

4. 内部数据处理

得到的影像数据需要快速对其质量进行判断，主要检查其是否满足《低空数字航空摄影测量内业规范》（CH/T 3003—2021）。对于质量检查不合格的情况，须重新进行设计和补飞。无人机飞行后得到的数据并不能直接用来制作数字地形图，还需对相片进行预处理，其中包括多视影像密集匹配、空中三角测量及三维建模。

（1）多视影像密集匹配。多视影像匹配技术的实质是在多幅影像之间识别同名特征，是图像融合、图像配准、三维重建和模式识别的基础。图像匹配的方法一般分为基于灰度相关的匹配算法和基于特征的匹配算法。高精度和高分辨率数字表面模型DSM 可以通过多视图图像密集匹配处理检测地形和地势起伏的特点，分析基于每个图像的外方位元素和自动空中三角的测量来选择合适的图像匹配单元进行特征匹配和逐像素级密集匹配，引入并行算法提高计算效率。

（2）空中三角测量。空中三角测量是摄影测量 4D 产品生成的重要步骤和前提。空中三角测量的实质是利用已知点重建影像之间精确拓扑几何关系，通过量测影像之间的连接点，定向出每张影像的外方位元素，是航摄测量数据处理的关键环节（图 3-4-5）。当空中三角测量计算范围由单张像片扩大到一条或多条航带时，也称为空中三角加密（简称空三加密）。在空中三角测量之前应先对影像数据进行预处理，包括匀光匀色校正、畸变差校正以及 POS 数据格式转换等。因为无人机获取影像数据时存在时空方面的差异，以致像片之间存在颜色差异，所以需进行匀光匀色校正；而倾斜相机性能指标偏移会造成像片畸变差，所以需进行畸变差校正。POS 数据一般为 WGS-84 坐标系，根据软件处理需求转换坐标系。按照采用的数学模型，空中三角测量分为航带法、独立模型法和光束法，由于光束法加密精度高，目前低空遥感影像空三加密一般采用光束法区域网平差。利用计算机强大的计算能力，再辅以人工智能技术，可以实现复杂区域影像关系下高精度像片控制点的自动量测和多视影像匹配。在选择空中三角加密点时，应该选择相对比较突出的区域，对加密点的距离进行准确的测量。在进行河道以及山谷等测绘时，应该适当加大航测节点的高度差，这样能够很好地避免因为高度差造成的定向稳定性误差。

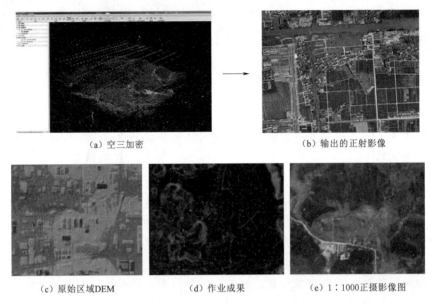

(a) 空三加密　　　　　　　　　　　　　　(b) 输出的正射影像

(c) 原始区域DEM　　　　　　(d) 作业成果　　　　　　(e) 1∶1000正摄影像图

图 3 - 4 - 5　空三加密及地图产品的输出

（3）三维建模。无人机倾斜摄影测量的三维建模可采用 Smart3D Capure、Pictometry、Street Factory 等软件来实现。例如 Smart3D Capure 能够基于真实影像的超高密度点云自动计算并生成逼真的三维场景模型，利用 POS 系统得到的外方位元素关系，通过可以精细到超过 20 级金字塔的匹配策略，进行同名点自动匹配和自由网光束法平差，在没有人工干预的情况下生成点云图、TIN 模型、DSM 模型、DOM 模型和有纹理映射的三维模型。

5. 数字地图的生产制作

（1）DEM 数据提取。在完成自动空三之后，获得每个照片的外方向元素，并提取大量的连接点。如果地形起伏较小可选择用快速 DEM 采集，这些连接可以满足 DEM 的生产。倘若任务区域中的地形起伏较大或需要高密度 DSM 点，则需要 DSM 密集匹配来再次提取特征点。打开工程信息面板以匹配参数设置，设置 DSM 采样窗口的大小，窗口越小，匹配点就越密集。

（2）影像的数字正射纠正。DEM 数据编辑完成后，在 DOM 生成之前需要 DOM 的数字差异校正，并将原始数字图像转换成正射影像，这个操作是在 SVSGPUOrtho 模块中完成的。加载数字高程模型文件并根据结果设置正射影像的分辨率。

（3）DOM 镶嵌。在经过正射校正后，得到单个模型 DOM，需要嵌入 DOM 产品。DOM 拼接的主要目的是保持 DOM 的一致性并处理拼接线。在加载和校正所有图像之后，程序自动生成拼接线，然后处理图像拼接，并手动装配布线。在修改缝线期间，手动调整诸如建筑物、道路和山脉之类的缝线。该过程支持 PS 软件的处理，得到的结果可以实时保存，并且 DOM 的结果可以进一步优化和生成。

（4）DLG 大比例尺地形图的生产。数字线划图（DLG）可采用 DP Modeler、VirtuoZo、MapMatrix 等软件生成。操作时，可将三维图像导入上述软件中进行格栅化处理，通过矢量化测图，再标注相关地形要素。地形图中不确定的地物信息须经外业调绘，再导入 CASS 软件就得到数字地形图。

6. 精度评定、外业调绘与地物补测

（1）精度评定。为了评价地形图的精度，在测区内采用全站仪或者 RTK 在测区均匀量测若干地物特征点，例如道路拐角、房屋转角、墙角、井盖等，通过量测这些特征点的坐标与高程来检核地形图精度。

（2）外业调绘。在业内勾绘大比例尺地形图结果，将其进行打印成为作业调绘工作底图。根据技术设计的进度标准实现实地复查检测。外业调绘作业内容主要包括内业的判读检查、注记地理名称的调查、房檐改正、建筑物的层数等，补全判读错误或者漏掉的信息。

（3）地物补测。受到航测天气、季节及实地遮挡等情况的限制，对于由于高低遮挡或者其他因素导致业内无法实现的地形地物及航飞之后新添加的地物，可以使用解析测量方式实现补测及调绘。

如图 3-4-6～图 3-4-8 所示，为无人机倾斜摄影测绘大比例尺地形图技术应用实例：利用六旋翼无人机搭载五镜头倾斜云台获取区域内的倾斜数据，通过三维建模完成区域内真三维数据的制作，在此基础上获取 DSM、DOM 和 DLG 等数据，并在此基础上进行移民村的规划设计。

图 3-4-6 水库移民区现实地形地貌

图 3-4-7 建模后的分层设色

图 3-4-8 DOM 的生成

### 三、无人机机载激光雷达系统

无人机机载激光雷达系统（也称机载激光扫描系统）是指利用无人机来搭载定姿定位、激光探测及测距设备，它集成了 GPS、IMU、激光扫描仪、数码相机等光谱成像设备。其中主动传感系统（激光扫描仪）利用返回的脉冲可获取探测目标高分辨率的距离、坡度、粗糙度和反射率等信息，而被动光电成像技术可获取探测目标的数字成像信息，经过地面的信息处理而生成逐个地面采样点的三维坐标，最后经过综合处理而得到沿一定条带的地面区域三维定位与成像结果。图 3-4-9 所示为无人机激光雷达采集的点云数据。

图 3-4-9　无人机激光雷达采集的点云数据

作为激光雷达与无人机相结合的一种应用系统，可以直接有效地测量三维现实世界，并具有全天候作业、数据精度高、层次细节丰富等优点。由于成像机理和采集到的原始数据的不同，无人机机载激光雷达能够实现夜晚作业、植被提取、DEM 提取、精细化结构建模等传统航空摄影测量方式无法实现的操作。目前，无人机机载激光雷达已经成为现代测绘工作中不可或缺的重要组成部分，可应用于地形测绘、土方量测量计算、三维建模等领域。如图 3-4-10 所示为无人机激光雷达用于水库下游居民区地形调查。

图 3-4-10　无人机激光雷达外业点云采集

图 3-4-11（a）、（b）、（c）所示为采用无人机激光雷达系统生产水库库区部分地区大比例尺地形图的应用实例。

（a）三维点云高程渲染图

（b）真彩色三维点云(部分)

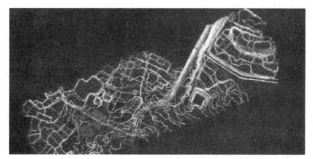
（c）数字线划图

图 3-4-11　利用无人机机载激光雷达系统进行数字地图生产

## 【知识目标自测】

**单选题**

1. 在地图上，地貌通常是用（　　）来表示的。

A. 高程值　　　　B. 等高线　　　　　C. 任意直线　　　D. 地貌符号

2. 一段 324m 长的距离在 1：2000 地形图上的长度为（　　）。

A. 1.62cm　　　B. 3.24cm　　　　C. 6.48cm　　　D. 16.2cm

3. 1：2000 地形图的比例尺精度是（　　）。

A. 2m　　　　　B. 20cm　　　　　C. 2cm　　　　D. 0.1mm

4. 一组闭合的等高线是山丘还是盆地，可根据（　　）来判断。

A. 助曲线　　　　B. 首曲线　　　　C. 计曲线　　　D. 高程注记

5. 相邻两条等高线之间的高差称为（　　）。

A. 等高线平距　　B. 等高距　　　　C. 任意直线　　　D. 地貌符号

6. 在地形图中，表示测量控制点的符号属于（　　）。

A. 比例符号　　　B. 半比例符号　　C. 地貌符号　　　D. 非比例符号

7. 下列四种比例尺地形图，比例尺最大的是（　　）。

A. 1：5000　　　B. 1：2000　　　C. 1：1000　　　D. 1：500

8. 某一幅图的图号为 14.0—13.5 则该幅图的西南角点坐标为 （　　）。

A. $x=14$m，$y=13.5$m

B. $x=14000$m，$y=13500$m

C. $x=500$m，$y=500$m

D. $x=13500$m，$y=14000$m

9. 下列地物在地形图上用比例符号表示的是 （　　）。

A. 高压输电线　　B. 导线点　　　C. 小路　　　　　D. 湖泊

10. 用 2m 的等高距勾绘等高线时，高程为 （　　） 的等高线应加粗。

A. 104　　　　　B. 106　　　　　C. 108　　　　　D. 110

11. 在 1∶1000 地形图上，设等高距为 1m，现量得某相邻两条等高线上 AB 两点间的图上距离为 0.01m，则 AB 两点的地面坡度为 （　　）。

A. 0.01　　　　B. 0.05　　　　C. 0.1　　　　　D. 0.2

12. 在地形图上确定水库的汇水面积，就是在地形图上勾绘 （　　）。

A. 计曲线　　　B. 山谷线　　　C. 分水线　　　D. 等高线

# 【能力目标自测】

1. 某测量小组在实地测量了一栋 3 层混凝土房屋，其碎部点号为 81、82、83、84、86、87、88，数据文件保存在 group3.dat 中。内业成图后如下图所示，请简述该小组使用 CASS 软件成图的全过程。

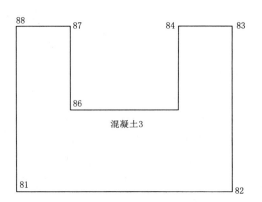

2. 简述 CASS 绘制等高线的主要步骤及操作流程。

3. 有以下 4 个碎部点的坐标分别为：点 116 （120.013，152.028，60.125），点 117 （182.146，168.965，52.178），点 118 （100.259，198.547，58.698），点 119 （174.589，168.886，68.354），试写出外业数据文件的全部内容和文件扩展名。

# 项目四

# 渠 道 测 量

## 【主要内容】

本项目主要介绍了渠道选线测量，中线测量，纵、横断面测量，纵、横断面图的绘制，土方量计算，线路恢复和渠堤边坡放样测量。

重点：里程桩的测设，纵、横断面测量，纵、横断面图的绘制，土方量的计算，渠堤边坡放样。

难点：纵、横断面图的绘制，土方量的计算。

## 【学习目标】

| 知 识 目 标 | 能 力 目 标 |
|---|---|
| 1. 正确理解里程桩的概念<br>2. 了解渠道选线测量和中线测量的工作方法<br>3. 正确理解渠道纵、横断面的测量及纵、横断面图绘制的方法<br>4. 了解渠道土方计算 | 1. 能完成渠道选线、中线测量<br>2. 能完成渠道纵、横断面图的绘制<br>3. 能完成渠道边坡放样 |

## 模块一  渠道选线及中线测量

### 一、概述

渠道通常指水渠、沟渠，是水流的通道。而中华人民共和国成立后的两大奇迹中，一个是南京长江大桥，另一个便是红旗渠。1974 年，邓小平同志率领中国代表团参加联合国大会时，向大会放映的第一部介绍新中国的电影就是《红旗渠》。这个始建于 1960 年，苦战 10 个春秋，仅仅靠着勤劳勇敢的 30 万林州人民一锤、一铲、两只手，在太行山悬崖峭壁上建成的红旗渠。已经成为中国人民伟大民族精神的象征。这一座绵延起伏的"水长城"，感动着无数中华儿女也吸引着数百万中外游客。2022 年 10 月，习近平总书记在考察红旗渠时讲到"红旗渠精神同延安精神是一脉相承的，是中华民族不可磨灭的历史记忆，永远震撼人心。年轻一代要继承和发扬吃苦耐劳、自力更生、艰苦奋斗的精神，摒弃骄娇二气，像我们的父辈一样把青春热血镌刻在历史的丰碑上。"

作为新时代的测绘人，学习渠道测量的专业知识并将红旗渠精神这一宝贵红色资源在新时代渠道建设中践行并使之焕发出更加绚烂的光辉，为全面建设社会主义现代化国家、全面推进中华民族伟大复兴而团结奋斗，无疑是时代青年爱国主义精神的最高体现。

**（一）渠道测量基本内容**

渠道测量是指为新建、改建输泄水渠道、人工航道而进行的测量工作。渠道测量的主要内容包括：踏勘选线，中线测量，纵、横断面测量，土方计算和断面的放样等。渠道测量的目的，是在地面上沿选定中心线及其两侧测出纵、横断面，并绘制成图，以便在图上绘出设计线；然后，计算工程量，编制概算或预算，作为方案比较或施工的依据。在施工管理阶段需要进行施工测量，施工测量应按设计和施工的要求，测设中线和高程的位置，以作为工程细部测量的依据。渠道工程施工测量的主要工作包括：恢复中线测量、施工控制桩、边桩的测设。

**（二）渠道测量的工作步骤**

1. 准备工作

明确测量的任务和具体要求，以及与今后设计相关且需要现在调查清楚的问题。首先要明确是新建渠道还是改建渠道，若是改建渠道有无改线段或裁弯取直的渠段。收集规划设计区域各种比例尺地形图、平面图和断面图资料，收集沿线水文、地质以及控制点等有关资料。若没有相关参考资料可利用，则应明确渠道沿线和拟建重要建筑物中心位置，进行地质勘探。

2. 初步设计

根据工程要求，利用地形图，结合现场勘察，在中小比例尺图上确定规划路线走向，编制比较方案等初步设计。

3. 控制测量

根据设计方案在实地标出线路的基本定向，沿着基本走向进行控制测量，包括平面控制测量和高程控制测量。

4. 地形图测绘

根据渠道工程的需要，沿基本定向测绘带状地形图或平面图，比例尺根据不同工程的实际要求选定。

5. 中线测量

根据定线设计把渠道中心线上的各类点位测设到实地，称为中线测量。中线测量包括线路起止点、转折点、曲线主点和线路中心里程桩、加桩等。

6. 纵、横断面图测绘

根据工程需要测绘线路断面图和横断面图，比例尺依据工程的实际要求确定。

7. 施工测量

根据线路工程的详细设计进行施工测量。工程竣工后，对照工程实体测绘竣工平面图和断面图。

### 二、渠道选线测量

渠道选线的任务是根据工程规划所定的渠线方向、引水高程和设计坡度，在实地确定一条既经济又合理的渠道中线位置。选线工作直接影响到工程的质量、进度、经济、受益等重要问题，所以是极其重要的。

中线选择一般应考虑以下几个方面：尽可能使中线短而直，力求避开障碍物，以减少工程量和水土流失；避免经过大挖方、大填方地段，以便省工省料和少占用耕地；中线应选在土质较好、坡度适宜的地带，以防渗漏、冲刷、淤塞或坍塌；灌溉渠道应选在地势较高的地带，以便自流灌溉；排水渠道应尽量选在地势较低的地方，以便增大汇水面积；因地制宜、综合利用。

#### 1. 踏勘选线

具体选线时除考虑上述选线要求外，对于不同的渠道应该采用不同的方法步骤，具体的方法步骤是：若工程大而长，一般应经过实地查勘、室内选线、外业选线等步骤；对于距离比较短的中小型渠道，可直接在实地进行查勘选线，用大木桩标定。

（1）实地查勘。查勘前，先利用兴修渠道地带 1：5 万或较大比例尺地形图，依据渠道所需要的坡降、路线方向和周围地形、地物等情况进行比较，进行渠线的大体布置，拟定几条渠线以做比较。然后沿线做调查研究，并收集有关地质、水文、气象、建筑材料来源、施工条件等方面的资料，在现场结合实地情况，最后确定路线的起点、转折点、终点，并用大木桩标定其位置，以便分析比较，选取合理的渠线。

（2）室内选线。室内选线就是在图上进行选线，即在适合的地形图上选定渠道中心线的平面位置，并在图上标出渠道转折点到附近明显地物点的距离和方向。如果该地区没有适用的地形图，可在调查踏勘的基础上沿待选线路测绘中线两侧宽 100～200m 的带状地形图（若已有适当比例尺的地形图可利用，则不必另测地形图），比例尺一般为 1：2000～1：5000，等高线间距为 0.5～1.0m。在山区、丘陵地区选线时，为了确保渠道的稳定，应力求挖方。因此，环山渠道应先在图上根据等高线和渠道纵坡初选渠线，并结合其他要求在图上定出渠线位置。

（3）外业选线。外业选线就是将室内所选渠道中心线在实地标定出来，其任务是标出渠道的起点、转折点和终点。外业选线还要根据实地情况，对图上所选渠道中心线作进一步分析研究和补充修改，使之完善，特别是对关键性地段和控制性点位，更应反复勘测，认真研究，从而选定合理的渠线。实地选线时，一般应借助仪器选定各转折点的位置。平原地区的选线比较简单，一般要求尽量选成直线，如遇转弯，在转弯处打木桩。山丘地区的渠道一般盘山而走，依着山势随弯就弯，但要控制渠线的高程位置，以保证符合引水高程和设计坡度的要求，为此，需要根据已知水准点来进行探测确定。对于较长的渠道线，为避免高程误差累积过大，最好每隔 2～3km 与已知水准点校核一次。如果选线精度要求较高，可用水准仪测定有关点的高程，以便准确测定渠线位置。

渠道中心线选定后，一般用大木桩或水泥桩来标定渠道的起点、转折点和终点的位置，并绘略图注明桩点与附近固定地物相互之间的位置和距离。因为中心线选定以后，经过设计到施工还有一段时间，因此应在木桩附近选定地物点，量出地物至桩顶的距离，然后用红漆在地物上画一箭头，指向木桩方向，并将距离注记上，每桩应注三个方向。最后绘制草图，保存以备日后寻找。

2. 水准路线布设

为了满足渠道高程测量和纵、横断面测量的需要，在渠道选线的同时，应沿渠线附近在施工范围以外，每隔 1~2km 左右布设一些既便于日后用来测定渠道高程，又要能够长期保存的水准点，并做好水准点的点之记，以备查找。为了统一高程系统，水准点应尽可能与国家等级水准点连测，若不能，则采用独立的高程系统。当渠线长度在 10km 以内的小渠道时，一般可按等外水准测量的方法和要求施测。对于大型渠道，则按国家三、四等水准测量的方法和精度要求进行。

**三、中线测量**

沿选定的中线测量转折角、中线交点桩、定出线路中线或实地选定线路中线平面位置，称为中线测量。中线测量的主要内容有：测设中线交点桩；测定转折角；测设里程桩和加桩；若转弯角度大于 6°，还要测设曲线主点和细部点的里程桩。

1. 中线交点的测设

线路的转折点称为交点，它是布设线路、详细测设直线和曲线的控制点。一般先在初测的带状地形图上进行纸上定线，然后实地标定交点位置。交点测设的方法很多，工作中应根据实际情况合理选择测量方法。

（1）根据地物测设交点。根据交点与地物的关系测设交点。交点的位置已在地形图上确定，可在图上量出交点的测设数据，据此在实地把交点测设到地面上。

（2）根据导线点测设交点。根据附近导线点和交点的设计坐标，反算出距离、角度等有关测设数据，按坐标法、角度交会法或距离交会法测设出交点的实际位置。

（3）穿线放样法测设交点。穿线放样法是一种常用的方法，具体做法如下：

1）准备数据：如图 4-1-1 所示在带状地形图上，从初测时的导线点 $C_2$、$C_3$…出发作导线边的垂线，它们与设计中线交于 $D_2$、$D_3$ 等点，图上量取垂线的长度，直角和垂线的长度就是放样数据，有时为了通视需要，在中线通过高地的地方放样点（如 $D_1$），这时可以从图上量取极坐标法放样所需的角度 $\beta$ 与距离 $S$。

2）实地放样：实地在相应的导线点上设置直角，并量距，定出一系列 $D_2$、$D_3$ 等点。如果距离较短，可以用直角镜或方向架设置直角，如果距离较长，宜用经纬仪设置直角。

3）穿线：放出的临时各点在理论上应为一条直线，但由于图解数据和测设工作均存在误差，放样到实地后不会正好在一条直线上，如图 4-1-2 所示。这时可根据现场实际情况，采用目估法穿线或经纬仪穿线，在实地定出一条尽可

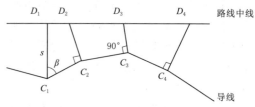

图 4-1-1　放样数据示意图

能多地穿过或靠近临时点的直线，即中线 $EF$。最后在经纬仪的帮助下，在 $E$、$F$ 方向线上设置一系列标桩，把中线在实地表示出来。

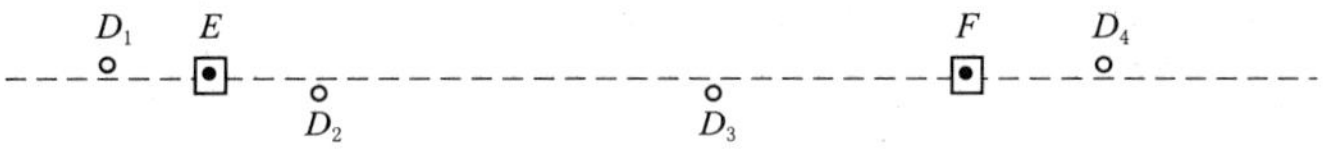

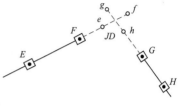

图 4-1-2　穿线

4）定出交点：定出相邻两中线的交点，并测量路线的转折角。如图 4-1-3 所示，将全站仪置于 $F$ 点瞄准 $E$ 点，倒镜，在视线方向上接近交点 $JD$ 的概略位置前后打下两个骑马桩 $e$、$f$，并钉以小钉，挂上细线。仪器搬至 $G$ 点，同法定出 $g$、$h$，挂上细线，两细线的相交处打下木桩，并钉以小钉，得到 $JD$ 点。得到交点后，测量转折角 $\alpha$。

图 4-1-3　定交点

这种方法简单，外业工作不复杂，也不易出错，即使出错了也容易发觉，是工程测量中往往采用的方法。

2. 转折角的测定

前一直线的延长线与改变方向后的直线间的夹角，称为转折角 $\alpha$。在延长线左的转折角为左偏角，在延长线右的为右偏角，因此测出的偏角应注明左或右。根据规范要求，当 $\alpha < 6°$，不测设曲线；当 $\alpha = 6°\sim12°$ 或 $\alpha > 12°$、曲线长度 $L$ 小于 100m 时，只测设曲线的三个主点桩；在 $\alpha > 12°$ 同时曲线长度 $L$ 大于 100m 时，需要测设曲线细部。

如图 4-1-4 所示，通常测定线路前进方向的右角 $\beta$，用全站仪按测回法观测一个测回，再根据所测的 $\beta$ 角，计算出偏角。左、右偏角的计算如下：

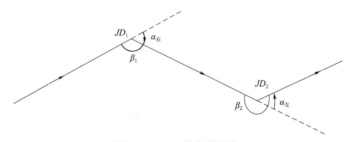

图 4-1-4　偏角的测定

当右角 $\beta < 180°$ 时，为右转角，$\alpha_右 = 180° - \beta$。

当右角 $\beta > 180°$ 时，为左转角，$\alpha_左 = \beta - 180°$。

实际工作中，在测量完水平角并计算转角后，及时进行圆曲线半径的设计和圆曲线的测设工作，以便使里程连续。

3. 里程桩的测设

为便于计算渠道长度、绘制纵横断面图，需要用花杆和钢尺或全站仪进行定线和测距。在丈量渠线长度的同时，沿渠道中心线从渠首或分水建筑物的中心或筑堤的起点，不论直线或曲线，均应用小木桩标定中线位置，一般是每隔 100m 或 50m 打一桩，对于小型渠道也可采用间隔小于 50m 打一桩，自上游向下游累积编号，以起点到该桩的水平距离进行编号，并用红漆写在木桩侧面或附近明显地物上，称为里程桩。字迹要工整醒目，字面要朝向路线起始方向，写后要校核。中线起点的桩号是"0＋000"，桩号中，"＋"号前面是 km 数，"＋"号后面是不足 km 的 m 数。按规定每隔某一整数设一桩，此为整桩。如整桩号 1＋100，即此桩距渠道起点 1km 又 100m。在实际工作，遇到特殊情况应设加桩，如当渠线穿越山沟、山岗等地形变化较大的地方和重要地物（如公路、铁路、河道等）的地方，以及渠线上拟建或已建建筑物的中心位置或起终点，均要增打一些桩，叫作加桩。加桩亦按

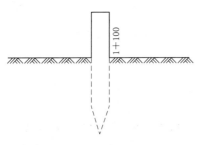

图 4-1-5　中心桩注记图

对起点的距离进行编号，但不是规定间距的整倍数。里程桩（整桩）和加桩均属于中心桩。中心桩用直径 5cm、长 30cm 左右的木桩打入地下，应注意露出地面 5～10cm。桩头一侧削平，并朝向起点，以便注记桩号，桩号可用红漆注记在木桩上，注记形式如图 4-1-5 所示。其加桩桩号可根据相邻里程桩桩号及其到相应加桩的距离算出。例如：1＋100 里程桩向前 18.5m 处的加桩桩号应是 1＋118.5。

由于局部改线或分段测量，以及事后发现丈量或计算错误等原因致使线路的里程不连续、桩号与路线长度不一致的情况，这时应加钉断链桩，桩上标明断链等式。如 3＋870.42＝3＋800，表示来向里程大于去向里程，称为长链；如 3＋670.42＝3＋700，表示来向里程小于去向里程，称为短链。

为了避免测设里程桩错误，量距一般用钢尺丈量两次，精度为 1/1000。当精度要求不高时，可用皮尺或测绳丈量一次，再在观测偏角时用视距法进行检核。当桩定到转折点上时，应用经纬仪测定来水方向的延长线转至去水方向的角值（即转折角，分左转和右转），并按设计要求测设圆曲线。曲线测设应注意以下问题：当转折角小于 6°时，不测设曲线；当转折角为 6°～12°时，只测设曲线的三个主点桩，并计算曲线长度；当转折角大于 12°时，需测设曲线的细部点。并且当曲线长度≤100m 时，需测设曲线的三个主点桩，并计算曲线长度；当曲线长度大于 100m 时，按间距 50m 测设曲线桩，并计算曲线长度。

山丘区的中线测量除上述方法确定以外，还应确定中线的高程。从渠首起点开始，用钢尺或全站仪沿着山坡等高线向前测距，按规定要求标定里程桩和加桩，每量 50m 或 100m 用水准测量测定一下桩位高程，看渠线位置是否偏低或偏高。例如某里程应在 A 点，离渠首距离为 D；令渠首进水底板设计高程为 $H_进$，设计渠深为 h，渠底设计坡度为 i，可以计算出 A 点应有的堤顶高程为：$H_A＝H_进－i×D＋h$，按照施工放样的方法测设 A 点的位置，根据附近的已知水准点引测高程，标定 A 点在山坡上的实际位置。按此法沿山坡测设延伸渠道。但为了保证盘山渠道外边坡的稳定性，

尽量减少填方，一般应根据山坡坡度将桩位适当提高，即将木桩打在略高于所定 $A$ 点的位置上。

在测设中线桩的同时，还要在现场绘出草图，如图 4-1-6 所示。图 4-1-6 中直线表示渠道中心线，直线上的黑点表示整桩和加桩的位置，$JD$（桩号为 0+380.9）为转折点，渠道中线在该点处改变方向右转 $24°10'$（即转折角为 $24°10'$）。但在绘图时改变后的渠线仍按直线方向绘出，仅在转折点用箭头表示渠线的转折方向，并注明转折角值。至于渠道两侧的地形则可用目测法来勾绘。

中线测量完成后，一般应绘出渠道测量路线平面图，在图上绘出渠道走向、主要桩点、主要数据等。

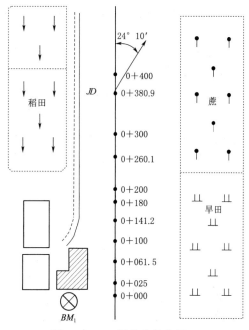

图 4-1-6　渠道中线草图

# 模块二　渠道纵横断面测量及土方计算

## 一、纵断面测量

纵断面测量又称路线水准测量，它的任务是测定中线上各中线桩的地面高程，并根据各桩的里程和测出的高程绘制路线纵断面图，供渠道纵坡设计之用。

### （一）纵断面测量

渠道纵断面测量是利用视线高法，通过渠道沿线布设的水准点，将渠线分成许多段，每段分别与邻近两端的水准点组成附合水准路线，然后从首段开始，逐段进行施测，得路线中心线上里程桩和曲线控制桩的地面高程。进行纵断面测量时，由于相邻各桩之间距离不远，一站上可以测定若干个桩点的地面高程，除其中最端头的一个桩点用作转点传递高程外，中间各个不用作传递高程的桩点称作间视点。

1. 水准测量法

水准仪测绘纵断面高程要求如下：

（1）观测时，以成像清晰、读数可靠为原则，视距不超过 150m，水准仪到间视点距离与前后视转点距不等差不加限制。

（2）一般由两台水准仪同时施测，其中一台仪器测定标石点及临时水准点高程；另一台仪器观测里程桩及沿线主要地物点高程。这种做法较为灵活，不会因一台仪器观测超限而全部重测。

（3）穿过河沟时的加桩，应连测高程。穿过铁路时，应测出轨面高程；穿过公路时，应测路面高程，还要测出路面宽度。

（4）与地面高差小于 2cm 时，可以用桩顶高代替地面高，否则，应另测桩旁地面高程。

如图 4-2-1 所示，每一测站首先读取后、前两转点标尺的读数，再读取两转点间所有间视点的标尺读数。0+000 桩、0+200 桩、0+400 桩为转点、0+100 桩、0+265.6 桩、0+300 桩…为间视点。首先从 $BM_1$（高程为 76.605m）引测高程，得 $TP_1$（0+000 桩）高程，再将水准仪置于测站 2，后视转点 $TP_1$，前视转点 $TP_2$，将观测结果记入表 4-2-1 中后视读数和前视读数栏内；然后观测中间间视点 0+100 桩，将观测结果记入表 4-2-1 中，搬站至测站 3，后视转点 $TP_2$，前视 $TP_3$，然后观测间视点 0+265.5 桩、0+300 桩、0+361 桩，观测结果记录表 4-2-1 中。

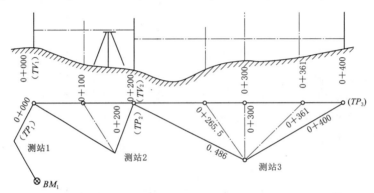

图 4-2-1　纵断面测量示意图

表 4-2-1　　　　　　　　　　纵断面水准测量记录

| 测站 | 测 点 | 后视读数 /m | 视线高/m | 前视读数/m 中间点 | 前视读数/m 转点 | 高程 /m | 已知高程 /m |
|---|---|---|---|---|---|---|---|
| 1 | $BM_1$ | 1.245 | 77.850 | | | 76.605 | 76.605 |
| 1 | 0+000（$TP_1$） | 0.933 | 78.239 | | 0.544 | 77.306 | |
| 2 | 100 | | | 1.56 | | 76.68 | |
| 2 | 200（$TP_2$） | 0.486 | 76.767 | | 1.958 | 76.281 | |
| 3 | 265.5 | | | 2.58 | | 74.19 | |
| 3 | 300 | | | 0.97 | | 75.80 | |
| 3 | 361 | | | 0.50 | | 76.27 | |
| 3 | 400（$TP_3$） | | | | 0.425 | 76.342 | |
| … | … | … | … | … | … | … | … |
| 7 | 0+600（$TP_6$） | 0.848 | 75.790 | | 1.121 | 74.942 | |
| 7 | $BM_2$ | | | | 1.324 | 74.466 | 74.451 |
| 校核 闭合差计算 | $\Sigma_后=8.896$　　$\Sigma_前=11.035$　　$\Sigma_后-\Sigma_前=-2.139$ | | | | | $H_{终测}-H_始=-2.139$ | |
| 校核 闭合差计算 | $f_h=h_测-(H_终-H_始)=+15mm$　　　$f_{h允}=\pm10\sqrt{n}=\pm26mm$ | | | | | | |
| 校核 闭合差计算 | $f_h<f_{h允}$，成果符合要求，可进行闭合差调整 | | | | | | |

进行纵断面水准测量时，其闭合差不得超过 $\pm 40\sqrt{l}$ mm（$l$ 为附合路线长度，以 km 为单位），或者 $\pm 10\sqrt{n}$ mm（$n$ 为测站数），闭合差不用调整，但超限必返工。沿线各连测点的高程应通过高差闭合差调整后计算求得。

2. 全站仪法

进行纵断面水准测量，使用全站仪对向观测，测定高程的精度可达到四等水准测量的精度，可以达到测量中线桩地面高程的精度要求。实际工作中一般采用单向观测计算高差的公式，计算中线桩地面高程。若测站点 $A$ 高程为 $H_A$，高差为 $h$，则地面点 $P$ 的高程为

$$H_P = H_A + h = H_A + S\sin\alpha + (1-k)\,S^2\cos^2\alpha/2R + i - v \qquad (4-2-1)$$

式中　$S$——斜距；

$\alpha$——竖直角；

$k$——大气垂直折光系数，取平均值 0.11 或实测确定；

$R$——地球半径；

$i$——仪器高；

$v$——觇标高。

使用全站仪进行纵断面水准测量，需要注意以下几点：测站应选中线附近的高程已知的控制点，并与中线桩通视；准确量取仪高、棱镜高、预置测量改正数；将测站高程、仪高、棱镜高输入仪器。

**（二）纵断面图的绘制**

纵断面图一般绘在印有毫米方格的纸上，是以中心桩的里程为横坐标，以高程为纵坐标的直角坐标系中绘制，为使地面起伏变化更明显，纵轴比例尺一般选用横轴比例尺的十倍。为了节省纸张和便于阅读，纵断面图上的高程，可以不从零开始，而从某一合适的数值起绘。根据栏目中注明的最小渠底设计高程确定标高线的起点高程，以保证地面最低点能在图上标出并留有余地。标高线的起点高程应为整米数，起点往上按高程比例尺划分每米区间，并标注高程。绘制方法如下：

（1）在坐标纸的左下角绘制图标，自上至下依次分桩号、渠底比降、地面高程、渠底高程、挖深、填高等栏目。右方栏边线右侧适当位置作为渠道起点，自起点向上作一条纵坐标线，同时将图标每栏横线向右延绘至坐标纸边缘，以图标上边线的延伸线为横坐标线。

（2）在横轴上按水平距离比例尺定出里程桩和加桩的位置，并在栏内相应位置标注桩号；在渠底比降栏绘出渠底设计坡度线，并注明坡度值。将各桩的实测高程填入高程栏，并按高程比例尺在纵轴上相应的位置标定点位，再用直线将各点依次连接起来，即为地面线（图 $4-2-2$）。根据渠底起点设计高程和坡度计算出终点的设计高程；并在纵轴上标定其点位并用直线连接起来，即为渠底设计线；同法可连出渠堤顶线；根据起点（$0+000$）的渠底设计高程、渠道比降和离起点的距离均可以求得相应点处的"渠底高程"。其中渠底设计高程 $H_{底}$、渠首底高程 $H_{进}$、渠底设计坡度 $i$ 和该点对起点的里程 $D$ 按式（$4-2-2$）计算：

$$H_底 = H_首 - D \times i \qquad (4-2-2)$$

然后，再根据各桩点的地面高程和渠底高程，即可算出各点的挖深或填高数，分别填在图 4-2-2 中相应位置。

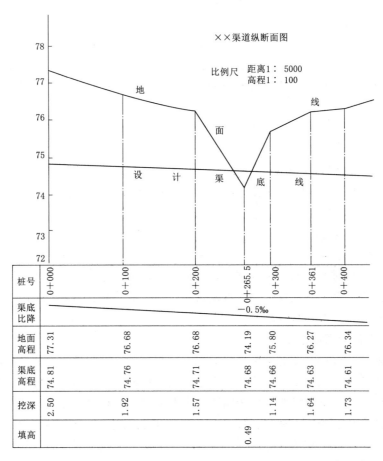

图 4-2-2 渠道纵断面图

## 二、横断面测量

垂直于线路中线方向的断面称为横断面，路线所有中心桩一般都应测量其横断面。横断面测量的主要任务是测量横断面地面高低起伏情况，并绘制出横断面图。横断面图是确定横向施工范围、计算土石方数量的必要资料。

### （一）横断面测量

横断面测量的宽度，根据实际工程要求和地形情况而定。横断面上中心桩的地面高程已在纵断面测量时测出，只要测出各地形特征点相对于中心桩的平距和高差，就可以确定其点位和高程。根据地形、精度等条件或要求的不同，平距和高差常用的施测方法有：标杆皮尺法、水准仪法、全站仪法等。

**1. 标杆皮尺法**

标杆皮尺法适用于横断面方向坡度较大或断面宽度较小时。测量时，先用目测法

4.5【课件】
横断面测量

172

或方向架，标定与渠线垂直的断面方向，此方向即为横断面方向。以中心桩为零起算，面向渠道下游分为左、右侧。如图 4-2-3 所示，标杆立于右 2 点，皮尺靠近中桩地面，拉平量到右 2 点，读出平距 2.8m；而皮尺截取标杆的红白格数即为两点间的高差 -1.5m。按表 4-2-2 的格式做好记录，分子表示相邻两点间的高差，分母表示相应的平距；如 0+235 桩左侧第 1 点的记录 $\dfrac{+1.2}{3.3}$，表示该点距中心桩 3.3m，高 1.2m。如果延伸方向和已量过的两点间坡度一致，或和已到的一点高度相同，通常可以不再往前量，分别注"同坡"或"平"表示。

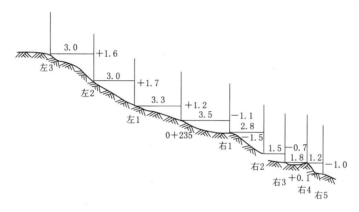

图 4-2-3　用标杆皮尺法测量横断面

表 4-2-2　　　　　　　　　　标杆皮尺法横断面测量记录表

| 横　断　面　左　侧 | | | | 中心桩 | 横　断　面　右　侧 | | | |
|---|---|---|---|---|---|---|---|---|
| 平 | $\dfrac{+1.6}{3.0}$ | $\dfrac{+1.7}{3.0}$ | $\dfrac{+1.2}{3.3}$ | $\dfrac{0+235}{158.57}$ | $\dfrac{-1.1}{3.5}$ | $\dfrac{-1.5}{2.8}$ | $\dfrac{-0.7}{1.5}$ | $\dfrac{+0.1}{1.8}$ |
| $\dfrac{+4.5}{12.3}$ | $\dfrac{+4.5}{9.3}$ | $\dfrac{+2.9}{6.3}$ | $\dfrac{+1.2}{3.3}$ | 累计 | $\dfrac{-1.1}{3.5}$ | $\dfrac{-2.6}{6.3}$ | $\dfrac{-3.3}{7.8}$ | $\dfrac{-3.2}{9.6}$ |

**2. 水准仪法**

水准仪法测量精度高，只适用于施测横断面较宽的平坦地区（图 4-2-4）。首先安置水准仪于中线桩附近，用方向架标定断面的方向；若渠道宽度小于 50m，可用目测法标定断面方向；水准仪照准中线桩（后视点）标尺，将读数（后视读数）填入表内，并计算出视线高；以中线桩两侧横断面地形特征点为前视，照准断面方向上各特征点（间视点）标尺，将读数（前视读数）填入表内，并计算出各特征点的高程；用皮尺量出各特征点至中线桩的水平距离。记录表格见表 4-2-3，按渠道前进方向分左右侧记录。以分式表示前视读数和水平距离。高差由后视读数与前视读数求差得到。

173

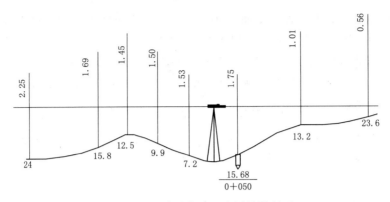

图 4-2-4 水准仪皮尺法测量横断面

表 4-2-3 横断面测量记录表

| 前视读数（左侧）水平距离 | | | | | 后视读数桩号 | （右侧）前视读数水平距离 | |
|---|---|---|---|---|---|---|---|
| $\dfrac{2.25}{24}$ | $\dfrac{1.69}{15.8}$ | $\dfrac{1.45}{12.5}$ | $\dfrac{1.50}{9.9}$ | $\dfrac{1.53}{7.2}$ | $\dfrac{1.75}{0+050}$ | $\dfrac{1.01}{13.2}$ | $\dfrac{0.56}{23.6}$ |

**3. 全站仪法**

利用全站仪测量速度更快，效率更高。安置全站仪于任意点上（一般安置在测量控制点上），先观测中线桩，再观测横断面上各特征点，观测的数据有水平角、竖直角、斜距、棱镜高、仪高等。其结果可以根据相应软件来计算，也可以采用全站仪纵横断面测量一体化技术（如全站仪对边测量）。

**（二）横断面图绘制**

横断面图与纵断面图绘制方法相似，也是根据断面测量成果，用毫米方格纸进行绘制，但不需绘制图标，且为了计算方便，横断面图的纵、横轴一般采用同一比例尺，一般取 1∶100 或 1∶200，小渠道也可采用 1∶50。绘图时，以中心桩为中点，左右两侧水平距离为横轴，高程为纵轴。展绘出各地面特征点在方格纸上，依次连接相邻各特征点得地面线，即为该桩横断面图（图 4-2-5）。为了节约纸张和使用方便，在一张坐标纸上要绘许多个横断面图，必须依照里程顺序从上至下、从左至右排列；同一纵列的各横断面中心桩应在同一纵线上，彼此之间隔开一定距离。

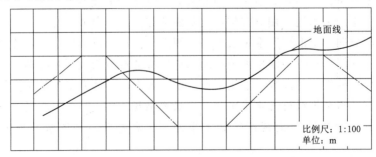

图 4-2-5 渠道横断面图

### 三、土方计算

渠道工程必须在地面上挖深或填高，使渠道断面符合设计要求。所填挖的体积以$m^3$为单位，称为土方。土方的多少，往往是总工作量的重要指标，是经济核算与合理分配劳动力的重要依据。土方计算的方法常采用平均断面法（图4-2-6），先算出相邻两中心桩应挖（或填）的横断面面积，取其平均值，再乘以两断面间的距离，即得两中心桩之间的土方量，以式（4-2-3）表示

4.6【课件】
土方量计算

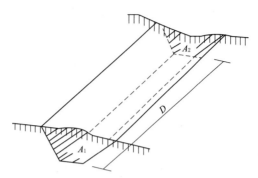

图4-2-6 平均断面法

$$V = \left(\frac{A_1 + A_2}{2}\right) \times D \quad (4-2-3)$$

式中　$V$——两中心桩间的土方量，$m^3$；

　　　$A_1$，$A_2$——两中心桩应挖或填的横断面的面积，$m^2$；

　　　$D$——两中心桩间的距离，m。

采用该法计算土方的方法步骤如下。

1. 确定挖方或填方的面积范围

地面线是根据横断面测量的数据绘制而成的，而渠道标准断面（设计断面）是根据里程桩挖深、设计底宽和渠道边坡绘成的，如图4-2-7所示。

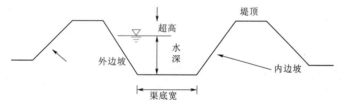

图4-2-7 渠道标准设计断面

地面线与设计断面所围成的面积，即为挖方或填方面积。在地面线以上为填方，地面线以下为挖方。为了绘制标准断面方便，在实际工作中，可按地形横断面图的比例尺，依据渠底设计宽度、深度和渠道内外坡比，制成设计断面模片，套绘在地形横断面图上。按照设计断面与地形的关系，渠道土方可分为挖方、填方、半挖半填方。

2. 计算面积

设计断面与地形断面交线围成的面积，即为该断面挖方或填方的面积。计算面积的方法很多，通常采用的方法有方格法、梯形法和电子求积仪法。

（1）方格法。方格法是将透明方格纸蒙在欲测图形上，分别数出图形范围内挖方或填方的方格数，再乘以每个方格代表的实际面积，即得挖或填方面积。数方格时，先数整方格，再用目测法取长补短，将不整齐的部分，拼凑成整方格，最后加在一起，得到总方格数。

175

（2）梯形法。梯形法是将欲测图形分成若干等高梯形，然后按梯形面积的计算公式进行量测和计算。如图 4-2-8 所示，将中间挖方图形划分为若干梯形，其中 $l_i$（$i=1,2,\cdots,n$）为梯形的中线长，$h$ 为梯形的高，为了方便计算，梯形的高常采用 $l$ cm，这样只需量取各梯形的中线长并相加，按式（4-2-4）即可求得图形面积 $A$：

$$A = (l_1 + l_2 + \cdots + l_n) \times h \qquad (4-2-4)$$

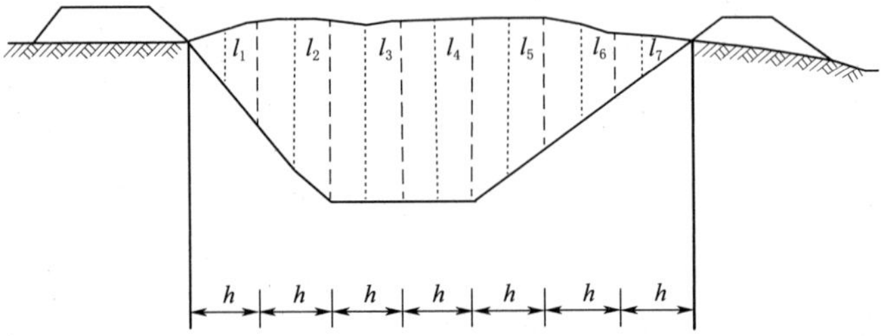

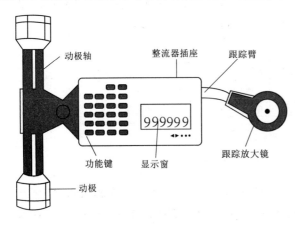

图 4-2-8　梯形法

实际工作中常用宽 $l$ cm 的长条方格纸逐一量取各梯形中线长，并在方格纸上依次累加，即从方格纸条的 0 端开始，先量第 1 个梯形的中线长，在纸条上得到 $l_1$ 的终点，再以 $l_1$ 为第 2 个梯形中线长 $l_2$ 的起点，接着量取 $l_2$，得到 $l_1+l_2$ 的终点，依次量取、累加即得总长，从而由方格纸即可直接得出图形的总面积。由于欲测面积的图形是以等高梯形划分，有可能使图形两端的三角形的高不等，这时应单独量算其面积，然后和梯形图形的面积相加即得所求图形的总面积。

（3）电子求积仪法。电子求积仪是一种专门用于在图上量算面积的电子仪器，如图 4-2-9 所示，主要由主机、动极和动极轴、跟踪臂和跟踪放大镜等组成，跟踪放大镜中心的小红点即跟踪点。作业时，手扶放大镜使跟踪点自图形边界某点起始，沿封闭曲线顺时针转动，动极和主机亦跟随放大镜一起移动，回到起点后，根据积分的原理由微处理机自动计算出图形的面积，并在显示窗显示出来。电子求积仪量算面积具有以下特点：

图 4-2-9　电子求积仪

1）实现面积量算的半自动化

2）可选择面积的单位制。单位制有公制和英制，单位有 cm²、m²、km² 及 in²（平方英寸）、ft²（平方英尺）、acre（英亩）。

3）可设置比例尺。

4）对大的图形可分块量测，并对量测结果进行累加。

### 3. 计算土方

根据相邻中心桩的设计面积及两断面间的距离，按式（4-2-4）计算出相邻横断面间的挖方或填方。然后，将挖方和填方分别求其总和。总土方量等于总挖方量与总填方量之和（表4-2-4）。

表4-2-4 渠道土（石）方量计算表

| 桩号 | 中心桩填挖/m | | 面积/m² | | 平均面积/m² | | 距离/m | 土方/m³ | |
|------|------|------|------|------|------|------|------|------|------|
| | 挖深 | 填高 | 挖 | 填 | 挖 | 填 | | 挖 | 填 |
| 0+000 | 2.50 | | 6.12 | 1.15 | | | | | |
| | | | | | 7.26 | 2.08 | 100 | 726 | 208 |
| 0+100 | 1.92 | | 8.40 | 3.01 | | | | | |
| | | | | | 6.13 | 4.06 | 100 | 613 | 406 |
| 0+200 | 1.57 | | 3.86 | 5.11 | | | | | |
| | | | | | 2.28 | 5.28 | 50 | 114 | 264 |
| 0+250 | 0 | | 0.70 | 5.45 | | | | | |
| | | | | | 0.35 | 6.29 | 15.5 | 5 | 97 |
| 0+265.5 | | 0.49 | 0 | 7.13 | | | | | |
| | | | | | … | … | … | … | … |
| … | … | … | … | … | | | | | |
| | | | | | … | … | … | … | … |
| 0+600 | 0.47 | | 5.64 | 4.91 | | | | | |
| 合计 | | | | | | | | 4161 | 3506 |

如果相邻断面有挖方和填方，则两断面之间必有不挖也不填点，该点称为零点（如表4-2-4中的0+250）。零点处横断面的挖方面积和填方面积不一定都为零，故还应到实地补测该点处的横断面，然后分别计算其与相邻断面的土方量。

# 模块三 线路恢复和渠堤边坡放样

## 一、线路恢复

### （一）恢复中线测量

从工程勘测开始，经过工程设计到开始施工，要隔很长一段时间，在此期间有一部分中线桩被碰动或丢失。为了保证线路中线位置的正确可靠，施工前应进行一次复核测量，并将已经碰动或丢失过的交点桩、里程桩恢复和校正好，其方法与中线测量相同。

### （二）施工控制桩的测设

中线桩在施工过程中要被锯掉或填埋。为了施工方便，可靠地控制中线位置，需要在不易受施工破坏，便于引测，易于保存桩位的地方测设施工控制桩。控制桩有以下两种测设方法。

**1. 平行线法**

平行线法是在设计渠道宽度以外测设两排平行于中线的施工控制桩（图 4-3-1），控制桩的间距一般取 10～20m。此法多用于地势较平坦，直线段较长的路段。

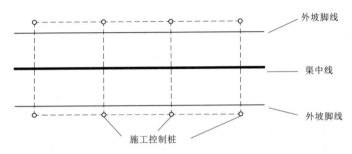

图 4-3-1　平行线法测设控制桩

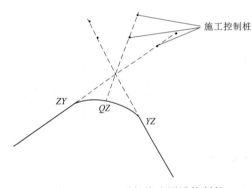

图 4-3-2　延长线法测设控制桩

**2. 延长线法**

延长线法是渠道转折处的中线延长线上，以及曲线中点至交点的延长线上打下施工控制桩（图 4-3-2），延长线法多用于地形起伏较大、直线段较短的山区。

### 二、渠堤边坡放样

为了指导渠道的开挖和填土，必须将设计横断面与原地面的交点在实地用木桩或白灰粉标定出来（这些桩称为边坡桩），这项工作称为边坡施工测量（边坡放样）。

放样数据为边坡桩与中心桩的水平距离，通常直接从横断面图上量取。放样时，先在实地用方向架定出横断面方向，然后根据放样数据，在横断面方向将边坡桩标定在地面上。如图 4-3-3 所示，从中心桩 $O$ 向左侧方向量取 $L_1$ 的左内边坡桩 $a$，量 $L_3$ 得左外边坡桩 $b$。同样，从中心桩向右侧量取的内边坡桩 $c$，分别打下木桩，即为开挖、填筑界线的标志，连接各断面相应的边坡桩，撒以石灰，即为开挖线和填土线。

为了保证填挖的边坡达到设计要求，还应该把设计边坡在实地标定出来，以方便施工。边坡放样的方法有：用竹竿和绳索放样，用边坡板放样。

用竹竿和绳索放样边坡是指在当填土不高的时候，可以一次挂线即在路基宽的两端分别竖立竹竿，在两竹竿高度等于中桩填土高度处用绳索连接，同时再用绳索分别与两边的边桩连接，则设计坡度在实地标定出来了；当填土较高时，可分层挂线施工。用边坡板放样边坡是指施工前按照设计边坡坡度做好边坡样板，施工时按照边坡

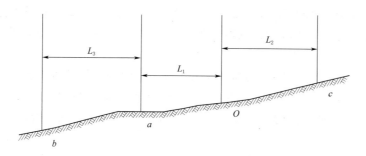

图 4-3-3 边坡桩放样示意图

样板施工放样。

最后，为了保证渠道的修建质量，还要进行验收测量，验收测量一般是用水准测量的方法检测渠底高程，有时还需检测渠堤顶的高程、边坡坡度等，以保证渠道按设计要求完工。

# 【知识目标自测】

**一、单选题**

1. 渠道里程桩的桩号 K5+600，其中的字母与数字代表什么意思？（　　）

A. 表示该里程桩离渠道起点的水平距离为 5km+600km，即 605km

B. 表示该里程桩离渠道起点的水平距离为 5km+600m，即 5600m

C. 表示该里程桩离渠道起点的里程为 5km+600km，即 605km

D. 表示该里程桩离渠道起点的里程为 5km+600m，即 5600m

2. 渠道横断面测量的目的是什么？（　　）

A. 测定平行于中线方向的地面起伏变化情况

B. 测定中心线两侧地物的坐标

C. 测定垂直于中线方向的地面起伏变化情况

D. 测定中心线上各里程桩和加桩的地面高程

3. 为了明显表示地势的变化，渠道纵断面图高程的比例尺应该如何设置？（　　）

A. 高程比例尺与水平比例尺相同

B. 水平比例尺设为高程比例尺的 10 倍

C. 水平比例尺设为高程比例尺的 20 倍

D. 高程比例尺设为水平比例尺的 10～50 倍

4. 渠道纵断面测量的目的是什么？（　　）

A. 测出中心线上各里程桩和加桩的地面高程

B. 测出中心线两侧的地面高程

C. 测出渠道中线起点和终点的地面高程

D. 测出渠道中线两侧地面一定范围内的地形

5. 渠道测量包括哪些内容？（　　）

A. 踏勘选线、纵断面测量、横断面测量、土方量计算、渠道边坡放样

B. 踏勘选线、中线测量、纵断面测量、横断面测量、土方量计算、渠道边坡放样

C. 踏勘选线、中线测量、横断面测量、土方量计算、渠道边坡放样

D. 踏勘选线、中线测量、纵断面测量、横断面测量、渠道边坡放样

6. 纵断面是以中线桩的（       ）为横坐标，以（       ）为纵坐标的直角坐标系中绘制。

    A. 高程、里程      B. 里程、高程      C. 路程、高程      D. 高程、路程

7. 用平均断面法进行土方计算，断面 $A_1$ 开挖面积是 $10m^2$，断面 $A_2$ 开挖面积是 $8m^2$，两断面里程差为 50m，两断面总挖方为（       ）$m^3$。

    A. 500        B. 900        C. 400        D. 450

8. 计算渠道土方量，（      ）乘以（      ）即为挖方或填方量，最后计算出该段总的土方量。

    A. 平均断面面积、两断面间的里程差      B. 平均断面面积、高程

    C. 平均断面面积、里程             D. 水平距离、两断面间的里程差

9. 纵断面测绘主要用水准测量（光电测距三角高程测量或 GNSS 高程测量）测定渠道中线各（      ）的地面高程。

    A. 副桩         B. 边桩         C. 里程桩         D. 加桩

10. 渠道线路中平测量是测定路线（      ）的高程。

    A. 水准点        B. 转点         C. 各中桩        D. 各关键点

11. 利用小比例地形图在图上选定几条备选路线和确定线路基本走向，是下面渠道选线的哪一步？（      ）

    A. 图上初选      B. 实地踏勘      C. 地形测绘      D. 图上终选

12. 渠道中线测量中，设置转点的作用是（      ）。

    A. 传递高程      B. 传递方向      C. 加快观测速度      D. 增加精度

**二、判断题**

1. 里程桩桩号为 K3＋234.75，表示该里程桩到起点的水平距离为 3234.75m。（      ）

    A. 正确

    B. 错误

2. 线路转折点又称交点，工程上用 JD 表示。（      ）

    A. 正确

    B. 错误

# 【能力目标自测】

试根据下图中外业所测里程桩地面高程，绘制渠道纵断面图。

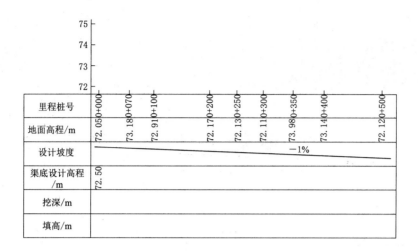

# 大 坝 施 工 测 量

## 【主要内容】

本项目主要介绍了施工测量的基本概念，已知水平角、水平距离、高程及平面点位的测设，混凝土坝的施工控制测量，混凝土坝清基开挖线的放样，最后介绍了混凝土重力坝坝体的立模放样。

**重点：**已知高程的测设，平面点位的测设，混凝土坝的施工控制测量，混凝土重力坝坝体的立模放样。

**难点：**RTK坐标放样的参数计算，混凝土重力坝坝体的立模放样。

## 【学习目标】

| 知 识 目 标 | 能 力 目 标 |
| --- | --- |
| 1. 正确理解施工测量的基本概念<br>2. 理解水平角、水平距离、高程及平面点位测设的原理与方法<br>3. 了解混凝土坝的施工控制测量的原理<br>4. 理解混凝土重力坝坝体的立模放样的原理与方法 | 1. 能利用水准仪完成点位高程测设<br>2. 能利用全站仪完成水平角、水平距离及平面点位的测设<br>3. 能利用RTK完成平面点位测设<br>4. 能正确复述混凝土坝的施工控制测量的原理与方法<br>5. 能正确复述混凝土重力坝坝体的立模放样的方法 |

## 模块一　施工测量的基本工作

### 一、施工测量的概念

测图工作是利用控制点测定地面上地形特征点，缩绘到图上。工程施工阶段所进行的测量工作则与此相反，即把设计图纸上工程建筑物的平面位置和高程，用一定的测量仪器和方法测设到实地上去，作为施工的依据。为此开展的测量工作称为施工测量，亦称为施工放样。

图纸上设计的建筑物尽管形式多样，结构复杂，但依然可将其分解为点、线、面之间的基本几何关系。特征点是建筑结构的几何基础，由点构成线、再由线构成面。因此，施工放样的关键是建筑结构特征点的放样。

为此，进行施工放样之前，首先要进行施工控制测量，即在施工场地区域内建立施工控制点。然后根据建筑物的设计尺寸，找出建筑物各部分特征点与控制点之间位置的几何关系，计算出距离、角度、高程等放样数据，再利用控制点，在实地上定出建筑物的特征点。

施工测量贯穿于整个施工过程中。从场地平整、建筑物定位、基础施工，到建筑物构件的安装等，都需要进行施工测量，才能使建筑物、构筑物各部分的尺寸、位置符合设计要求。有些工程竣工后，为了便于维修和扩建，还必须测出竣工图。有些高大或特殊的建筑物建成后，还要定期进行变形观测，以便积累资料，掌握变形的规律，为今后建筑物的设计、维护和使用提供资料。

大坝的施工建设属于典型水利工程项目。长江三峡水利枢纽工程，简称三峡工程，是中国长江中上游段建设的大型水利工程。工程主体建筑物由拦河大坝、发电厂、通航建筑物等三部分组成。三峡工程作为世界规模最为宏大的水利水电综合利用工程，其施工全过程的每一个工序环节几乎都离不开施工测量工作。施工蓝图变为现实、施工过程形体控制、金属结构安装和工程竣工验收都需要施工测量来保证。

三峡工程建设所取得的成就，充分证明了集中力量办大事是中国特色社会主义制度优势的突出特征。党的二十大报告中指出必须坚持自信自立。中国人民和中华民族从近代以后的深重苦难走向伟大复兴的光明前景，从来就没有教科书，更没有现成答案。作为新时代的大国工匠，坚持对马克思主义的坚定信仰、对中国特色社会主义的坚定信念，坚定道路自信、理论自信、制度自信、文化自信，是实现中国梦放飞青春梦想的不二法宝。

## 二、施工测量的原则

施工现场上有各种建筑物、构筑物，且分布较广，往往又不是同时开工兴建。为了保证各个建筑物、构筑物在平面和高程位置都符合设计要求，互相连成统一的整体，施工放样和测绘地形图一样，也要遵循"从整体到局部，先控制后碎部"的原则。即先在施工现场建立统一的平面控制网和高程控制网，然后以此为基础，测设出各个建筑物和构筑物的位置。

在进行各样建筑物放样时，所利用的各控制点必须是同一系统，这样才能保证各建筑物之间的关系，符合设计要求。

施工放样的检核工作也很重要，必须采用各种不同的方法加强外业和内业的检核工作。

## 三、施工测量的准备工作

在施工放样之前，应建立健全测量组织和检查制度。并核对设计图纸，检查总尺寸和分尺寸是否一致，总平面图和大样详图尺寸是否一致，不符之处要向设计单位提出，进行修正。然后对施工现场进行实地踏勘，根据实际情况编制测设详图，计算测设数据。对施工测量所使用的仪器、工具应进行检验、校正，否则不能使用。工作中必须注意人身和仪器的安全，特别是在高空和危险地区进行测量时，必须采取防护措施。

### 四、施工测量的基本工作

施工测量的实质就是依据测量控制点，将设计建筑物特征点的空间位置在实地测设出来。平面控制测量的目的是精确测定控制点的平面位置；高程控制测量的目的是精确测定控制点高程。点位的测设一般需要从平面点位和高程测设两方面来实现。平面点位的放样一般需要通过对角度和距离这两个要素来实现。

5.1【课件】
水平距离测设

#### （一）已知水平距离的测设

已知水平距离的测设，就是由地面已知点起，沿给定的方向，测设出直线上另外一点，使得两点间的水平距离为设计的水平距离。其测设方法主要有以下几种。

**1. 利用钢尺一般方法测设水平距离**

如图 5-1-1 所示，地面上由已知点 $A$ 开始，沿给定方向，用钢尺量出已知水平距离 $D$ 定出 $B$ 点。为了校核与提高测设精度，在起点 $A$ 处改变读数，按同法量已知距离 $D$ 定出 $B'$ 点。由于量距有误差，$B$ 与 $B'$ 两点一般不重合，其相对误差在允许范围内时，则取两点的中点作为最终位置。

**2. 全站仪测设水平距离**

如图 5-1-2 所示，安置全站仪于 $A$ 点，瞄准已知方向，按下测量键，沿此方向移动棱镜位置，当显示的水平距离等于待测设的水平距离时，在地面上标注出过渡点 $B'$，然后实测 $AB'$ 的水平距离，如果测得的水平距离与已知水平距离之差符合精度要求，则定出 $B$ 点的最后位置，如果测得的水平距离与已知水平距离之差不符合精度要求，应进行改正，直到测设的距离符合限差要求为止。

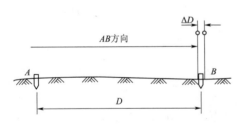

图 5-1-1　一般钢尺法测设水平距离

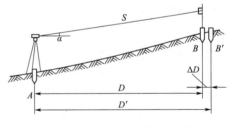

图 5-1-2　全站仪测设水平距离

5.2【课件】
水平角测设

5.3【视频】
归化法放
样角度

#### （二）已知水平角的测设

已知水平角的测设，一般方法就是根据地面上一点及给定的方向，定出另一个方向，使得两方向间的水平角为设计值。

如图 5-1-3 所示，设在地面上已有一方向线 $AB$，欲在 $A$ 点测设第二方向线 $AC$，使 $\angle BAC = \beta$。可将全站仪安置在 $A$ 点上，在盘左位置，用望远镜瞄准 $B$ 点，使度盘读数为零度，然后转动照准部，使度盘读数为 $\beta$，在视线方向上定出 $C'$ 点。再用盘右位置，重复上述步骤，在地面上定出 $C''$ 点。$C'$ 与 $C''$ 往往不相重合，取 $C'$ 与 $C''$ 点的中点 $C$，则 $\angle BAC$ 就是要测设的水平角。

当测设水平角精度要求不高时，可采用此法，即用盘左、盘右取平均值的方法。

#### （三）已知高程的放样

高程放样和高程测量的不同点是高程测量是已知后视点高程，通过施测已知后视

高程点和前视未知高程点两点之间的高差来
计算未知高程点的高程，施测时分别在这两
点立水准尺，两点之间安置水准仪读取后视
读数和前视读数，利用这两个读数计算这两
点高差；而高程放样是已知两点高程和这两
点在地面上的平面位置及一个已知高程点的
高程面，要确定另一个高程点所在的高程
面，施测时先计算水准仪在放样高程点所立
水准尺的读数，利用这个读数来确定水准尺
底部所在的高程面，其施测的思路正好是互
逆的，进行高程放样时，可利用水准仪或全站仪进行。

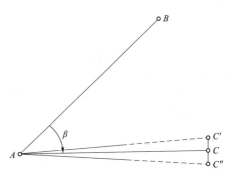

图 5-1-3 测设已知水平角的一般方法

**1. 利用水准仪进行高程放样**

水准仪放样高程适用于放样点所处的地势比较平坦，相对高差不大的情况。

如图 5-1-4 所示，已知水准点 $BM$ 的高程为 $H_{BM}$，路基顶面 $B$ 点的设计标高
为 $H_B$，试在木杆上标定高程为 $H_B$ 的位置。

图 5-1-4 用水准仪进行高程放样

安置水准仪于 $BM$ 和 $B$ 两点之间，在 $BM$ 和 $B$ 两点立水准尺，后视 $BM$ 点所立
水准尺读数为 $a$，计算在 $B$ 点所立水准尺底面高程恰为 $H_B$ 时所对应的水准尺读数 $b$。

$$b = a - (H_B - H_{BM}) \tag{5-1-1}$$

在 $B$ 点钉设一木杆，让水准尺紧贴木杆，保持水准尺铅垂上下移动，当读数为 $b$
时，该水准尺底面所对应的位置即为高程为 $H_B$ 的位置。

**2. 利用全站仪进行高程放样**

利用全站仪进行高程放样适用于相对高差较大的地形。

如图 5-1-5 所示，已知水准点 $BM$ 的高程为 $H_{BM}$，$B$ 点的设计高程为 $H_B$，要
求放样 $B$ 点所在的高程面。

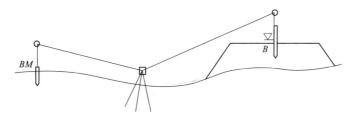

图 5-1-5 用全站仪进行高程放样

由已知条件可知，水准点与放样点 $B$ 之间的高差为

$$\Delta h = H_B - H_{BM} \tag{5-1-2}$$

第一步：选择地势较高点，并能与水准点和放样点通视的位置安置全站仪，利用工程测量介绍的方法设置仪器高，输入棱镜常数和棱镜高。

第二步：瞄准水准点所立棱镜，按测距键，显示屏显示测站点与水准点之间的高差 $\Delta h_1$，则仪器中心点高程为

$$H_i = H_{BM} - \Delta h_1 \tag{5-1-3}$$

第三步：保持棱镜高不变，将棱镜从水准点移到 $B$ 点，瞄准 $B$ 点所立棱镜，高差读数 $\Delta h_2$ 应为

$$\Delta h_2 = H_B - H_i \tag{5-1-4}$$

上下移动棱镜，当高差读数为 $\Delta h_2$ 时，棱镜底端位置即为放样点 $B$ 所在的高程面。

### （四）平面点位的放样

测设点的平面位置，就是根据已知控制点，在地面上标定出一些点的平面位置，使这些点的坐标为给定的设计坐标。根据施工现场具体条件和控制点布设的情况，测设点的平面位置的方法有极坐标法、直角坐标法、角度交会法和距离交会法等。测设时，应预先计算好有关的测设数据。

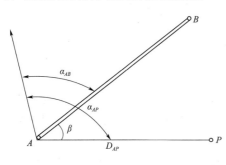

图 5-1-6　极坐标法

#### 1. 极坐标法

极坐标法是根据水平角和水平距离测设地面点平面位置的方法。如图 5-1-6 所示，$P$ 点为欲测设的待定点，$A$、$B$ 为已知点。为将 $P$ 点测设于地面，首先按坐标反算公式计算测设用的水平距离 $D_{AP}$ 和坐标方位角 $\alpha_{AB}$、$\alpha_{AP}$。

如果用全站仪按极坐标法测设点的平面位置，则更为方便，如图 5-1-7 所示要测设 $P$ 点的平面位置，其施测方法如下：把全站仪安置在 $A$ 点，瞄准 $B$ 点，将水平度盘设置为 $0°00'00''$，然后将控制点 $A$、$B$ 的已知坐标及 $P$ 点的设计坐标输入全站仪，即可自动算出测设水平角 $\beta$ 及水平距离 $D$。测设水平角 $\beta$，并在视线方向上把棱镜安置在 $P$ 点附近的 $P'$ 点。设 $AP'$ 的距离值为 $D'$，实测 $D'$ 后再根据 $D'$ 与 $D$ 的差值 $\Delta D = D - D'$ 进行改正，即得 $P$ 点。

#### 2. 直角坐标法

直角坐标法是根据两个彼此垂直的水平距离测设点的平面位置的方法。如果施工现场的平面控制点之间布设成与坐标轴线平行或垂直的建筑方格网时，常用直角坐标法测设点位。

如图 5-1-8 所示，$A$、$B$、$C$、$D$ 为建筑方格网点，$P$ 为一建筑物的轴线点，设 $A$ 点坐标为 $(x_A, y_A)$，$P$ 点的设计坐标为 $(x_P, y_P)$。测设时，在 $A$ 点安置经纬仪或全站仪，瞄准 $B$ 点，在 $A$ 点沿 $AB$ 方向测设水平距离 $\Delta y_{AP} = y_P - y_A$，得 $a$

点，将仪器搬至 $a$ 点，瞄准 $B$ 点，测设 90°角，得 $ac$ 方向，从 $a$ 点沿 $ac$ 方向测设水平距离 $\Delta x_{AP}=x_P-x_A$，即得 $P$ 点。同法，可以测设出 $M$、$N$、$Q$ 等其他各点。

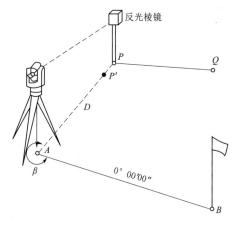

图 5-1-7　全站仪极坐标法

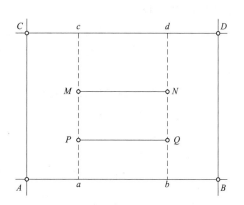

图 5-1-8　直角坐标法

### 3. 角度交会法

角度交会法是根据测设的两个水平角值定出两直线的方向。

当需测设的点位与已知控制点相距较远或不便于量距时，可采用角度交会法。如图 5-1-9 所示，$A$、$B$ 为已知控制点，$P$ 为要测设的点，首先由 $A$、$B$、$P$ 点的坐标计算测设数据 $\beta_1$、$\beta_2$，计算方法同极坐标法，计算公式为坐标反算公式。

测设 $P$ 点时，同时在 $A$ 点及 $B$ 点安置全站仪，在 $A$ 点测设 $\beta_1$ 角，在 $B$ 点测设 $\beta_2$ 角，两条方向线相交即得 $P$ 点。

当用一台全站仪测设时，无法同时得到两条方向线，这时一般采用打骑马桩的方法，如图 5-1-9 所示，全站仪架在 $A$ 点时，得到了 $AP$ 方向线。在大概估计 $P$ 点位置后，沿 $AP$ 方向离 $P$ 点一定距离的地方，打入 $A_1$、$A_2$ 两个桩，桩顶作标志，使其位于 $AP$ 方向线上。同理，将全站仪搬至 $B$ 点，可得 $B_1$、$B_2$ 两桩点。在 $A_1A_2$ 与

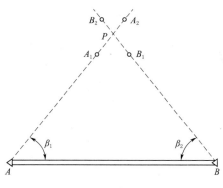

图 5-1-9　角度交会法

$B_1B_2$ 之间各拉一根细线，两线交点即为 $P$ 点位置。这样定出的 $P$ 点，即使在施工过程中被破坏，恢复起来也非常方便。

根据精度要求，只有两个方向交会，一般应重复交会，以便检核。还可采取三个控制点从三个方向交会，若三个方向不交于一点，则每个方向可用两个小木桩临时标定在地上，而形成误差三角形，若误差三角形的最大边长不超过精度规定值，则取三角形的重心，作为 $P$ 点的最终位置。

### 4. 距离交会法

距离交会法是根据测设两个水平距离，交会出点的平面位置的方法。当需测设的

点位与已知控制点相距较近，一般相距在一尺段以内且测设现场较平整时，可用距离交会法。

如图 5-1-10 所示，$A$、$B$ 为已知控制点，$P$ 为要测设的点，先根据坐标反算式计算测设数据 $D_{AP}$、$D_{BP}$。

测设 $P$ 点时，以 $A$ 点为圆心，以 $D_{AP}$ 为半径，用钢尺在地面上画弧，再以 $B$ 点为圆心，以 $D_{BP}$ 为半径，用钢尺在地面上画弧，两条弧线的交点即为 $P$ 点。

5. 全站仪坐标放样

由于全站仪的型号不同，其操作方法有一定的区别，我们仅以中海达 ZTS-121 全站仪为例说明坐标放样的方法，对于其他型号的全站仪可参照其说明书进行操作。

（1）全站仪坐标放样的基本原理。如图 5-1-11 所示，已知 $A$、$B$、$C$ 三点坐标为 $(X_A，Y_A)$、$(X_B，Y_B)$、$(X_C，Y_C)$，其中 $A$、$B$ 两点在地面上的位置已确定，要求在实地确定 $C$ 点的地面位置。

设 $A$ 点为测站点，$B$ 点为后视点，$C$ 点为放样点。安置全站仪于 $A$ 点，后视 $B$ 点。

5.7【视频】南方 NTS332R 全站仪坐标放样

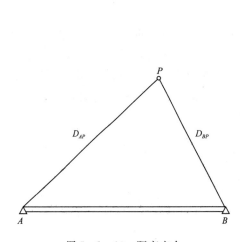

图 5-1-10　距离交会

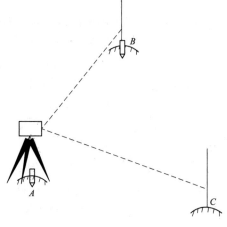

图 5-1-11　坐标放样原理

首先计算 $AB$ 直线的坐标方位角 $\alpha_{AB}$：

$$\alpha = \arctan \frac{|Y_B - Y_A|}{|X_B - X_A|} \tag{5-1-5}$$

则　$\Delta Y = Y_B - Y_A$，　　　$\Delta X = X_B - X_A$

$$\Delta X > 0 \quad 且 \quad \Delta Y > 0 \quad \alpha_{AB} = \alpha$$
$$\Delta X > 0 \quad 且 \quad \Delta Y < 0 \quad \alpha_{AB} = 360° - \alpha$$
$$\Delta X < 0 \quad 且 \quad \Delta Y < 0 \quad \alpha_{AB} = 180° + \alpha$$
$$\Delta X < 0 \quad 且 \quad \Delta Y > 0 \quad \alpha_{AB} = 180° - \alpha$$

同理可计算 $AC$ 直线坐标方位角 $\alpha_{AC}$

$$则 \angle BAC = \alpha_{AC} - \alpha_{AB} \tag{5-1-6}$$

$$D_{AC} = \sqrt{\Delta Y_{AC}^2 + \Delta X_{AC}^2} \tag{5-1-7}$$

输入后视方向 $AB$ 的坐标方位角和放样点 $C$ 的坐标后,仪器自动计算并显示放样的角度 $\angle BAC$ 和放样的距离 $D_{AC}$、高差。

（2）全站仪坐标放样前的基本设置。

1）测量模式的选择和棱镜常数的设置。

2）仪器高和目标高的输入。

3）测站点坐标和高程的输入。

4）已知测站点至定向点坐标方位角的设置,或者输入定向点的坐标。

5）定向检查。

（3）坐标放样基本操作步骤。

1）安置仪器于测站点 $A$,进行对中,整平等基本操作。

2）对仪器进行基本设置,包括棱镜参数、仪器高、棱镜高、角度单位、距离单位、显示格式、测站坐标。

3）按照全站仪器的操作步骤进行坐标的放样工作。

6. RTK 坐标放样

由于 RTK 的型号不同,其操作方法有一定的区别,我们以南方测绘灵锐 S86T 为例说明 RTK 坐标放样的方法,对于其他型号的 RTK 可参照其说明书进行放样操作。

5.8【视频】
RTK 放样

RTK 放样即是利用该实时差分定位技术,将平面位置和高程在实地标定出来。RTK 设备分为基准站和流动站两部分,同时具备电台传输和通信网络传输两种功能,电台传输有内置电台和外置电台两种模式,网络传输还可借助于 CORS 系统免去自行设站。RTK 基准站的设置可以分为基准站架设在已知点和未知点两种情况。常用的方法是将基准站架设在一个地势较高、视野开阔的未知点上,使用流动站在测区内的两个或两个以上的已知点上进行校正,并求解转换参数。基准站和流动站安置完毕之后,打开主机及电源,建立工程,如图 5-1-12 所示,再新建文件,如图 5-1-13 所示,选择坐标系,输入中央子午线经度和 $y$ 坐标加常数,如图 5-1-14 和图 5-1-15 所示。

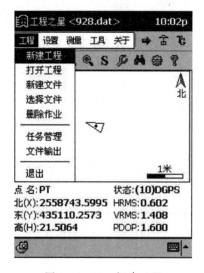

图 5-1-12 新建工程

图 5-1-13 新建文化

图 5-1-14 椭球设置　　　图 5-1-15 投影参数设置

GNSS 接收机输出的数据是 WGS-84 经纬度坐标，需要转化到施工测量坐标。四参数的基本项分别是：X 平移、Y 平移、旋转角和比例。先输入或选择控制点的已知平面坐标，如图 5-1-16 所示，再增加控制点的大地坐标，如图 5-1-17 所示。需要特别注意的是参与计算的控制点原则上至少要用两个或两个以上的点，控制点等级的高低和分布直接决定了四参数的控制范围。经验上四参数理想的控制范围一般都在 5～7km 以内。

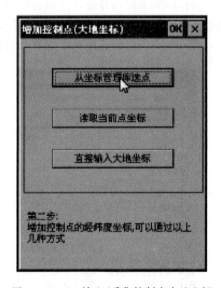

图 5-1-16 输入控制点平面坐标　　　图 5-1-17 输入/采集控制点大地坐标

常用的四参数的计算方式有两种：第一种方法是利用"控制点坐标库"求解参数，人工输入两控制点的 GNSS 经纬度坐标和已知平面坐标，如图 5-1-18 所示，再解算四参数，如图 5-1-19 所示。第二种方法是在两个已知点上分别采集 GNSS 经纬度，结合已知平面坐标来计算转换参数。此外，还可以采用导入参数文件或者直接输入参数的形式。

图 5-1-18　转换参数计算及残差检查

图 5-1-19　启用四参数

　　放样之前，首先需要找到一个控制点，输入已知坐标，精确对中整平仪器进行单点校正，校正向导及模式选择如图 5-1-20 和图 5-1-21 所示。然后找到邻近的另一个控制点，测量其坐标，并输入已知坐标进行对比，如图 5-1-22 和图 5-1-23 所示，验证结果满足限差要求才可进行下一步放样工作。

图 5-1-20　校正向导

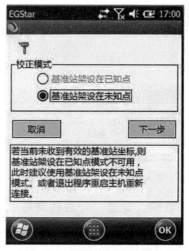

图 5-1-21　校正模式选择

　　选择 RTK 手簿中的点位放样功能，现场输入或从预先上传的文件中选择待放样点的坐标，如图 5-1-24 所示，仪器会计算出 RTK 流动站当前位置和目标位置的坐标差值（$\Delta X$、$\Delta Y$），并提示方向，按提示方向前进即可，即将达到目标点处时，屏幕会有一个圆圈出现，指示放样点和目标点的接近程度，如图 5-1-25 所示。

精确移动流动站，使得 $\Delta X$ 和 $\Delta Y$ 小于放样精度要求时，如图 5-1-26 所示，钉木桩，然后精确投测小钉。将流动站对中杆立于桩顶之上，仪器会显示出流动站当前高度和目标高度的高差，即为该点填挖高度。

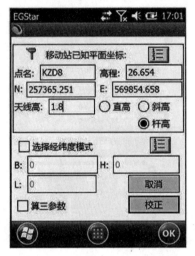

图 5-1-22　输入当前已知控制点坐标

图 5-1-23　查看校正参数

图 5-1-24　放样点坐标库

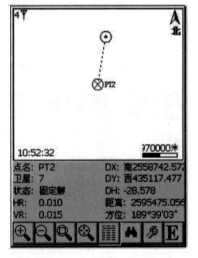

图 5-1-25　确定放样点

在电力线路、渠道、公路铁路等工程的直线段放样过程中，可使用线放样功能。线放样是指在线放样功能下，输入始末两点的坐标如图 5-1-27 所示，系统自动解算出 RTK 流动站当前位置到已知的设置直线的垂直距离，并提示"左偏"或"右偏"，当 RTK 流动站位于测线上之后，会显示当前位置到线路起点或终点的位置如图 5-1-28 所示，据此放样各直线段桩位。

**（五）已知坡度的直线测设**

在施工过程中，由于设计需要，往往面临已知坡度的直线测设任务。坡度的测设实际是高程的测设，可以根据设计坡度和前进的水平距离计算点位间的高差，进而求得测设点的高程。常用的方法有水平视线法和倾斜视线法。

5.9【课件】
直线坡度
测设

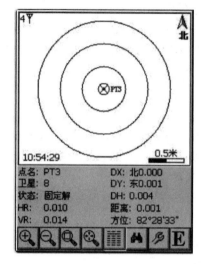

图 5-1-26 精确放样

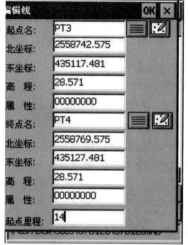

图 5-1-27 直线起终点坐标输入

**1. 水平视线法**

如图 5-1-29 所示，$A$、$B$ 为设计坡度线上的两端点，其设计高程分别为 $H_A$、$H_B$，$AB$ 设计坡度为 $i$。为使施工方便，要在 $AB$ 方向上，每隔距离 $d$ 钉一木桩，要求在木桩上标定出坡度为 $i$ 的坡度线。步骤如下：

（1）沿 $AB$ 方向，标定出间距为 $d$ 的中间各桩 1、2、3 点的位置。

（2）计算各桩点的设计高程。

第 1 点设计高程 $H_1 = H_A + i \times d$

第 2 点设计高程 $H_2 = H_1 + i \times d$

第 3 点设计高程 $H_3 = H_2 + i \times d$

$B$ 点设计高程 $H_B = H_3 + i \times d$ 或者 $H_B = H_A + i \times D$（检核）

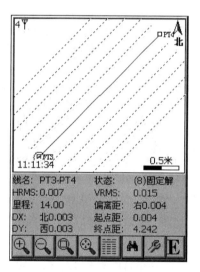

5.10【视频】
直线坡度测设（水准仪）

图 5-1-28 直线放样

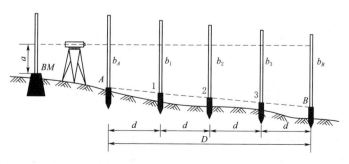

图 5-1-29 水平视线法

坡度 $i$ 有正有负，计算设计高程时，坡度应连同其符号一并运算。

（3）安置水准仪于水准点 $BM$ 附近，后视读数 $a$，得仪器视线高 $H_i = H_{BM} + a$，然后根据各点设计高程计算测设各点的应读前尺读数 $b_应 = H_i - H_设$。

（4）将水准尺分别贴靠在木桩的侧面，上下移动尺子，直到尺读数为 $b_应$ 时，便可沿水准尺底面在木桩上划一横线，该线即在 $AB$ 的坡度线上。或立尺于桩顶，读得前视读数 $b_测$，再根据 $b_应$ 与 $b_测$ 之差，自桩顶向下划线。

2. 倾斜视线法

如图 5-1-30 所示，设地面上 $A$ 点的高程为 $H_A$，$AB$ 两点之间的水平距离为 $D$。要求从 $A$ 点沿 $AB$ 方向测设一条设计坡度为 $i$ 的直线 $AB$，即在 $AB$ 方向上定出 1、2、3、4、$B$ 各桩点，使各桩顶面连线的坡度等于设计坡度 $i$。测设步骤如下：

（1）根据设计坡度 $i$ 和水平距离 $D$ 计算出 $B$ 点的高程。

$$H_B = H_A + i \times D$$

计算 $B$ 点高程时，注意坡度 $i$ 的正、负号。

（2）按"（三）已知高程的放样"中介绍的方法，把 $B$ 点的设计高程测设到木桩上，则 $AB$ 两点连线的坡度等于已知设计坡度 $i$。

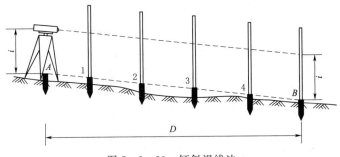

图 5-1-30 倾斜视线法

（3）在 $A$ 点安置水准仪时，不需要整平仪器，尽量使仪器中心与 $A$ 点位于同一铅垂线上，并使其中一个脚螺旋在 $AB$ 方向线上，另两个脚螺旋的连线大致与 $AB$ 连线垂直。

（4）量取仪器高 $i_仪$，照准 $B$ 点水准标尺，调节在 $AB$ 方向线上的脚螺旋，直到 $B$ 点桩上水准尺的读数等于 $i_仪$，则此时仪器的视线平行于坡度 $i$。

（5）在 $AB$ 直线上，按一定间距打上木桩 1、2、3、4。在木桩 1 的顶上竖立水准标尺，并用铁锤敲击木桩顶部，使木桩缓慢下移，直到桩顶上水准标尺的读数为 $i_仪$，此时桩顶就位于待测设的坡度线上。用同样的方法，在木桩 2、3、4 的顶上分别竖立水准标尺并调整木桩高度，当各桩顶上水准标尺的读数均为 $i_仪$ 时，各桩顶的连线就是测设的坡度线 $i$。

# 模 块 二　大 坝 施 工 测 量

## 一、大坝施工测量概述

拦河大坝是重要的水工建筑物，按坝型可分为土坝、堆石坝、重力坝及拱坝等

（后两类大中型多为混凝土坝，中小型多为浆砌块石坝）。

长江三峡水利枢纽工程，简称三峡工程，是中国长江中上游段建设的大型水利工程。工程主体建筑物由拦河大坝、发电厂、通航建筑物三部分组成。拦河大坝为混凝土重力坝，坝顶高程为185m，大坝长为2335m，另设有茅坪溪防护土石坝。

三峡工程作为世界规模最为宏大的水利水电综合利用工程，其施工全过程的每一个工序环节几乎都离不开施工测量工作。施工蓝图变为现实、施工过程形体控制、金属结构安装和工程竣工验收都需要施工测量来保证。三峡工程技术复杂而且难度高，施工强度大，测量精度要求高，很多设计要求和指标超越当时的测量规范要求。经过团队多年不懈地努力，一些高新技术得以在三峡工程的建设过程中成功应用，水电施工测量行业得以迅猛发展，为国家培养了大批水电施工测量专业人才；研发了一大批实用科技成果；编制了行业测量规范（水电水利施工测量规范）；促进了国产测绘仪器设备制造业的进步；逐步建立了一套完整的、严格的水电施工测量管理机制，并首次在行业内实施业主测量中心制度以及测绘项目管理制度。

修建大坝需按施工顺序进行下列测量工作：布设平面和高程基本控制网，控制整个工程的施工放样；确定坝轴线和布设控制坝体细部放样的定线控制网；清基开挖的放样；坝体细部放样等。对于不同筑坝材料及不同坝型，施工放样的精度要求有所不同，内容也有些差异，但施工放样的基本方法大同小异。本项目以混凝土坝为例，介绍大坝的施工控制测量、清基开挖线的放样、坝体的立模放样等工作的程序与方法。

**二、混凝土坝的施工控制测量**

混凝土坝按其结构和建筑材料相对土坝来说较为复杂，其放样精度比土坝要求高。

**（一）基本平面控制网**

平面控制网的精度指标及布设密度，应根据工程规模及建筑物对放样点位的精度要求确定。平面控制测量的等级依次划分为二、三、四、五等测角网、测边网、边角网或相应等级的光电测距导线网。根据建筑物重要性的不同要求，平面控制网的布设梯级，可以根据地形条件及放样需要决定，以1～2级为宜。但无论采用何种梯级布网，其最末平面控制点相对于同级起始点或相邻高一级控制点的点位中误差不应大于10mm。图5-2-1所示为混凝土坝施工平面控制网示意图。

如果大型混凝土坝的基本网兼作变形观测监测网，要求更高，需按一、二等三角测量要求施测。为了减少安置仪器的对中误差，三角点一般建造混凝土观测墩，并在墩顶埋设强制对中设备，以便安置仪器和觇标（图5-2-2）。

**（二）坝体控制网**

混凝土坝采取分层施工，每一层中还分跨分仓（或分段分块）进行浇筑。坝体细部常用方向线交会法和前方交会法放样，为此，坝体放样的控制网——定线网，有矩形网和三角网两种，前者以坝轴线为基准，按施工分段分块尺寸建立矩形网，后者则由基本网加密建立三角网作为定线网。

5.12【课件】
混凝土坝的施
工控制测量

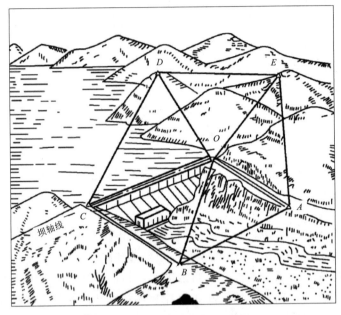

图 5-2-1　混凝土坝施工平面控制网

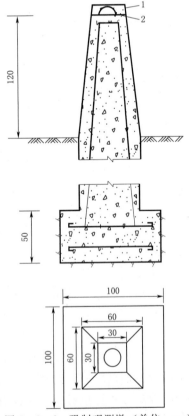

图 5-2-2　强制观测墩（单位：cm）

1—标盖；2—仪器基座

### 1. 矩形网

图 5-2-3（a）所示为直线型混凝土重力坝分层分块示意图，图 5-2-3（b）所示为以坝轴线 AB 为基准布设的矩形网，它是由若干条平行和垂直于坝轴线的控制线所组成，格网尺寸按施工分段分块的大小而定。测设时，将全站仪安置在 A 点，照准 B 点，在坝轴线上选甲、乙两点，通过这两点测设与坝轴线相垂直的方向线，由甲、乙两点开始，分别沿垂直方向按分块的宽度钉出 e、f 和 g、h、m 以及 e'、f' 和 g'、h'、m' 等点。最后将 ee'、ff'、gg'、hh' 及 mm' 等连线延伸到开挖区外，在两侧山坡上设置 Ⅰ、Ⅱ、…、Ⅴ 和 Ⅰ'、Ⅱ'、…、Ⅴ' 等放样控制点。然后在坝轴线方向上，按坝顶的高程，找出坝顶与地面相交的两点 Q 与 Q'，再沿坝轴线按分块的长度钉出坝基点 2、3、…、10，通过这些点各测设与坝轴线相垂直的方向线，并将方向线延长到上、下游围堰上或两侧山坡上，设置 1'、2'、…、11' 和 1"、2"、…、11" 等放样控制点。在测设矩形网的过程中，测设直角时须用盘左盘右取平均，测量距离应细心校核，以免发生差错。

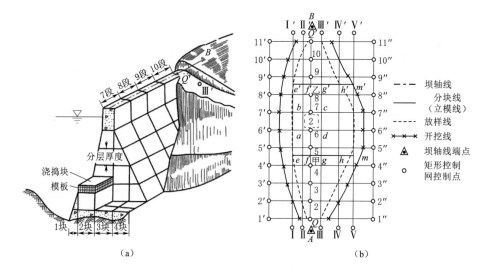

图 5-2-3　混凝土重力坝的坝体控制

### 2. 三角网

图 5-2-4 所示为由基本网的一边 $AB$（拱坝轴线两端点）加密建立的定线网 $AD$-$CBFEA$，各控制点的坐标（测量坐标）可测算求得。但坝体细部尺寸是以施工坐标系 $xoy$ 为依据的，因此应进行坐标转换。坐标转换完成后，可以应用全站仪进行细部点位的放样。

### （三）高程控制

高程控制网的等级依次划分为二、三、四、五等。首级控制网的等级应根据工程规模、范围大小和放样精度确定。布设高程控制网时，首级控制网应布设成环形，加密时

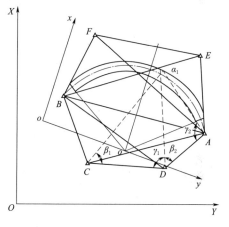

图 5-2-4　定线三角网示意图

宜布设成附合路线或结点网。最末级高程控制点相对于首级高程控制点的高程中误差应不大于 10mm。作业水准点多布设在施工区内，应经常由基本水准点检测其高程，如有变化应及时改正。

### 三、混凝土坝清基开挖线的放样

清基开挖线是确定对大坝基础进行清除基岩表层松散物的范围，它的位置根据坝两侧坡脚线、开挖深度和坡度决定。标定开挖线一般采用图解法。和土坝一样先沿坝轴线进行纵横断面测量绘出纵横断面图，由各横断面图上定坡脚点，获得坡脚线及开挖线如图 5-2-3（b）所示。实地放样时，可用与土坝开挖线放样相同的方法，在各横断面上由坝轴线向两侧量距得开挖点。在清基开挖过程中，还应控制开挖深度，每次爆破后及时在基坑内选择较低的岩面测定高程（精确到 cm 即可），并用红漆标明，以便施工人员和地质人员掌握开挖情况。

5.13【课件】混凝土坝清基开挖线的放样

5.14【课件】
混凝土重力坝
坝体的立
模放样

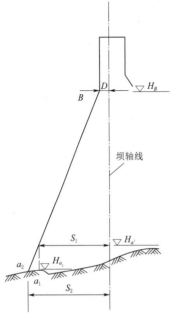

图 5-2-5　坝坡脚放样示意图

## 四、混凝土重力坝坝体的立模放样

### 1. 坡脚线的放样

基础清理完毕，可以开始坝体的立模浇筑。立模前首先找出上下游坝地面与岩基的接触点，即分跨线上下游坡脚点。放样的方法很多，在此主要介绍逐步趋近法。如图 5-2-5 中，欲放样上游坡脚点 $a$，可先从设计图上查得坡顶 $B$ 的高程 $H_B$，坡顶距坝轴线的距离为 $D$，设计的上游坡度为 $1:m$，为了在基础面上标出 $a$ 点，可先估计基础面的高程为 $H_a'$，则坡脚点距坝轴线的距离可按下式计算：

$$S_1 = D + (H_B - H_a')m$$

求得距离 $S_1$ 后，可由坝轴线沿该断面量一段距离 $S_1$ 得 $a_1$ 点，用水准仪实测 $a_1$ 点的高程 $H_{a_1}$，若 $H_{a_1}$ 与原估计的 $H_a'$ 相等，则 $a_1$ 点即为坡脚点 $a$。否则应根据实测的 $a_1$ 点的高程，再求距离得：

$$S_2 = D + (H_B - H_{a_1})m$$

再从坝轴线起沿该断面量出 $S_2$ 得 $a_2$ 点，并实测 $a_2$ 点的高程，按上述方法继续进行，逐次接近，直至由量得的坡脚点到坝轴线间的距离，与计算所得距离之差在 1cm 以内时为止（一般作三次趋近即可达到精度要求）。同法可放出其他各坡脚点，连接上游（或下游）各相邻坡脚点，即得上游（或下游）坡面的坡脚线，据此即可按 $1:m$ 的坡度竖立坡面模板。

### 2. 直线型重力坝的立模放样

在坝体分块立模时，应将分块线投影到基础面上或已浇好的坝块面上，模板架立在分块线上，因此分块线也叫立模线，但立模后立模线被覆盖，还要在立模线内侧弹出平行线，称为放样线 [图 5-2-3（b）中虚线所示]，用来立模放样和检查校正模板位置。放样线与立模线之间的距离一般为 0.2~0.5m。

（1）方向线交会法如图 5-2-3（b）所示的混凝土重力坝，已按分块要求布设了矩形坝体控制网，可用方向线交会法，先测设立模线。如要测设分块 2 的顶点 $b$ 的位置，可在 $7'$ 安置全站仪，瞄准 $7''$ 点，同时在 Ⅱ 点安置全站仪，瞄准 Ⅱ′ 点，两架全站仪视线的交点即为 $b$ 的位置。在相应的控制点上，用同样的方法可交会出这分块的其他 3 个顶点的位置，得出分块 2 的立模线。利用分块的边长及对角线校核标定的点位，无误后在立模线内侧标定放样线的四个角顶，如图 5-2-3（b）中分块 $abcd$ 内的虚线所示。

（2）前方交会（角度交会）法。如图 5-2-6 所示，由 $A$、$B$、$C$ 三控制点用前方交会法先测设

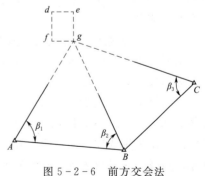

图 5-2-6　前方交会法

某坝块的 4 个角点 $d$、$e$、$f$、$g$，它们的坐标由设计图纸上查得，从而与三控制点的坐标可计算放样数据——交会角。如欲测设 $g$ 点，可算出 $\beta_1$、$\beta_2$、$\beta_3$，便可在实地定出 $g$ 点的位置。依次放出 $d$、$e$、$f$ 各角点，也应用分块边长和对角线校核点位，无误后在立模线内侧标定放样线的 4 个角点。

方向线交会法简易方便，放样速度也较快，但往往受到地形限制，或因坝体浇筑逐步升高，挡住方向线的视线不便放样，因此实际工作中可根据条件把方向线交会法和角度交会法结合使用。

（3）全站仪放样法。只需将控制点数据和放样点数据上传至全站仪，然后将全站仪安置在一个较理想的观测点上，后视另一个观测点确定方位角，然后调用放样程序即可顺序放样，这种方法快捷、方便、精度高，目前被广泛采用。

3. 拱坝的立模放样

拱坝的立模放样，传统的方法一般多采用前方交会法。而目前工程上基本利用全站仪进行放样，即只需将控制点坐标和放样点坐标上传至全站仪，基于全站仪放样方法就可准确地放样出设计曲线。但是对于拱坝而言，很多工程上设计时使用了很复杂的曲线，因此在施工过程中需要现场准确、快速地确定复杂曲线上点的实际坐标，下面以某拦河拱坝为例，介绍基于全站仪对拱坝放样前所需的数据准备工作，即首先计算放样点坐标，然后计算放样数据的方法。如图 5－2－7 所示为某水利枢纽工程的拦河拱坝，坝迎水面的半径为 243m，以 115° 夹角组成一圆弧，弧长为 487.732m，分为 27 跨，按弧长编成桩号，从 0＋13.286～5＋01.000（加号前为百米）。施工坐标 $XOY$，以圆心 $O$ 与 12、13 坝段分跨线（桩号 2＋40.000）为 $X$ 轴，为避免坝体细部点的坐标出现负值，令圆心 $O$ 的坐标为（500.000，500.000）。

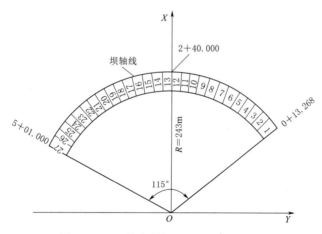

图 5－2－7　某水利枢纽工程的拦河拱坝

现以第 11 跨的立模放样为例介绍放样数据的计算，图 5－2－8 是第 11、12 坝段分块图，图 5－2－8 中尺寸从设计图上获得，每坝段分三块浇筑，中间第二块在浇筑一、三块后浇筑，因此只要放出一、三块的放样线（图 5－2－8 中虚线所示 $a_1a_2b_2c_2d_2d_1c_1b_1$ 及 $a_3a_4b_4c_4d_4d_3c_3b_3$）。放样数据计算时，应先算出各放样点的施工坐标，然后计算交会所需的放样数据。

(1) 放样点施工坐标计算。由图 5-2-8 可知，放样点的坐标可按下列各式求得

$$\left.\begin{array}{l} x_{ai}=x_O+\left[R_i+(\mp 0.5)\right]\cos\phi_a \\ y_{ai}=y_O+\left[R_i+(\mp 0.5)\right]\sin\phi_a \end{array}\right\} \quad (i=1,2,3,4)$$

$$\left.\begin{array}{l} x_{bi}=x_O+\left[R_i+(\mp 0.5)\right]\cos\phi_b \\ y_{bi}=y_O+\left[R_i+(\mp 0.5)\right]\sin\phi_b \end{array}\right\} \quad (i=1,2,3,4)$$

$$\left.\begin{array}{l} x_{ci}=x_O+\left[R_i+(\mp 0.5)\right]\cos\phi_c \\ y_{ci}=y_O+\left[R_i+(\mp 0.5)\right]\sin\phi_c \end{array}\right\} \quad (i=1,2,3,4)$$

$$\left.\begin{array}{l} x_{di}=x_O+\left[R_i+(\mp 0.5)\right]\cos\phi_d \\ y_{di}=y_O+\left[R_i+(\mp 0.5)\right]\sin\phi_d \end{array}\right\} \quad (i=1,2,3,4)$$

式中　$(x_O,y_O)$——圆心 $O$ 点的坐标；

0.5——放样线与圆弧立模线的间距，m；$i=1,3$ 时取 "$-$"，$i=2,4$ 时取 "$+$"。

$$\varphi_a=(l_{12}+l_{11}-0.5)\times\frac{1}{R_1}\times\frac{180°}{\pi}$$

$$\varphi_b=\left[l_{12}+l_{11}-0.5-\frac{1}{3}(l_{11}-1)\right]\times\frac{1}{R_1}\times\frac{180°}{\pi}$$

$$\varphi_c=\left[l_{12}+l_{11}-0.5-\frac{2}{3}(l_{11}-1)\right]\times\frac{1}{R_1}\times\frac{180°}{\pi}$$

$$\varphi_d=\left[l_{12}+l_{11}-0.5-\frac{3}{3}(l_{11}-1)\right]\times\frac{1}{R_1}\times\frac{180°}{\pi}$$

根据上述各式算得第三块放样点的坐标见表 5-2-1。

表 5-2-1　　　　　　　　　　　第 三 块 放 样 点 坐 标

| 点号<br>坐标 | $a_3$ | $b_3$ | $c_3$ | $d_3$ | $a_4$ | $b_4$ | $c_4$ | $d_4$ | 备　注 |
|---|---|---|---|---|---|---|---|---|---|
| $x$ | 695.277 | 696.499 | 697.508 | 698.303 | 671.626 | 672.700 | 673.587 | 674.286 | $\varphi_a=11°40'17''$　　$\varphi_b=9°47'07''$ |
| $y$ | 540.338 | 533.889 | 527.402 | 520.886 | 535.453 | 529.784 | 524.084 | 518.357 | $\varphi_c=7°53'56''$　　$\varphi_d=6°00'45''$ |

由于 $a_i$、$d_i$ 位于径向放样线上，只有 $a_1$ 与 $d_1$ 至径向立模线的距离为 0.5m，其余各点（$a_2$、$a_3$、$a_4$ 及 $d_2$、$d_3$、$d_4$）到径向分块线的距离，可由 $0.5/R_1\times R_i$ 求得，分别为 0.458m、0.411m 及 0.360m。

(2) 交会放样点的数据计算。如果采用角度交会法，则要计算放样数据。图 5-2-8 中，$a_i$、$b_i$、$c_i$、$d_i$ 等放样点是用角度交会法放样到实地的。例如，图 5-2-9 中放样点 $a_4$，是由标 2、标 3、标 4 三个控制点，用 $\beta_1$、$\beta_2$、$\beta_3$ 三个交会角交会而得，标 1 也是控制点，它的坐标也是已知的，如果是测量坐标，应转化算为施工坐标，便于计算放样数据。在这里控制点标 1 作为定向点，即仪器安置在标 2、标 3、标 4，以瞄准标 1 为交会角的起始方向。交会角 $\beta_1$、$\beta_2$、$\beta_3$ 是根据放样点的坐标与控制点的坐标用反算求得，如图 5-2-9 所示，标 2、标 3、标 4 的坐标与标 1 的

坐标计算定向方位角 $\alpha_{21}$、$\alpha_{31}$、$\alpha_{41}$，与放样点 $a_4$ 的坐标计算放样点的方位角 $\alpha_{2a_4}$、$\alpha_{3a_4}$、$\alpha_{4a_4}$，相应方位角相减，得 $\beta_1$、$\beta_2$、$\beta_3$ 的角值。有时可不必算出交会角，利用算得的方位角直接交会。例如全站仪安置在标 2，瞄准定向点标 1，使度盘读数为 $\alpha_{21}$，而后转动度盘使读数为 $\alpha_{2a_4}$，此时视线所指为标 $2-a_4$ 方向，同样全站仪分别安置在标 3 及标 4，得标 $3-a_4$ 及标 $4-a_4$ 两条视线，这三条视线相交，用角度交会法定出放样点 $a_4$。放样点测设完毕，应丈量放样点间的距离，是否与计算距离相等，以资校核。

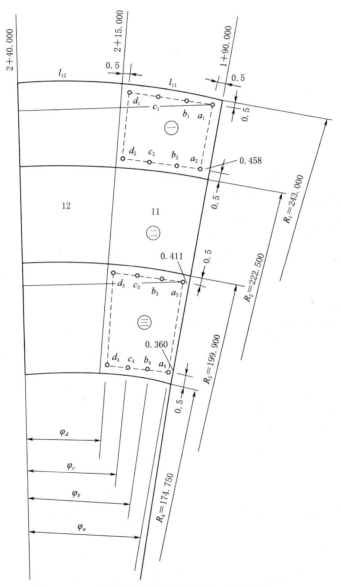

图 5-2-8　拱坝立模放样数据计算（长度单位：m）

（3）混凝土浇筑高度的放样。模板立好后，还要在模板上标出浇筑高度。其步骤

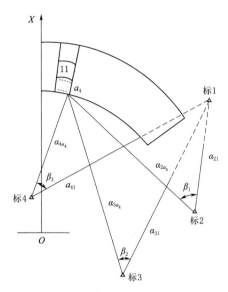

图 5-2-9 拱坝细部放样示意图

一般在立模前先由最近的作业水准点（或邻近已浇好坝块上所设的临时水准点）在仓内测设两个临时水准点，待模板立好后由临时水准点按设计高度在模板上标出若干点，并以规定的符号标明，以控制浇筑高度。

# 【知识目标自测】

## 一、单选题

1. 全站仪进行点位放样功能放样平面坐标时，在设站时必须输入的相关数据是（　　）。

A. 测站点高程　　　　　　　　B. 测站点平面坐标

C. 仪器高　　　　　　　　　　D. 后视点三维坐标

2. 全站仪坐标放样是指（　　）。

A. 测量出未知点的平面坐标

B. 测量出未知点的高程

C. 标定出特征点的高程

D. 将已知坐标的特征点在实地上的位置找到并标定出来

3. 用全站仪进行点位放样时，若棱镜高和仪器高输入错误，（　　）放样点的平面位置。

A. 影响　　　　　　　　　　　B. 不影响

C. 盘左影响，盘右不影响　　　D. 盘左不影响，盘右影响

4. 根据工程设计图纸上待建的建筑物相关参数将其在实地标定出来的工作是（　　）。

A. 导线测量　　　　　　　　　B. 测设

C. 图根控制测量 D. 碎部测量

5. 全站仪放样点位的原理是（ ）。

A. 距离交会法 B. 方向线交会法

C. 角度交会法 D. 极坐标法

6. 以下哪种仪器不可以用来进行角度放样？（ ）

A. 全站仪 B. 水准仪

C. 经纬仪

7. 已知水准点 $R$ 的高程为 362.768m，需放样的 $A$ 点高程为 363.450m。水准仪在后视点 $R$ 上的中丝读数为 1.352m，在前视点 $A$ 上打一木桩，标尺立在木桩顶上，读数 0.322m。则沿木桩顶向（ ）移动（ ）为放样点 $A$ 的正确高程。

A. 下；0.670m B. 上；0.670m

C. 下；0.348m D. 上；0.348m

## 二、判断题

1. 全站仪坐标放样只需要设站不需要定向，就可以完成点位放样工作。（ ）

A. 正确

B. 错误

2. 全站仪坐标测量和全站仪点位放样的是个相反的过程。（ ）

A. 正确

B. 错误

3. 施工放样的目的是将图纸上设计的建筑物的平面位置、形状和高程标定在施工现场的地面上。（ ）

A. 正确

B. 错误

4. 当施工场地平坦、易于量距，且放样点与控制点距离大于一整尺长时，可用距离交会法放样点位。（ ）

A. 正确

B. 错误

5. 测图工作是将图上设计表达到实地上；放样工作是将实地内容表达到图纸上。（ ）

A. 正确

B. 错误

## 三、填空题

1. 已知 $A$ 点高程为 15.800m，现欲测设高程为 14.200m 的 $B$ 桩，水准仪架在 $AB$ 之间，在 $A$ 尺读数为 0.730m，则在 $B$ 尺读数应为（ ）m 时，才能使水准尺底部高程为欲测设高程。

2. 已知 $A$、$B$ 两点的坐标为 $A$（100.00，100.00）、$B$（80.00，150.00），待测设点 $P$ 的坐标为（130.00，140.00），则在 $A$ 点用极坐标法放样的放样角度为（ ），距离为（ ）m。

# 【能力目标自测】

1. 设 $P$、$Q$ 为控制点，已知 $X_P = 76.761m$，$Y_P = 78.747m$，$X_Q = 83.211m$，$Y_Q = 58.822m$。$A$ 点的设计坐标为 $X_A = 100.412m$，$Y_A = 75.036m$。试计算出在 $Q$ 点设站，用极坐标法测设 $A$ 点所需要的放样数据。

# 项目六

# 大 坝 变 形 监 测

**【主要内容】**

    本项目主要介绍视准线法观测大坝水平位移的方法，垂直位移观测方法，正、倒垂线观测坝体挠度的方法。

    **重点：**水平位移观测，垂直位移观测，挠度观测。

    **难点：**水平位移观测，挠度观测。

**【学习目标】**

| 知 识 目 标 | 能 力 目 标 |
|---|---|
| 1. 正确理解水平位移观测的方法<br>2. 了解垂直位移观测的方法<br>3. 了解正、倒垂线观测坝体挠度的方法 | 1. 能利用视准线法完成大坝水平位移观测<br>2. 能完成大坝垂直位移观测<br>3. 能应用正、倒垂线法观测坝体挠度 |

## 模块一　水平位移观测

    外部变形观测是大坝安全监测系统的重要组成部分。目前常用的监测方法主要有水平位移监测的视准线法、引张线法、激光准直法、正倒垂线法、精密导线法和前方交会法；垂直位移监测的几何水准法、流体静力水准法、三维位移监测的极坐标法、距离交会法和 GPS 法。三维位移监测系统可实时连续观测变形点的水平位移和垂直位移。测量机器人自动监测系统在小浪底大坝成功应用，实现了大坝外部变形监测的全自动化。随着科学技术的不断发展，大坝安全监测自动化系统越来越完善。

    大坝外部变形监测和内部应力监测是对监视对象或物体（简称变形体）进行测量以确定其空间位置随时间的变化特征。大坝的外部变形监测，就是通过用一定测量仪器和设备对大坝进行监测，了解大坝在施工和运营中发生的垂直位移、水平位移、挠曲和倾斜等情况，称为大坝的外部变形监测。

    水平位移观测方法有视准线法、引张线法、激光准直法，正、倒垂线法和前方交

6.1【课件】水平位移观测

6.2【视频】水工建筑物变形观测概述

会法等多种方法，现将常用的视准线法作一简要介绍。

## 一、视准线法的原理

如图6-1-1所示为某案例中混凝土坝坝顶视准线。在坝端两岸山坡上设置固定基准点 $A$ 和 $B$，基准点埋设在稳定的基岩石上，其位置认为是不变的。将经纬仪安置在基点 $A$ 点上，照准另一基点 $B$，构成视准线，用来作为观测坝体位移的基准线。在坝面沿 $AB$ 方向上设若干个水平位移观测点如图6-1-1中的1、2、3、4、5、6点。第一次精确测定各位移标点垂直于视准线的距离（即偏离值）L10、L20等作为起始数据。间隔一段时间后，按同样方法测得各标点对视准线的偏离值 $L_{11}$，$L_{21}$等，如坝体发生水平位移，则前后两次观测的偏离值不等。对1号点来说，其差值

$$\delta_1 = L_{11} - L_{10}$$

即为两次观测时间内，1号点在垂直于视准线方向的水平位移值。同样可根据各点观测成果，测出各点水平位移值，从而了解整个坝体水平位移情况。

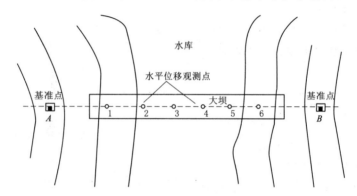

图6-1-1　视准线法测定水平位移

## 二、观测仪器与设备

由于视准线法关键在于提供一条方向线，所以观测精度与望远镜的放大倍率有关，而与仪器读数精度无关。一般采用 $DJ_1$ 型经纬仪观测。基准点与位移标点常浇筑成钢筋混凝土墩，墩顶埋设有固定的强制对中装置，以清除仪器或觇牌的对中误差，提高观测精度。观测墩如图6-1-2所示，强制对中圆盘如图6-1-3所示。觇牌如图6-1-4所示。图6-1-4（a）所示为固定觇牌，安置于基准点上；图6-1-4（b）所示为活动觇牌，安置于位移标点上。活动觇牌有微动螺旋和分微尺，可使觇牌在基座分划尺上左右移动，从而利用游标读数。

## 三、观测方法

如图6-1-1所示，在基准点 $A$ 安置经纬仪，在基准点 $B$ 安置觇牌，定出固定视线。再瞄准置有活动觇牌的1点，司仪者指挥司觇牌者左右移动，使觇牌中线恰好落到望远镜竖丝上为止，此时在分划尺上读数。重新移动觇牌再瞄准读数一次，取两次平均值作为上半测回值。再纵转望远镜，按上述方法测下半测回，取两个半测回平均值为一测回成果。重复几测回取多次平均值，就得到精确度较高的1点偏离视准线的值。并根据前一次观测成果求出该点的水平位移值。

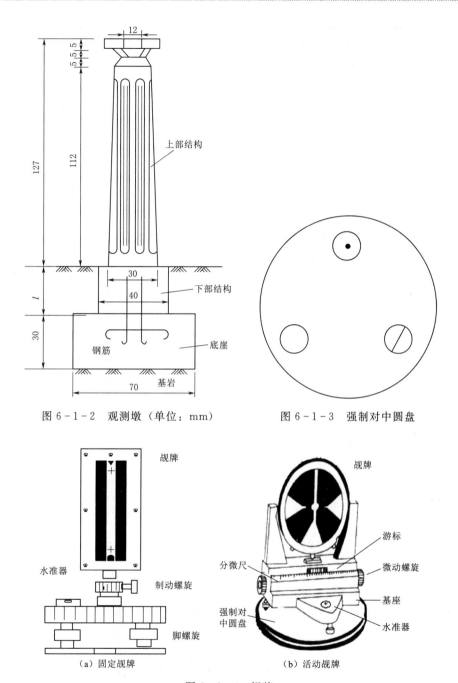

图 6-1-2 观测墩（单位：mm）　　　　图 6-1-3 强制对中圆盘

（a）固定觇牌　　　　　　　　（b）活动觇牌

图 6-1-4 觇牌

# 模块二　垂 直 位 移 观 测

　　建筑物及其地基在垂直方向上发生的位置变动称为垂直位移，其表现形式主要是建筑物的沉陷，因此垂直位移观测又称为沉陷观测或沉降观测。为测定建筑物的沉降，必须在最能反映建筑物沉降的位置上设置观测点，采用水准测量方法从临近水准点引测观测点高程。临近的水准点称为工作基点，工作基点的稳定性必须通过远离建筑物的水准基点进行检测。

### 一、观测点的布设

设置沉降观测点，应选择能够反映建筑物沉降变形特征和变形明显的部位。观测点应有足够的数量和代表性，点位应避开障碍物，标志应牢固地和建筑物结合在一起，以便于观测和长期保存。工业与民用建筑物沉降观测点，通常应在房屋四角、中点、转角处以及外墙周边每隔 10~15m 布设一点，在最易产生变形的地方，如柱子基础、伸缩缝两侧、新旧建筑物接合处、不同结构建筑物分界处等都应该设置观测点，烟囱、水塔及大型储藏罐等高耸构筑物基础轴线的对称部位应设置观测点。观测点的标志有两种形式：一种是埋设在墙上，用钢带制成，如图 6-2-1 所示；另一种是埋设在基础底板上，用铆钉制成，如图 6-2-2 所示。

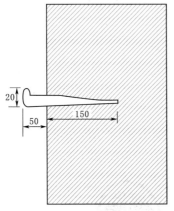

图 6-2-1 墙体沉降观测
标志（单位：mm）

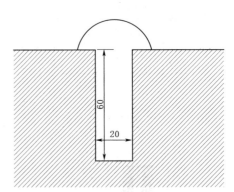

图 6-2-2 墙基或坝基沉降观测
标志（单位：mm）

大坝沉降观测点的布设随着坝型的不同而不同。对于土石坝，观测点应布设在坝面上，一般与坝轴线平行，在坝顶、上下游坝面正常水位以上、下游坝面正常水位变化区和浸水区，各应埋设一排观测点，并保证在合龙段、泄水底孔处、坝基地质不良以及坝底地形变化较大处都有观测点，观测点的间距一般为 30~50m。土石坝的沉降观测点往往与水平位移观测点合二为一，因此应埋设混凝土标石，如图 6-2-3 所示（图中"+"为水平位移观测标志，圆标芯为垂直位移观测标志）。

大型桥梁的沉降观测点，也往往与水平位移观测点合二为一，分上、下游两排分别布设在桥墩、台顶面两端位置上。

### 二、水准点的布设

#### 1. 水准基点的布设

水准基点是垂直位移观测的基准点，必须远离建筑物，布设在沉陷影响范围之外、地基坚实稳固且便于引测的地方。对于水利枢纽地带，水准基点应埋设在坝址下游且离坝址较远的河流两岸的坚固基岩上。当覆盖层很厚时，应采用钻孔穿过土层和风化层到达基岩，埋设钢管标志，如图 6-2-4 所示。为了互相检核是否有变动，一般应埋设 3 个以上水准基点。

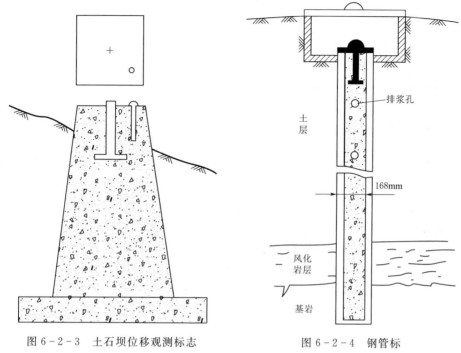

图 6-2-3　土石坝位移观测标志　　　　图 6-2-4　钢管标

### 2. 工作基点的布设

工作基点是直接测定沉降观测点的依据，它应该比较接近建筑物，但亦应避开建筑物的沉陷范围。一般采用地表岩石标；当地表土层较厚时，可采用普通埋石方法，但标石的基座应适当加大。对于大坝和桥梁的变形观测，通常在每排观测点的延长线上，即在大坝或桥梁两端的山坡上，选择地基坚固的地方埋设工作基点。

### 三、垂直位移观测

进行垂直位移观测时，首先校测工作基点的高程，然后再由工作基点测定各位移标点的高程。将首次测得的位移标点高程与本次测得的高程相比较，其差值即为两次观测时间间隔内位移标点的垂直位移量。

### 1. 工作基点的校测

工作基点的校测是由水准基点出发，测定各工作基点的高程，借以校核工作基点是否有变动。校测时，水准基点与工作基点一般应构成水准环线，按一等或二等水准测量的要求施测。一等水准环线闭合差应 $\pm 2\sqrt{L}$ mm（$L$ 为环线长，以 km 计）；二等水准环线闭合差应不超过 $\pm 4\sqrt{L}$ mm

### 2. 垂直位移标点的观测

垂直位移标点的观测是由工作基点出发，测定各位移标点的高程，再附合到另一工作基点上（也可往返施测或构成闭合环形）。对于土石坝可按三等水准测量的要求施测，对于混凝土坝应按一等或二等水准测量的要求施测。

6.6【课件】
垂直位移
观测

6.7【视频】
水库大坝
沉降观测

# 模块三　挠　度　观　测

6.8【课件】
挠度观测

　　坝体的挠度观测，一般用于混凝土坝，它是在坝体内设置铅垂线作为标准线，然后测量坝体不同高度相对于铅垂线的位移情况，以测得各点的水平位移，从而得知坝体的挠度。设置铅垂线的方法有正垂线和倒垂线两种。

## 一、正垂线观测坝体挠度

　　如图6-3-1所示，正垂线是在坝内的观测井或专门的正垂线孔的上部悬挂带有重锤的不锈钢丝，提供一条铅垂线作为标准线。它是由悬挂装置、夹线装置、钢丝、重锤及观测台等组成。悬挂装置及夹线装置一般是在竖井墙壁上埋设角钢进行安置。由于垂线挂在坝体上，它随坝体位移而位移，若悬挂点在坝顶，在坝基上设置观测点，即可测得相对于坝基的水平位移[图6-3-1（a）]。如果在坝体不同高度埋设夹线装置，在某一点把垂线夹紧，即可在坝基下测得该点对坝基的相对水平位移。依次测出坝体不同高程点对坝基的相对水平位移，从而求得坝体的挠度[图6-3-1（b）]。

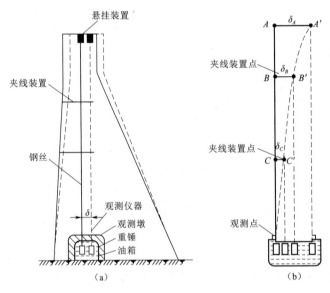

　　—— 变形前大坝轮廓线及正垂线位置
　　---- 变形后大坝轮廓线及正垂线位置

图6-3-1　挠度观测——正垂线

## 二、倒垂线观测坝体挠度

　　倒垂线的结构与正垂线相反，它是将钢丝一端固定在坝基深处，上端牵以浮托装置，使钢丝成一固定的倒垂线。一般由锚固点、钢丝、浮托装置和观测台（图6-3-2）组成。锚固点是倒垂线的支点，要埋在不受坝体荷载影响的基岩深处，其深度一般约为坝高的1/3以上，钻孔应铅直，钢丝连接在锚块上。

　　由于倒垂线可以认为是一条位置固定不变的铅垂线。因此在坝体不同的高度上设置观测点，测定各观测点与倒垂线偏离值的变化，即可求得各点的位移值。如

图 6-3-2 所示，变形前测得 $C$ 点与垂线的偏离
值为 $l_C$，变形后测得其偏离值 $l_C'$，则其位移值
为 $\delta_C = l_C - l_C'$。测出坝体不同高度上各点的位移
值，即可求得坝体的挠度。挠度观测可以测定坝
体不同高度两个水平方向的位移情况。在实际工
作中，对于混凝土重力坝，挠度观测除了可以测
定垂直于坝轴线方向位移外，还可以测定平行于
坝轴线方向的位移。对于拱坝，除了可测定径向
位移外，还可测定切向位移。挠度观测是采用光
学坐标仪或遥测坐标仪测定两个水平方向的测值
以求得其位移。

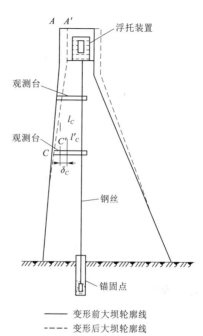

图 6-3-2 挠度观测——倒垂线

　　大坝作为重要的水利工程建筑，对河流水系的
调节控制起着至关重要的作用。2022 年 11 月 20
日，按照国际大坝委员会的统计，于 2020 年 4 月
时完成登记的全球大坝，其数量总计为 58713 座。
其中，我国以 23841 座在册水坝，占到了全球水
坝数的 40%，成功当选世界第一水坝国。而三峡
大坝，无疑是其中翘楚。三峡大坝变形监测项目，
因其监测范围广、部位多、监测精度要求高，实施工程量大，监测项目和仪器种类
多，历时时间长等特点及难点，其技术要求之高，堪称世界第一。针对这些特点及难
点，在三峡大坝及水电站厂房变形监测项目的实施中，建立了高精度变形监测网，开
发研制了竖直传高及其自动化仪、新型数字垂线仪与引张线仪，进行了深埋倒垂孔、远
程控制实时监测等技术的研究，建立了自动化监测系统，采用不同的技术手段对大型电
站蜗壳进行监测及研究等新技术、新方法，采取了大量保证监测精度的措施，取得的监
测成果达到国际领先水平。2018 年 4 月，习近平总书记仔细察看三峡工程和坝区周边生
态环境后语重心长、字字千钧："三峡工程是国之重器"。从孙中山先生"以水闸堰其
水"的初步设想，到毛泽东同志"在三峡这个总口子上卡起来"的宏伟擘画，只有在中
国共产党领导的社会主义制度下，才空前激发起了亿万中国人民的聪明才智和冲天干
劲，截断巫山云雨，驯服桀骜江河，圆了无数国人开发和利用三峡的伟大梦想。正因如
此，我们不难意识到"中国制度成就中国之治"。相信中国特色社会主义制度，树立制
度自信是中华民族之所以能迎来从站起来、富起来到强起来的伟大飞跃的最根本原因。

# 【知识目标自测】

**一、单选题**

　　1. 进行大坝垂直位移观测时，首先校测工作基点的高程。校测时，水准基点与
工作基点一般应构成水准环线，按（　　　）水准测量的要求施测。

　　A. 一等或二等　　　　　　　　　　B. 三等

C. 四等        D. 等外

2. 在水利枢纽地带，沉降观测水准基点应埋设在（    ）的河流两岸的坚固基岩上。

A. 坝址下游，离坝址较近     B. 坝址下游，离坝址较远

C. 坝址上游，离坝址较近     D. 坝址上游，离坝址较远

**二、判断题**

1. 坝体的挠度观测，可采用正垂线观测或倒垂线观测。（      ）

A. 正确

B. 错误

2. 挠度观测可以测定坝体不同高度两个水平方向的位移情况。（      ）

A. 正确

B. 错误

3. 坝体的挠度观测，一般用于混凝土坝，它是在坝体内设置铅垂线作为标准线，然后测量坝体不同高度相对于铅垂线的位移情况，以测得各点的水平位移，从而得知坝体的挠度。（     ）

A. 正确

B. 错误

4. 垂直位移标点的观测是由工作基点出发，测定各位移标点的高程，再附合到另一工作基点上（也可往返施测或构成闭合环形）。对于混凝土坝应按三等或四等水准测量的要求施测。（     ）

A. 正确

B. 错误

5. 土石坝的沉降观测点不能与水平位移观测点合二为一。（      ）

A. 正确

B. 错误

6. 目前常用的大坝垂直位移监测主要有几何水准法、流体静力水准法、三维位移监测的极坐标法、距离交会法和 GPS 法。（     ）

A. 正确

B. 错误

7. 目前常用的大坝水平位移监测方法主要有视准线法、引张线法、激光准直法、正倒垂线法、精密导线法和前方交会法。（     ）

A. 正确

B. 错误

# 【能力目标自测】

1. 外部变形观测是大坝安全监测系统的重要组成部分。目前常用的水平位移监测和垂直位移监测方法分别有哪些？

# 项目七

# 河道与水库测量

## 【主要内容】

本项目主要讲述河道及水库测量的内容与工作任务、河道与水库平面及高程控制测量、水下地形测量、水库淹没界线测量、汇水面积与水库库容的计算。其中水下地形测量主要介绍测深断面和测深点的布设、水下地形点平面位置的确定、河道水位测量、水深测量、水下地形图的绘制、河道纵横断面测量及断面图绘制。

**重点**：河道与水库平面及高程控制网建立方法，利用 GNSS - RTK 结合测深仪进行水下地形测量，水下地形图及河道纵横断面图的绘制方法。

**难点**：测深仪测深及水下地形点平面位置的确定，CASS 绘图软件的使用。

## 【学习目标】

| 知 识 目 标 | 能 力 目 标 |
| --- | --- |
| 1. 了解河道及水库测量的内容及工作任务 | 1. 能建立河道及水库控制网 |
| 2. 理解平面及高程控制网的建立方法 | 2. 能进行水下地形测量 |
| 3. 理解水下地形测量 | 3. 会熟练使用 CASS 南方测图软件 |
| 4. 理解河道纵横断面测量 | 4. 能进行水库淹没线测量、汇水面积及水库库容的计算 |
| 5. 理解水库淹没线测量、汇水面积及水库库容计算方法 | |

## 模块一　河道与水库测量的基本内容

### 一、河道测量的内容及主要任务

河道是指河水流经的路线，通常指能通航的水路。河道在提供灌溉、泄洪、航运和水力发电等有着有利的一面，但是也有着危害的另一面，比如泥沙运动、河道汇集洪水成灾等等。为了兴利除害，就必须进行河道的整治。要正确地整治河道，必须要了解河道及其附近的地形情况并掌握它的演变规律。

河道测量是为河流的开发整治而对河床及两岸地形进行测绘，并相应采集、绘示有关水位资料的工作。主要内容有：河道控制测量、河道地形测绘、河道纵（横）断面测量、测时水位和历史洪水位的连测、某一河段瞬时水面线的测量、沿河重要地物的调查或测量等。河道测量的主要任务和目的是进行河道（河岸及水下）地形测量和河道纵、横断面测量，为工程规划和设计提供必需的河道（河岸及水下）地形图和纵、横断面图。

### 二、水库测量的概念及基本任务

水库是拦洪蓄水和调节水流的水利工程建筑物，通常是指在山沟或河流的狭口处建造拦河坝形成的人工湖泊。有时天然湖泊也称为水库（天然水库）。水库可起到防洪、蓄水灌溉、供水、发电、养鱼等作用，其规模通常按库容大小可划分为小型、中型、大型等。水库是我国防洪时广泛采用的工程措施之一。在防洪区上游河道的适当位置兴建能调蓄洪水、可综合利用的水库，利用水库库容拦蓄洪水，削减进入下游河道的洪峰流量，以达到减少或避免洪水灾害的目的。水库对洪水的调节作用有两种不同方式，一种起滞洪作用，另一种起蓄洪作用。在水库的勘测设计、施工、运营管理等阶段中所进行的测量工作称为水库测量。

在设计水库时，通常需要收集或测绘 1∶10000～1∶100000 各种比例尺的地形图，局部地区还需测绘 1∶5000 的地形图。在水库技术设计和施工阶段，要进行大比例尺测图及施工测量，地形测量的成图方法主要有数字测图、摄影测量和机载激光雷达等，施工测量的工作内容主要是放样。水库运营管理阶段，在水库大坝两侧稳固地带，通常需要埋设一定数量的基准点，在大坝建设过程中及后期运营管理阶段进行坝体的变形观测。

# 模块二　河道与水库控制测量

河道及水库的控制测量与陆地控制测量原理相同，包括平面控制测量和高程控制测量。因河道多是蜿蜒狭长，因此河道的控制网多布设成带状，而水库控制网应根据水库的形状进行布设。

### 一、河道及水库平面控制测量

河道及水库平面控制测量的目的是在河道的流域范围内及水库周边建立精密的控制网，将水下地形数据与地面成果纳入同一坐标系统，为河道纵横断面的测量、河道及水库地形图的测绘提供依据。平面控制测量的方法主要有三角网法、导线法和GNSS法等。目前较多采用的是 GNSS 控制测量。

7.1【课件】河道控制测量

1. 三角网法

三角网是常规布设和加密控制点的主要方法，它是以三角形为基本图形构成的测量控制网，可分为测角网、测边网和边角网。随着全站仪的广泛应用，边角测量成为三角网测量的主要形式。

如图 7-2-1（a）所示，以河道三角网控制测量为例，在河道两岸选定一系列点位 1、2、…，使相互观测的两点能通视，将它们按照三角形的形式连接起来即构成三角网。三角网的观测量是网中的全部（或大部分）方向值，根据方向值即可算出任意两个方向之间的夹角。若已知 $A$ 点平面坐标（$x_A$，$y_A$），$A$ 点至 $B$ 点的边长 $s_{AB}$，

坐标方位角 $\alpha_{AB}$，便可用正弦定理依次推算出所有三角网的边长、各边的坐标方位角和各点的平面坐标，另一条已知边 $CD$ 可参与平差计算或当作检核用。

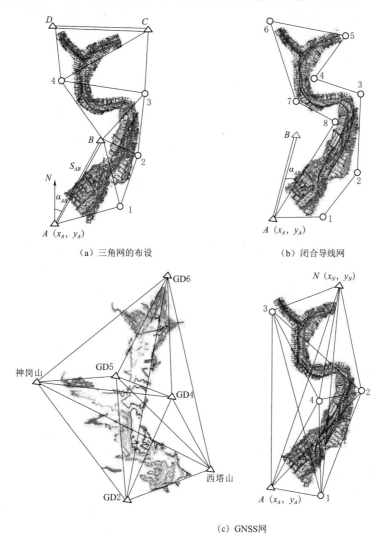

（a）三角网的布设　　　　　　　（b）闭合导线网

（c）GNSS网

图 7-2-1　河道控制网的布设

当测区内有国家三角网或其他已知三角网时，若精度满足工程测量的要求，则可利用这些三角网的边长、坐标和方位作为起算数据。若已有边长精度不能满足测量的要求（或无已知边长可利用）时，则可采用光电测距仪直接测量三角网某一边或某些边的边长作为起算边长。三角测量数据的平差计算采用最小二乘原理，由专门的计算机软件进行处理。

2. 导线法

随着光电测距技术的普及和其精度的不断提高，导线测量已成为河道及水库平面控制测量常用的方法之一。导线法比较灵活、方便，对地形的适应性比较好。可根据河道的长度、施工方法和精度要求布设相应级别的导线。导线的布设形式有附合导线、闭合导线和直伸形多环导线锁等。

如图 7-2-1（b）所示为沿河道两岸布设的闭合导线网。利用全站仪测得各导线边的边长及相邻两导线边的转折角，利用已知点和已知起始方向，推算出各导线点的平面坐标。亦可根据导线测量中的三角高程测量，计算相邻导线点之间的高差，进而根据起始点的高程，推算出各导线点的高程，此种三角高程的测量方法可以替代四等及四等以下的水准测量进行高程控制测量。

3. GNSS 法

如图 7-2-1（c）所示，利用 GNSS 建立河道（水库）控制网，与国家等级控制点或周边原有已知控制点采用静态模式进行联测，推算出四个控制点的高程，各点之间无须通视，不受地形的限制。

参照本书前面控制测量相关章节，根据河道的长度、控制点之间的距离以及需要达到的定位精度来选择 GNSS 网的等级。

GNSS 法的控制点布设灵活方便，且定位精度目前已优于常规控制方法，广泛地应用在河道及水库的首级控制网中。需要注意的是 GNSS 的网点上空要开阔无遮挡，避开茂密植被和高大障碍物，否则会影响 GNSS 卫星信号的接收；同时要远离无线电发射塔及高压输电线，防止磁场对卫星信号的干扰；此外还要避开大面积的水域或对电磁波反射强烈的物体，以减弱多路径效应的影响等。

上述三种平面控制测量联测的河道及水库控制点不能满足碎步测量需要时，可以在基本平面控制的基础上进一步加密成图根控制网，以满足碎步测量的要求。如果图根控制点仍不能满足碎步测量需要时，用解析法或图解法测设的测图控制点，称为测站点。在条件有利时，也可以在基本平面控制网的基础上直接加密测站点。

**二、河道及水库高程控制测量**

河道及水库高程控制测量的目的是按照规定的精度，测定河道两岸及水库周边高程控制点的高程，建立统一的高程系统，并作为河道纵横断面测量、地形测量（含水下）高程起算的依据。

河道及水库高程控制测量，一般分为三级，即基本高程控制、加密高程控制和测站点高程控制。其中基本高程控制通常采用国家三、四等水准测量的方式将水库周边埋设的控制点与国家等级水准点进行联测，形成闭合导线或附合导线，具体技术要求参照水准测量规范的规定。当精度要求低于三等水准或因地势起伏过大用水准测量施测困难时，可采用 EDM 三角高程测量来代替水准测量，或通过似大地水准面精化利用高程拟合的方式解算出埋设的控制点的高程。建立水准网时，基本水准点应选在远离河道、能避开施工干扰且稳定坚实的地方。

需要注意的是，在进行河道水准测量时，为保证高程系统的统一性，河道两岸的高程控制点应布设在同一水准网中。河流两岸的高程控制点联测时，如果测区有桥梁，水准路线可以从桥上通过。当水准过桥时，若有大型车辆通过，会引起桥面颤动，影响观测精度，此时应该停止观测，直至车辆远离桥面为止。为了避免误差超限导致大范围返工，可在桥梁两头各布设一临时点，将桥梁段独立设置成一个测段，反复观测，直至满足限差要求为止。若测区周边无桥梁通过，则应在河道最窄处采用跨河水准测量（图 7-2-2）的方式来进行。跨河水准测量的观测方法、时段数、测回数及限差要根据跨河视线的长度来确定［具体见《国家一、二等水准测量规范》（GB/T 12897）］。

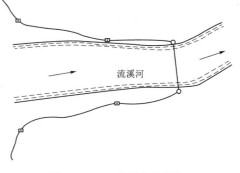

图 7-2-2　跨河水准测量

建立河道及水库高程控制网时，可以考虑与平面控制测量一同布测成三维控制网。在获得了能控制整个河道流域及水库库区的三个以上控制点的三维坐标后，可在此基础上解算出布尔沙模型下的转换参数（七参数），这样就建立起了河道及水库的三维基本控制网，在此基础上就可以在河道及库区任意范围内进行平面与高程的测定与测设工作。

# 模块三　水下地形测量

水下地形测量时，水下地形的起伏看不见，不像陆地上地形测量可以选择地形特征点进行测绘，而只能用测深线法或散点法均匀地布设一些测点。而且水上定位时，待测船是运动的、实时的，不能重复测量。另外，水下地形测量的内容不如陆上的那样多，一般只要求用等高线或等深线表示水下地形的变化。如果是计算机辅助成图，还可用水下地形立体图或采用立体建模的方式更直观地表示水下地形的变化。河道及水库水下地形的测量工作，通常采用 GNSS-RTK 模式借助于单频或多频测深仪、激光雷达及无人测量船来进行。

7.2【视频】水下地形测量概述

## 一、测深断面和测深点的布设方法

在水下测深之前，为满足设计要求的精度和密度，应在现场查勘之后，根据测区内河面的宽窄、水流缓急、水库形状等情况，实地布设一定密度的测深断面和测深点。通常情况下，测量人员根据待测水域的具体情况，事先在图上设计好待测的测深断面和测深点，外业施测时进行线和点的放样即可。

7.3【课件】测深断面和测深点的布设

### （一）测深断面的布设

测深断面又称测深线，河道弯曲，地形复杂，测深断面究竟定在何处才能反映实际情况，必须有一定的标准来设计，若设计断面太多则测量的工作量巨大，难以完成。若断面太少，则担心数据代表性不足，难以反映河道水下实际情况。如图 7-3-1 所示，测深线布设时可与河流主流或岸线垂直，河道宽窄均匀时也可以相互平行。水流湍急时，测深线可布设成"Z"字形；在河道转弯处，可布设成扇形；如遇小岛，测深线还可以呈辐射状布设。水库的测深断面根据水库形状和测量比例尺来布设。

测深断面线的间距根据测量比例尺和水域特性执行表 7-3-1～表 7-3-3 的规定。

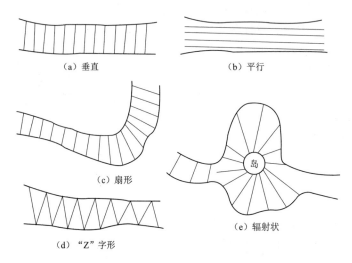

图 7-3-1　测深线的布设方法

表 7-3-1　　　　　　　　　　　　河道测量测深线间距

| 测　区 | 沿海 | 内　河 | |
|---|---|---|---|
| 图上测深线间距 /mm | 10 | 重点水域 | 一般水域 |
| | | 10～15 | 15～20 |

表 7-3-2　　　　　　　　　　　　疏浚及吹填区测深线间距

| 测深类别及底质 | | 图上测深线间距/mm | |
|---|---|---|---|
| | | 沿海 | 内河 |
| 疏浚工程 | 硬底质 | 10 | 10 |
| | 中、软底质 | 15 | |
| 吹填 | | 20 | 20 |

表 7-3-3　　　　　　　　　　　　测深线和测深点间距表

| 测图比例尺 | 测深断面线间距/m | 测深点间距/m | 等高距/m |
|---|---|---|---|
| 1：500 | 5～10 | 5～10 | 0.5 |
| 1：1000 | 15～25 | 12～15 | 0.5 |
| 1：2000 | 20～50 | 15～25 | 1 |
| 1：5000 | 80～130 | 40～80 | 1 |
| 1：10000 | 200～250 | 60～100 | 1 |

　　利用测深仪测深时，提前将在 CAD 图上设计的测深断面线按一定格式（常用 .dxf 格式）导入显示器，驾驶船只沿着测深断面线行驶测量即可。当使用无人测量船施测时，设置好测深断面航线，无人船会自动沿测深断面线航行测量，因多数无人船具有避障功能，一旦开测，其间切换航线无须人为介入。

### (二) 测深点的布设与密度要求

水下地形点越密，越能真实地反映水下地形的变化情况，但工作量也会随之增大。水下施测时应按测图的要求、比例尺的大小以及水下地形情况考虑布设测深点。为了使测深点分布均匀、不重复、不漏测，常采用断面法和散点法来布设，观测时，测深点的平面位置和水深是同时进行的。测深点的间距参照表 7 - 3 - 3 中的规定执行。

#### 1. 断面法

根据前期布设的测深断面线来测量水下地形点，当沿着测深线施测时，如果采用测深杆、测深锤施测，则每隔一定间距测一个水深值；当采用测深仪时，可在仪器上设置采样间隔，比如在比例尺 1∶500 水下地形测量时，可设置采样间隔为 5m 或 5s，即每间隔 5m 采样一次，或每间隔 5s 采样一次。

#### 2. 散点法

测深点布设一般河道纵向可稍稀，横向宜密：岸边宜稍密，中间可稍稀，在水下地形复杂或有水工建筑物地区，测深点间距应适当缩短。若测区水流平缓、河床平坦，测深点间距可根据表 7 - 3 - 3 中要求适当的放宽。水库测深点需均匀进行布设。

7.4【课件】
测深点的
平面定位

### 二、水下地形点平面位置的确定

测定水下地形点的平面位置是河道及水库测量的一项重要工作。其定位方法可借助陆地测量技术手段，河道水下地形测量可采用断面索法、前方交会定位法、全站仪极坐标定位法、GNSS - RTK 定位技术和微波定位法，水库水下地形测量常采用后两种方法，其中 GNSS - RTK 定位技术在水下地形测量工作中应用最为广泛。

#### 1. 断面索法

如图 7 - 3 - 2 所示，通过岸上控制 $A$，沿着与河道垂直的方向架设断面索，测定它与已知边 $AB$ 的夹角 $\alpha$，量出水边线到 $A$ 点的距离，并测得水边的高程求得水位。小船从水边开始，沿着断面索行驶，按一定间距用测深杆或测深锤逐点测定水深，这样可在图纸上根据控制边 $AB$ 和断面索的夹角以及测深点的间距标定各点的位置和高程（测深点的高程＝水位－水深）。此法适用于小河道的少量测深定位任务。

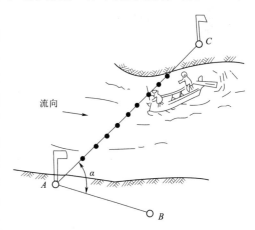

图 7 - 3 - 2 断面索定位法

#### 2. 前方交会定位法

前方交会定位法是用角度交会法定出测船在某位置测深时测深点的平面位置。测船沿断面导标所指方向航行（图 7 - 3 - 3），可在 $A$、$B$ 两控制点上各安置一架经纬仪，各用望远镜瞄准船上旗标，随船转动，待船到 1 点，当船上发出测量的口令或信号时，立即正确瞄准旗标，分别读出 $\alpha$、$\beta$ 角，同时在船上测深。测船继续沿断面航行，同法测量2、3等点。测完一条断面后另换一条断面继续施测。

**3. 全站仪极坐标法**

近年来，随着全站仪的普及，用全站仪极坐标法进行测深点的平面定位应用越来越广，用断面索法、传统的光学经纬仪前方交会法进行平面定位已很少采用。如图7-3-4所示，在已知点 $A$ 架设全站仪，瞄准已知后视点 $B$，建站并进行后视点检核，测船上放置棱镜，即可得到测深点的平面位置，此时亦可用反光板替代棱镜或者使用全站仪的免棱镜模式。全站仪采集的测深点平面坐标与对应点的测深数据合并在一起存储在全站仪的内存卡中，连接数据传输线即可输出水下测深点的三维坐标，到内业时由数字测图系统软件，可自动生成水下地形图。全站仪极坐标法可以满足大比例尺（如1：500）水下数字地形图的精度要求，精度相对较高。全站仪极坐标法适用于面积较小的水域或少量的测量任务，大面积水域测量时宜采用下述的 GNSS-RTK 定位方法。

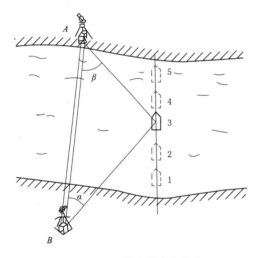

图7-3-3 前方交会定位法

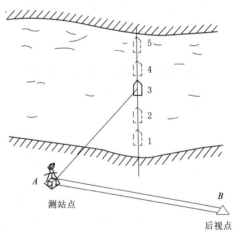

图7-3-4 全站仪极坐标定位法

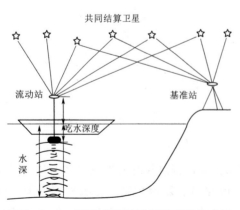

图7-3-5 GNSS测深定位系统原理及应用

**4. GNSS 定位测量技术**

上述三种传统施测方法均无法快速高效地完成大面积水域（江河、水库、湖泊、海洋等）的水下地形测量。随着 GNSS 定位技术的发展，应用 GNSS 进行测深点的平面定位逐渐成为主流。GNSS 与测深仪结合，使得水下地形测绘变得快速方便，自动化程度大大提高。

如图7-3-5所示，常规 GNSS 测深定位系统主要由 GNSS 接收机、数字化测深仪、数据通信链、便携式计算机及相关软件组成。根据前期建立的河道及水库首级控制网，建立 WGS-84 与当地坐标系的转换关系，利用 GNSS 接收机采用 RTK 差分定位技术进行定位测量，测深仪进行水深测量，利用便携机记录观测数据，即可完成水下测深点的三维坐标采集工作。

GNSS-RTK 技术在河道及水库测量中，除了可以完成陆地部分的碎部点及断面点的采集，亦可实时定位确定水面高程。随着各省卫星连续运行参考站（CORS 系统）的建立，GNSS-RTK 技术在河道及水库定位测量中越来越便捷。

GNSS-RTK 测量时，基准站和移动站之间差分数据传输需要通过数据链来传输，数据链传输一般是通过电台和网络的方式。倘若河道及水库在峡谷段或信号难以稳定覆盖的山区时，无法接收到差分信号，从而影响 RTK 作业效率，此时可采用后处理差分技术（PPK）。与 RTK 实时载波相位差分测量技术不同，PPK 测量时在移动站和基准站之间不需要建立实时通信链接，而是在外业观测结束以后，对移动站与基准站 GNSS 接收机所采集的原始观测数据进行事后处理，从而计算出流动站的三维坐标。PPK 作业半径可以达到 70～80km 以上。在 RTK 受到限制的区域也能利用 GNSS 进行动态测量，是 RTK 测量的重要补充方式。基准站也可以是 CORS 系统，移动站只要在 CORS 系统有效覆盖范围内即可进行 PPK 作业并解算。

### 5. 无线电定位技术

无线电测距定位时，在岸上安置两台以上的无线电接收器（副台），船上安置无线电发射器（主台），由船载主台向岸上不同位置的副台发射无线电信号，副台接收并返回信号到主台，由电波传播的时间来确定主副台之间的距离，主台至若干副台的距离交会即可确定主台位置。近年来，微波自动定位测深系统在大面积水域测深定位导航中应用也越来越广泛。无线电（微波）定位的原理如图 7-3-6 所示。

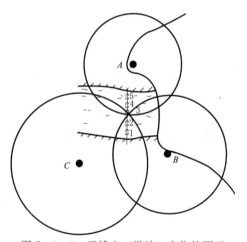

7.5【课件】
水位测量

图 7-3-6　无线电（微波）定位的原理

### 三、河道水位测量

水位即水面高程，水位测量就是测定水面高程的工作。在河道测量中，测深点的高程等于测深时的水面高程减去测得的水深，因此，测深时必须进行水位测量，这种测深时的水位称为工作水位。由于河流水位受各种因素的影响而时刻变化，为了准确地反映一个河段上的水面坡降，需要测定该河段上各处同一时刻的水位，这种水位称为同时水位或瞬时水位。此外，由于大量降雨或融雪影响，河水超过滩地或漫出两岸地面时的水位，称为洪水位。洪水位是进行水利工程设计和沿河安全防护必不可少的基本依据，在河道测量时必须进行洪水调查测量，提供某一年代的最大洪水高程。

**（一）水位的传统测量方法**

1. 工作水位的测定

在进行河道横断面或水下地形测量时，如果作业时间很短，河流水位又比较稳定，可以直接测定水边线的高程作为计算水下地形点高程的起算依据；如果作业时间较长，河流水位变化不定时，则应设置水尺随时进行观测，以保证提供测深时的准确水面高程。

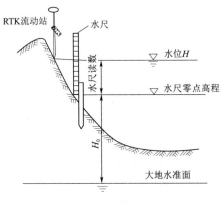

图7-3-7 水尺设置示意图

水尺一般用搪瓷制成，长1m，尺面刻划与水准尺相同。设置水尺时，先在岸边水中打入一个长木桩，然后在桩侧钉上水尺，如图7-3-7所示。

设立水尺的位置应考虑以下要求：

（1）应避开回流、壅水、行船和风浪的影响。

（2）河流两岸水位差大于0.1m时，应在两岸分别设置水尺。

（3）能保证观测到测深期间任何时刻的水位。

（4）尺面应顺流向岸，便于观读和接测零点高程。

水尺设置好后，根据邻近水准点用四等水准连测水尺零点的高程。水位观测时，将水面所截的水尺读数加上水尺零点高程即为水位。

2. 同时水位的测定

测定同时水位的目的是了解河段上的水面坡降。对于较短河段，为了测定其上、中、下游各处的同时水位，可由几人约定按同一时刻分别在这些地方打下与水面齐平的木桩，再用四等水准测量从临近水准点引测，确定各桩顶的高程，即得各处的同时水位。

在较长河段上，各处的同时水位通常由水文站或水位站提供，不需另行测定。如果各站没有同一时刻的直接观测资料，则须根据水位过程线和水位观测记录，按内插法求得同一时刻的水位。

3. 洪水调查测量

进行洪水调查时，应请当地年长居民指点亲身目睹的最大洪水淹没痕迹，回忆发水的具体日期。洪水痕迹的高程通常用五等水准测量从临近水准点引测确定。洪水调查测量一般应选择在适当的河段进行，选择河段应注意以下几点：

（1）为了满足某一工程设计需要而进行洪水调查时，调查河段应尽量靠近工程地点。

（2）调查河段应当稍长，并且两岸最好有古老村落和若干易受洪水浸淹的建筑物。

（3）为了准确推算洪水流量，调查段内河道应比较顺直，各处断面形状相近，有一定的落差；同时应无大的支流加入，无分流和严重跑滩现象，不受建筑物大量引水、排水、阻水和变动回水的影响。

在弯道处，水流因受离心力的作用，凹岸（外弯）水位通常高于凸岸（内弯）水位而出现横比降，其两岸洪水位之差有的可达 3m 以上。因此，根据弯道水流的特点，应在两岸多调查一些洪水痕迹，取两岸洪水位平均值作为标准洪水位。

**（二）水位的 GNSS 测量方法**

随着 GNSS 技术的应用与发展，其定位精度也随之不断提高。GNSS-RTK 模式采用实时差分定位技术，平面和高程精度已实现厘米级。如图 7-2-1（c）所示 GNSS 平面控制网，将网中各控制点联测已知高程点，或通过 GNSS 高程拟合，可解算出各控制点的高程。此时在河道上下游形成了三维立体控制网，在 RTK 手簿中输入三个以上具有两套坐标系统的控制点，采用布尔沙七参数模型，建立 WGS-84 与地方坐标系的转换关系，即可实时获取 RTK 所在位置的平面坐标及高程。

采用 GNSS-RTK 测量模式，如图 7-3-7 所示，将流动站的对中杆垂直于水面，并使对中杆底部与水面相接，在手簿即可读出水面高程，进行水面的工作水位、同时水位的测定。洪水调查亦可使用 GNSS-RTK 模式测出洪痕线及洪痕高程。

**四、水深测量**

水面到水底的垂直距离称为水深。为了得到水下地形点的高程，必须进行水深测量。水深测量常用的方法有人工测深（测深杆、测深锤等）、单波束回声测深仪、多波束测深仪、无人测量船、水下摄影测量等。

7.6【课件】
人工测量法

**（一）人工测深**

在水下地形测量中，最早的测深工具是测深杆和测深锤。尽管现在的测深设备主要是测深声呐，但在水草密集的区域、冬天冰下测深或者极浅滩涂等声呐设备无法工作的地方，这些原始的测深工具仍然在发挥作用。

1. 测深杆

测深杆简称测杆。一般用 4~6m、直径 5cm 左右的松木、枞木或竹竿制成，如图 7-3-8 所示。杆的表面以分米为间隔，涂以红白或黑白漆，并注有数字。杆底装有一直径 10~15cm 的铁制底盘，用以防止测深时测杆下陷而影响测深精度，测杆宜在水深 5m 以内、流速和船速不大的情况下使用。目前，有些单位应用玻璃钢代替竹竿，具有轻便耐用的特点，用测深杆测深时，应在距船头 1/3 船长处作业，以减少波浪对读数的影响，测杆斜向上游插入水中，当杆端到达水底且与水面成垂直时读取水面所截杆上读数，即为水深。但在浅滩测量时，当回声测深仪难以反映小于 lm 的水深时，用测深杆进行水深测量更加有效。

2. 测深锤

测深锤又称水铊，由重约 4~8kg 的铅锤和长约 10m 的测绳组成，如图 7-3-9所示。铅锤底部通常有一凹槽，测深时在槽内涂上黄油，可以粘取水底泥沙，借以判明水底泥沙性质，验证测锤是否到达水底。测绳由纤维制成，以分米为间隔，系有不同标志，在整米处扎以皮条，注明米数。测深锤适用于水深 10m 以内、流速小于1m/s 的河道测深。在北方的冬天，破冰之后，用测深锤测深应用也较广泛。

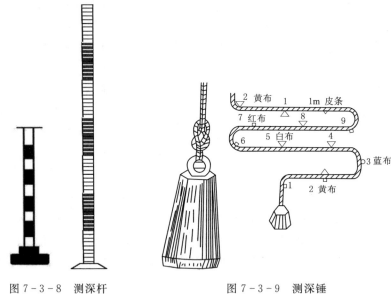

图 7-3-8 测深杆　　　　　　图 7-3-9 测深锤

**（二）回声测深仪**

回声测深仪是船载测深设备，如图 7-3-10 所示，根据声波在同一介质中匀速传播的特性，利用装在船首 1/3 处的发射换能器 S 将超声波发射到水底，再由水底反射到接收换能器 E，由声波至水底往返的时间 $\Delta t$ 及声波在水中的传播速度 $v$ 就可以推算水深，推算公式如下：

$$h = h_0 + h'$$

其中

$$h_0 = \frac{v \Delta t}{2} \qquad (7-3-1)$$

式中　　$h$——水面至水底深度；

　　　　$h_0$——换能器到水底的距离；

　　　　$h'$——水面至换能器的距离及吃水深度。

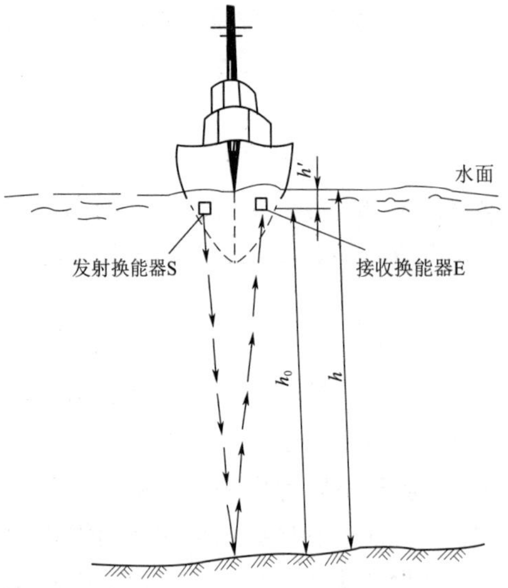

图 7-3-10 回声测深原理

回声测深仪主要由发射器、换能器、接收器、显示设备、电源等部分组成。水深数据可实时地显示在显示屏上，如图 7-3-11 所示。

回声测深仪测深精度高、速度快、适用范围广，最小测深为 0.5m，最大测深可达 500m，在水流流速达 7m/s 时仍能应用。为保证测深数据的可靠性，在水深测量之前、作业过程中和测量结束时，需抽取若干测点，用传统测深手段与回声测深仪获取的水深数据进行比对检查。检查时，将船行驶到水流平稳、河床平坦且底质较硬的区域，选取浅水点、中深点、深水点三处，用测深杆（测深锤）与测深仪分别量测水深，二者较差小于 0.1m 时，即可认定测深仪技术性能正常，测深成果可靠。

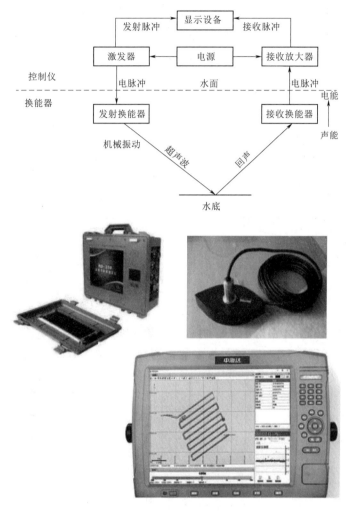

图 7 - 3 - 11　回声测深仪的构造

### (三) 多波束测深系统

多波束测深技术也称为条带测深技术，它集成了计算机技术、水声技术、导航定位技术、数字化传感器技术等高新技术，是一种高精度全覆盖式的测深方法。如图 7 - 3 - 12 所示，多波束测深系统是一种可以同时获得多个相邻窄波束的回声测深系统。

典型的多波束测深系统通常包括 3 个子系统：①多波束声学子系统，主要由多波束信号控制处理电子柜和多波束发射接收换能器阵组成；②波束空间位置传感器子系统，由提供测量船横摇、纵摇、艏向、升沉等姿态数据的运动传感器，提供大地坐标的定位系统和提供测区声速剖面信息的声速剖面仪组成；③数据采集、处理子系统，也称为后处理系统，由多后处理计算机、存储设备和绘图仪组成。

多波束测深系统的工作原理如图 7 - 3 - 13 所示，声音信号的发射和接收由两个方向互相垂直的发射阵和接收阵完成。换能器发射阵向母船的正下方发射扇形脉冲声波，该扇形沿母船航行方向角度为 $\theta$，垂直于航向的角度为 $\alpha/2$。换能器接受

7.8【课件】
单频多波
束测深

阵列以多个接收扇区接收来自水底的回波，因此，该系统一次探测就能给出与航向垂直的垂面内几十甚至上百个水底被测点的水深值，或者一条一定宽度的全覆盖水深条带。

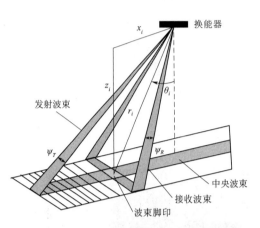

图 7-3-12 多波束测深系统波束发射与接收　　图 7-3-13 多波束测深系统工作原理示意图

如果忽略波束射线弯曲等因素影响，测点的深度为水中声速、声速双行程时间和入射角的函数。如图 7-3-14 所示为多波束测深剖面图，若以 $C$ 表示水体中的平均声速，$t$ 表示声波从发射到接收的时间，$\theta$ 表示接收波束与垂线夹角，同时也是入射角，则各波束测深点的换能器下水深 $D_t$ 可按下式进行计算：

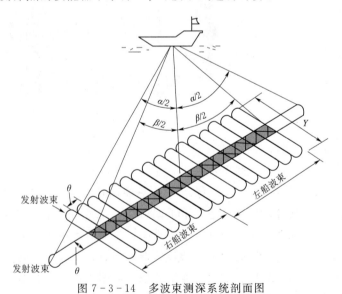

图 7-3-14 多波束测深系统剖面图

$$D_t = \frac{1}{2}Ct\cos\theta$$

与单波束回声测深仪相比，多波束测深系统具有测量范围大、速度快、精度高、记录数字化和实时自动绘图等优点，能一次测量出与测量船航向垂直方向的几十个到几百个水深值，该系统把测深技术从原先的点、线方式扩展到了面状形式，并进一步发展到立体测图和自动成图。多波束测深系统最大工作深度为 $200\sim12000$ m，横向覆盖宽度可达深度的 3 倍以上。使用多波束测深系统可以测绘各种比例尺的水下地形图，还可以用于扫海测量、探测海底障碍物以及高精度水下工程测量。

### （四）便携式多波束（或三维激光扫描）测量无人船

浅水区多波束作业困难、易损伤换能器，而单波束又无法满足全覆盖测量需求，这是浅水区测量作业的一大痛点、难点。便携式多波束测量无人船有效地解决了传统测量作业方式、浅水区作业困难等问题，可以大面积高效智能化扫测。

7.9【课件】无人测量船作业

测量无人船搭载便携式多波束、高精度组合惯性导航系统与表面声速仪，可以满足高精度的水下测绘需要。无人测量船同时还可支持搭载三维激光扫描仪，同步开展水上水下一体化高精度测绘作业。

便携式多波束测量无人船具备独立的信息综合处理及决策能力，汇集了自主航行、感知避障、协同控制、系统集成、平台设计等多项核心关键技术。在实际作业中，单船即可根据布设的测量计划线，自主航行至作业区域，依照任务指令工作，实现智能化、自主化测量。

便携式测量无人船可广泛用于河道水下地形及断面测量、码头水下地形测量、水闸冲淤测量、库容测量等领域，其他典型应用场景还包括疏浚测量、建筑物水下结构测量、航道测量和水上水下一体化测绘等。便携式测量无人船如图 7-3-15 所示。

### （五）机载激光测深系统

机载激光测深技术是以飞机作为测量平台，向水面发射激光波束，激光穿透水到达水底后返回机上接收装置，通过测量飞机的空间位置、姿态、激光波束的旅行时间可得到水底水深。

激光测深系统一般由测深系统、导航系统、数据处理分析系统、控制监视系统、地面处理系统五部分组成。如图 7-3-16 所示测深系统使用红、绿两组激光束，红外激

图 7-3-15　便携式测量无人船

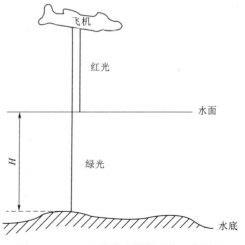

图 7-3-16　机载激光测深系统工作原理

光因无法穿透海水而被海面反射，该反射光由光学接收系统接收后可用于测定水面高度；绿色激光因处于水质窗口而大部分能量穿透水面到达水底，经水底反射后将沿入射路径返回在航飞机，被光学接收系统接收。根据红外激光与绿色激光返回的时间差，即可计算出被测点的水下深度。导航系统采用 GNSS 定位设备；数据处理分析系统用来记录位置数据、载体姿态数据和水深数据并进行处理；控制监视系统用于对设备进行实时控制和监视；地面数据处理系统用来对采集的数据进行滤波、各种改正计算，得到正确的水深。机载激光技术的测深能力受水体浑浊度的影响较大，在理想条件下穿透深度可达 30～100m，测深精度±0.3～0.5m，主要应用于精度要求不高、大面积的水域和浅海区域。

### （六）高分辨率测深侧扫声呐

高分辨率测深侧扫声呐可获得高分辨率的地形地貌图。声呐阵包括左舷和右舷两个声呐阵，自主开发的声呐软件包括水上数字信号处理软件、水上服务器软件、声呐驱动软件和水下主控软件，以及用于调试测试的终端调试测试软件、终端调试测试软件和声呐仿真软件。

利用 HRBSSS 测量数据计算波束在水底投射点坐标的过程与多波束的数据处理过程近似。通过该处理，可以获得密集的海底点的三维坐标。利用这些点的坐标，可以绘制海底等深线图或构造水下 DEM。HRBSSS 测得到的三维等深线图如图 7-3-17 所示。

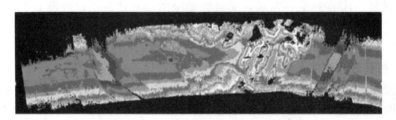

图 7-3-17　HRBSSS 测得到的三维等深线图

### （七）水下摄影测量

水下摄影测量是利用水下摄影设备对水底目标或局部地形进行的测量工作，目的是确定水下摄影目标的形状、大小、位置和性质，或局部地形的起伏状态。如图 7-3-18 所示，水下摄影测量在某种程度上同航空摄影地形测量工作原理一样。根据摄影设备的不同可分为以下三种方法。

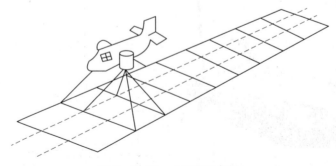

图 7-3-18　水下摄影测量

一种是运用光源直接拍摄水下目标影像。摄影工作在潜水器上进行，潜水器安装有摄影机以及用来提供摄影机位置、深度、姿态、曝光时间间隔的传感器和导航设备等。如果采用两架摄影机，用水声定位系统定位时可获得精确的成果。

另一种是利用光源照射下对水下目标进行电视扫描，设备有电视系统和摄影系统。水下部分由三个接收孔和信息传递器组成，采用立体摄影方法，拍摄屏幕上的海底地形或目标。

还有一种是声全息摄影系统，由超声波发射器、水声接收器和电视显示器等组成。在完全不存在光学可视度的情况下，可获得声学图像，经处理可在电视屏幕上显示声全息图。这种方法发展快，主要用于水下大比例尺测图、海底工程测量和沉船打捞等。

### （八）水下机器人

目前有利用水下载人潜水器、水下自治机器人或遥控水下机器人，集成多波束系统、侧扫声呐系统等船载测深设备，结合水下 DGPS 技术、水下声学定位技术实现水下地形测量的思想和方法。

水下机器人因可以接近目标，利用其荷载的测量设备，可以获得高质量的水下图形和图像数据。目前使用的潜水器中自动式探测器最先进，探测器内装有水声定位系统。如图 7-3-19 所示为早期的载人潜水器和法国的 Nautile 载人潜水器。

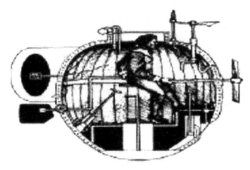

图 7-3-19　早期的载人潜水器和法国的 Nautile 载人潜水器

### 五、水下地形图的绘制

水下地形测量的成果通常为水下地形图，水下地形的内容不如陆地上的那样多，一般只要求用等高线或等深线表示水下地形的变化。根据外业测量整理出的成果，通过展绘测深点的平面位置，并注记相应的高程，勾绘出等高线或等深线，从而绘制出水下地形图。

7.10【课件】
水下地形图
的绘制

常用的测量绘图软件有南方测绘公司开发的 CASS 系列软件、Esri 公司开发的 ArcGIS 软件。以南方测绘公司的 CASS 软件为例，将外业获取的水底三维坐标的点号及高程展绘到软件中。根据图面高程信息建立 DTM 三角网，如图 7-3-20 所示。最后根据建立起的三角网，自动生成等高距为 1m 的等高线，等高线不够合理、不够圆滑之处，需手动调整。

如图 7-3-21 所示为生成等高线以后的 1：2000 水下地形图的一部分，可以看

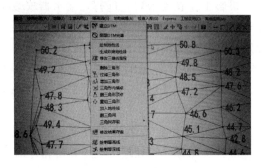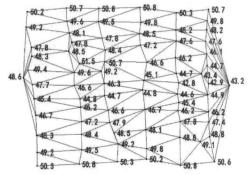

图 7 - 3 - 20  根据图面高程点建立 DTM 三角网

出，岸边的等高线与河流方向大体一致，河底等高线凸向上游，等高线在河底最低坑洼处和河底凸起处形成闭合。

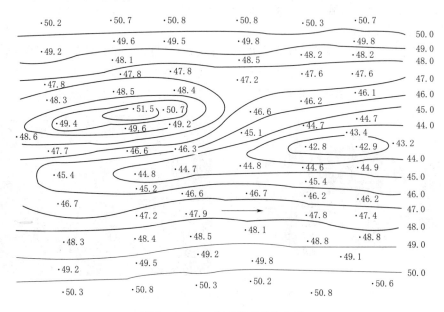

图 7 - 3 - 21  水下等高线的勾勒

# 模块四  河道纵横断面测量

在河流规划和水利水电工程勘测设计时，为确定河流梯级开发方案，计算水库库容，推算回水曲线，计算河道整治、库区淤积的方量，制作水工试验模型，研究河床变化规律等都需要河道纵、横断面资料，它是水利水电工程建设中一项不可缺少的测量资料。

## 一、河道横断面测量

为掌握河道的变化规律，服务水利工程建设，常需要在特定的河段布设一定的横断面，在横断面上进行平面定位及水深测量并绘制成横断面图供规划、设计及施工人员参考。

1. 横断面的测量

横断面的位置一般可根据设计用途由设计人员会同测量人员事先在地形图上选定，然后再到现场根据实地情况最终确定。横断面应尽量选在水流比较平缓且能控制河床变化的地方。为便于进行水深测量，应尽可能避开急流、险滩、悬崖、峭壁，横断面方向应垂直于河槽。

横断面的间距视河流大小和设计要求而定，一般河段 3～5km 设一条横断面，在重要的城镇附近、支流入口、水工建筑物上、下游和河道急转弯等处都应加设横断面；而对于河流比降变化和河槽形态变化较小、人口稀少和经济价值低的地区，可适当放宽横断面的间距。

代表河道横断面位置并用作测定断面点平距和高程的测站点，称为断面基点。横断面的位置在实地确定后，应在断面两端各打上一大木桩或埋设混凝土桩作为断面基点，或在一端设立一个断面基点并同时确定断面线的方位角。断面基点应埋设在最高洪水位以上，并与控制点联测，以确定其平面位置和高程，作为横断面测量的平面和高程控制。断面基点平面位置的测定精度应不低于编制纵断面图使用的地形图测站点的精度；高程一般应以五等水准测定。当地形条件限制无法测定断面基点的平面位置和高程时，可布设成平面基点和高程基点，分别确定其平面位置和高程。

为了防止断面基点被损坏，可在两基点内侧 10～20m 处加设一个内侧桩。横断面通常从建筑物轴线或支流入口处由上游向下游或由下游向上游按顺序统一编号，并在序号前冠以河流名称或代号，如有可能还应注出横断面的里程桩号。

为详细调查河道现实状况，或进行河道水力计算，通常也会布设间距较小的河道横断面。如图 7-4-1 所示，在河道上每间隔 100m 布设了若干条小横断面。

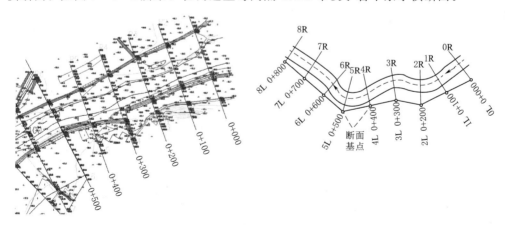

图 7-4-1 河道小横断面的布设

横断面测量是利用断面索法、前方交会法、极坐标法、GNSS-RTK 法等平面定位法结合测深设备测量水深来进行的，具体操作参照本项目模块三的内容。断面测量成果见表 7-4-1 和表 7-4-2。

表 7-4-1　　　　　　　　　河道横断面成果表 1（大横断）　　　　　　　单位：m

| 点号 | 累加距 | 1985 国家高程基准 | 1980 年西安坐标系（126°带） | | 地物名称 |
|------|--------|------------------|------------------------------|---|----------|
| | | $H$ | $X$ | $Y$ | |
| DLH5L | 0.0 | 229.34 | 4763052.57 | 405999.61 | 旱田 |
| | 18.1 | 229.30 | | | 旱田 |
| | 29.6 | 229.29 | | | 旱田 |
| | 44.6 | 229.18 | | | 旱田边 树林边 |
| | 49.2 | 229.25 | | | 坡脚 树林边 |
| | 53.9 | 231.32 | | | 坡顶 |
| | 57.5 | 231.26 | | | 路基下 |
| | 59.1 | 231.68 | | | 路基上 |
| | 59.7 | 231.67 | | | 铁轨 |
| | 61.5 | 231.64 | | | 铁轨 |
| | 62.1 | 231.64 | | | 路基上 |
| | 63.7 | 231.20 | | | 路基下 |
| | 66.7 | 231.18 | | | 坡顶 |
| | 70.3 | 229.17 | | | 坡脚 树林边 |
| | 81.1 | 228.95 | | | 坎上 树林边 |
| | 83.1 | 228.26 | | | 坎下 |
| | 84.9 | 228.44 | | | 坎下 |
| | 90.0 | 229.74 | | | 坎上 大车路边 |
| | 95.3 | 229.61 | | | 大车路边 |
| | 114.4 | 227.97 | | | 旱田 |
| | 133.2 | 227.84 | | | 旱田 |
| | 155.4 | 228.35 | | | 旱田 |
| | 163.6 | 228.69 | | | 坡顶 旱田边 |
| | 168.5 | 225.33 | | | 坡脚 |
| | 169.9 | 225.18 | | | 水边 |
| | 173.5 | 225.07 | | | 水下 |
| | 179.1 | 224.84 | | | 水下 |
| | 185.4 | 225.11 | | | 水下 |
| | 193.7 | 225.11 | | | 水下 |
| | 199.8 | 225.20 | | | 水边 |
| | 206.2 | 225.83 | | | 坎下 |

续表

| 点号 | 累加距 | 1985国家高程基准 | 1980年西安坐标系（126°带） | | 地物名称 |
|---|---|---|---|---|---|
| | | H | X | Y | |
| | 208.0 | 226.77 | | | 坎上 |
| | 218.4 | 226.48 | | | 旱田 |
| | 243.5 | 227.55 | | | 旱田 |
| | 266.5 | 227.96 | | | 旱田 |
| | 289.6 | 228.71 | | | 旱田 |
| | 324.3 | 229.25 | | | 旱田 |
| | 350.1 | 229.55 | | | 旱田 |
| | 369.3 | 229.40 | | | 旱田 |
| | 394.5 | 229.61 | | | 旱田 |
| | 418.4 | 229.65 | | | 旱田 |
| | 439.4 | 229.49 | | | 旱田 |
| | 464.7 | 229.53 | | | 旱田 |
| | 492.2 | 229.37 | | | 旱田 |
| | 518.9 | 229.26 | | | 旱田 |
| | 543.5 | 228.98 | | | 旱田 |
| | 569.9 | 228.65 | | | 旱田 |
| | 593.0 | 228.37 | | | 旱田 |
| | 614.8 | 228.38 | | | 旱田 |
| | 635.8 | 228.15 | | | 旱田 |
| | 659.3 | 228.06 | | | 坎上 |
| | 661.6 | 227.20 | | | 坎下 |
| | 665.2 | 227.16 | | | 坎下 |
| | 666.9 | 227.66 | | | 坎上 |
| | 674.2 | 227.68 | | | 旱田 |
| | 693.2 | 228.51 | | | 旱田 |
| | 714.4 | 229.12 | | | 围墙 |
| | 721.3 | 229.41 | | | 旱田 |
| | 740.4 | 230.43 | | | 居民地边 |
| | 753.6 | 231.71 | | | 围墙 |
| | 754.5 | 231.73 | | | 水泥路边 |
| DLH5R | 759.4 | 231.50 | 4763231.64 | 406737.60 | 水泥路边 |

表 7-4-2　　　　　　护岸工程小横断成果表 2　　　　　　单位：m

| 断面号 | 累加距 | 1985 国家高程基准 | 1980 西安坐标系（126°带） | | 地 物 |
|---|---|---|---|---|---|
| | | H | X | Y | |
| | −98.1 | 228.95 | 4761391.98 | 407483.21 | 滩地 |
| | −87.2 | 229.35 | 4761402.77 | 407481.44 | 旱田边 |
| | −67.1 | 229.72 | 4761422.70 | 407478.49 | 旱田 |
| | −39.3 | 229.50 | 4761450.12 | 407474.23 | 旱田 |
| | −25.1 | 229.33 | 4761464.17 | 407472.03 | 旱田边 |
| | −16.0 | 229.14 | 4761473.19 | 407470.56 | 荒地 |
| | −3.8 | 228.65 | 4761485.26 | 407468.80 | 荒地 |
| 1 | 0.0 | 228.47 | 4761488.97 | 407468.18 | 坎上 |
| | 1.1 | 227.52 | 4761490.02 | 407468.09 | 坎下 |
| | 3.9 | 227.12 | 4761492.81 | 407467.63 | 水边 |
| | 6.3 | 226.93 | 4761495.22 | 407467.24 | 水下 |
| | 8.1 | 226.93 | 4761497.00 | 407467.01 | 水下 |
| | 9.3 | 227.09 | 4761498.19 | 407466.83 | 水边 |
| | 13.5 | 227.23 | 4761502.29 | 407466.08 | 滩地 |
| | 19.8 | 227.08 | 4761508.55 | 407465.23 | 水边 |
| | 23.9 | 226.89 | 4761512.62 | 407464.57 | 水下 |
| | 28.7 | 226.53 | 4761517.34 | 407463.78 | 水下 |
| | 35.3 | 226.73 | 4761523.81 | 407462.78 | 水下 |
| | 41.5 | 227.08 | 4761529.93 | 407461.83 | 水边 |
| | −47.9 | 230.44 | 4761444.32 | 407414.87 | 旱田 |
| | −37.5 | 230.35 | 4761454.70 | 407415.69 | 旱田 |
| | −23.8 | 230.46 | 4761468.42 | 407416.79 | 旱田 |
| | −9.1 | 230.56 | 4761483.04 | 407417.94 | 旱田 |
| 2 | 0.0 | 229.73 | 4761492.11 | 407418.66 | 坎上 |
| | 3.9 | 227.10 | 4761495.97 | 407418.96 | 坎下 水边 |
| | 4.5 | 226.60 | 4761496.58 | 407419.05 | 水下 |
| | 9.6 | 226.85 | 4761501.63 | 407419.43 | 水下 |
| | 18.7 | 226.65 | 4761510.71 | 407420.15 | 水下 |

| 断面号 | 累加距 | 1985 国家高程基准 | 1980 西安坐标系（126°带） | | 地　物 |
|---|---|---|---|---|---|
| | | $H$ | $X$ | $Y$ | |
| | 26.5 | 226.73 | 4761518.52 | 407420.77 | 水下 |
| | 36.1 | 226.81 | 4761528.05 | 407421.53 | 水下 |
| | 41.2 | 227.10 | 4761533.20 | 407421.94 | 水边 |

......

在累加距推算时，大横断面通常选用左岸的基点为零点，向右为正，除左右断面基点外，其他测量点的坐标值可不必列出；小横断面常选用左岸的岸坎或左堤的迎水坡堤顶为推算零点，左负右正。

2. 横断面图的绘制

绘制横断面图时水平轴为水平距离，竖轴代表高程，将各测量点展绘到 AutoCAD 软件中，并注明垂直和水平比例尺、观测时间及观测时的平均水位。调查了洪水位的地方，应绘制出洪水位线，如图 7 - 4 - 2 所示。

**二、河道纵断面测量**

河床的最深点称深泓点。沿河道深泓点剖开的断面称河道纵断面。用横坐标表示河长，纵坐标表示高程，将这些深泓点连接起来，就得到河底的纵断面形状。在

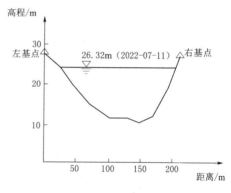

图 7 - 4 - 2　横断面图

河流纵断面图上应表示出河底线、水位线以及沿河主要居民地、工矿企业、铁路、公路、桥梁、水文站、水准点以及其他水工建筑物的位置和高程。

河流纵断面图一般是利用已有水下地形图、河道横断面图及有关水文、水位资料进行编绘的。若缺少某部分内容时，则需要补测。在收集资料工作完成后，即可编制纵断面图，其基本编绘步骤如下：

（1）量取河道里程。沿河道泓线从上游某一固定物或建筑物（如桥、坝等）开始计算，向下游累计，量距读数取至图上 0.1mm，在有电子地图时，可直接在电子地图上量取距离。

（2）换算同时水位。为了在纵断面图上绘出同时水位线，必须将各点的观测水位换算成同时水位。

（3）编制河道纵断面成果表。纵断面成果表是绘制纵断面图的主要依据，其主要内容包括：点编号、点间距、累计距离、深泓点高程、瞬时水位及时间、堤岸高程等。历史最高洪水位一般在横断面测量时进行实地调查和测定。

（4）绘制河道纵断面图。根据成果表绘制河道纵断面图（图 7 - 4 - 3）。纵断面图一律从上游向下游绘制，垂直（高程）轴比例尺一般为 1：100～1：1000，水平轴比例尺

一般为 1∶1000～1∶10000。目前，纵断面图的绘制一般都借助计算机软件来进行。

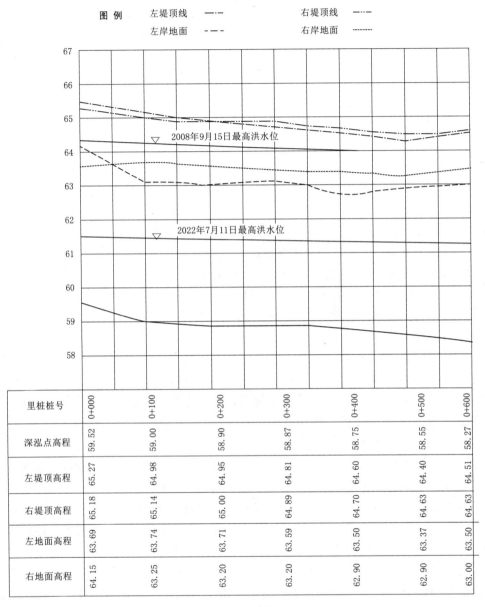

图 7-4-3 纵断面图

# 模块五 水库淹没界线测量

水库淹没界线测量是指测设移民线、土地征用线、土地利用线、水库清理线等各种水库淹没、防护、利用界线工作的总称。水库的设计水位和回水曲线的高程确定后，要按设计资料在实地确定水库未来的边界线。水库边界线以设计正常蓄水位为基础，结合浸没、坍岸、风浪影响等因素综合确定，根据需要测设其中的一种、几种或全部。

## 一、边界线测量的准备工作

在水库边界线的测设工作中，测量人员的主要任务是用一系列的高程标志点（常称为界桩）将水库的淹没界线在实地标定下来。测设时，通常用界桩在实地标出其通过的位置并绘在适当比例尺的地形图上，作为移民规划、迁移安置及库区建设的依据。界桩分为永久界桩和临时界桩两类。永久界桩以混凝土桩或涂上防腐剂的大木桩或在明显易见的天然岩石上刻凿记号作为标志，主要测设在大居民点、工矿企业、名胜古迹、大片农田和经济作物产区，既要能长期保存又要便于寻找。临时界桩可用木桩或明显地物点（如明显而突出的树干或建筑物的墙壁等）作为标志，临时界桩只需保持到移民拆迁和清库工作完成即可。所有的界桩都应进行统一编号。

7.12【课件】水库淹没界线测量

水库边界线测设的实质就是利用界桩在实地放样出一条设计高程线。不同用途的边界线，对测量工作的要求也不一样。因此，在库区边界线测设以前，应根据主管部门对各界线所需测设的高程范围、各类界桩的高程表及测设界线的种类等提出的要求，确定对其是否全部测设或部分测设，然后将回水高程以及界桩测设的高程范围分段绘在图上。界桩测设工作由测量人员配合水库设计人员和地方、移民等有关单位协同进行，用水准仪、全站仪或 GNSS - RTK 分段按设计高程在实地进行标定，随测随将界桩及标志移交地方保管。

当界线通过厂矿区或居民点时，应在进出处各设一个永久界桩，内部每隔几米测设一个临时界桩，并在主要街道标出界线通过的实际位置。在大片农田及经济价值较高的林区，一般每隔 2～3km 测设一个永久界桩，再以临时界桩加密到能互相通视为止。在有少量庄稼的山地，可只测设临时界桩显示界线通过的位置。经查勘确定经济价值很低的地区，可不测设界桩。界桩的高程应以界线通过的地面或地物上标志的高程为准，为便于日后检测，还应测定界桩桩顶的高程。各类界桩高程对基本高程控制点的高程中误差，要小于表 7 - 5 - 1 的规定。

表 7 - 5 - 1　　　　　　　　　　各类界桩高程中误差

| 界桩类别 | 界桩测设的地区 | 界桩高程中误差/m |
|---|---|---|
| Ⅰ类 | 城镇、居民地、工矿企业、风景区、铁路、重要建筑物、公路和地面倾斜角大于 2°的耕地 | ±0.1 |
| Ⅱ类 | 地面倾斜角为 2°～6°的耕地和经济价值较大的地区，如森林、果林、药材场、牧场、木材加工场等 | ±0.2 |
| Ⅲ类 | 界线附近地面倾斜角大于 6°的耕地和一般林地等 | ±0.3 |

## 二、界桩的测设

界桩的测设程序为：确定测设方案、测设界桩位置、埋设界桩、编号标定、测定界桩位置及高程并在图上展绘等。因其界桩类别不同，界桩精度的要求也有差异，所以，测设要求要按界桩类别确定。根据前期布设的水库基本控制网，界桩的测设主要有两种方法：GNSS - RTK 测量法和传统的几何水准测量法。

（1）GNSS-RTK 测量法。随着 GPS 定位技术的快速发展，其功能越来越强，精度越来越高，在水利测量领域的应用日益广泛，特别在水库淹没界线测量中受到测绘者的重视。在测区内选取 3 个以上控制点的 WGS-84 坐标和当地坐标的数据进行匹配来求出该组合的坐标转换参数，这些转换参数称为布尔莎七参数（三个平移参数、三个旋转参数和一个尺度参数）。架设 GNSS 基准站后，根据水库淹没界线测量的设计指标，GNSS 流动站就可以实地测定水库淹没界桩的高程。如果利用省 CORS 系统和千寻位置，无须架设参考站，直接启动流动站，获取固定解后即可开展界桩测设工作。

（2）传统的几何水准测量法。为了便于界桩测设，需要将水库基本控制网进行加密。用于水库淹没界线测量的平面控制网先由基本控制网加密成图根控制网，其次是测站点。高程控制网由若干永久性水准点组成基本网和若干临时水准点组成，分两级布设。基本网一般在水库淹没界线范围之外布设，通常用三、四等水准的精度测量基本网的高程；临时作业水准网用五等水准的精度施测。临时水准点应根据永久桩和临时桩临时布置，附合到永久水准点上，临时水准点直接用于临时桩的高程放样。

传统的几何水准测量法既可以运用水准仪以仪器高法测设界桩高程，也可以用视准轴位于水平位置的全站仪或经纬仪测设界桩高程。如图 7-5-1 所示，欲测设界桩点 1，可先从附近的水准点 $BM_{01}$ 开始，将高程引测至边界附近的 $A$ 点上，然后以 $A$ 点为后视，读取后尺读数，按式（7-5-1）计算界桩点的前尺读数 $b$，即

$$b = H_A + a - H_1 \qquad (7-5-1)$$

式中　$H_A$——后视点 $A$ 的高程，m；

　　　$a$——后尺读数，m；

　　　$H_1$——待测界桩点的高程，m。

利用高程放样方法，由观测员指挥前尺移动，直至望远镜中丝在水准尺上截取的读数为 $b$，该点即为欲测设的界桩点。对于能够纳入高程作业路线的永久或临时界桩，均应作为转点纳入路线（如图 7-5-1 中的界桩 5，即 $B$ 点）。

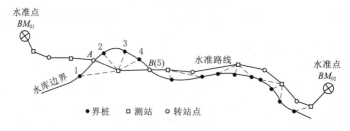

图 7-5-1　几何水准测量法测设界桩

随着测绘科学技术的发展，GNSS-RTK 现已满足厘米级平面及高程定位精度，因此，在开阔地带大范围内进行水库界线测量时优先选用此种方法，可大大提高作业效率。在 GNSS 信号有遮挡的小区域水库界线测量时可选用传统几何水准测量法。

# 模块六　汇水面积与水库库容的计算

## 一、汇水面积的计算

汇水面积指的是雨水流向同一山谷地面的受雨面积。汇水面积是根据一系列分水线（山脊线）的连线确定的。跨越河流、山谷修筑道路时，必须建桥梁和涵洞，兴修水库必须筑坝拦水。桥梁涵洞孔径的大小、水坝的设计位置与坝高、水库的蓄水量等都要根据本地区的降水量和汇水面积来确定。确定汇水面积，首先要确定出汇水面积的边界线，即汇水范围。

雨水降临地面后，能汇流到某一水库（河流或谷地）的承雨面积，就叫作该水库的汇水面积。汇水面积越大，流入河道的水就越多，进入水库的水量也就越大。在地形图上，汇水面积的边界线是由一系列的分水线（山脊线）和道路、堤坝连接而成。雨水降落地面后，凡在分水线范围内的，就通过沟、溪汇集到水库。而降落在分水线圈外的，则流向别处，进不了水库，所以汇水面积实际上就是分水线圈定的流域面积。由图 7-6-1 可以看出，由山脊线和公路上的 $AB$ 线段所围成的面积就是这个山谷的汇水面积。在图上作设计的道路（或桥涵）中心线与山脊线（分水线）的交点，沿山脊及山顶点划分范围线

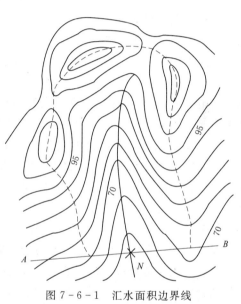

图 7-6-1　汇水面积边界线

（如图的虚线），该范围线与道路中心线 $AB$ 所包围的区域就是雨水汇集的范围。

汇水面积应按汇水面的水平投影面积计算。确定汇水面积，首先是利用地形图画出这个面积的边界线，然后量测该面积的大小。确定边界线及汇水面积计算时，应注意以下几点：

（1）边界线（除公路 $AB$ 段外）应与山脊线一致，且与等高线垂直。

（2）边界线是经过一系列的山脊线、山头和鞍部的曲线，并在河谷的指定断面（公路或水坝的中心线）闭合。

（3）边界线一般在山顶或鞍部才有较大的方向改变。

（4）球形、抛物线形或斜坡较大的汇水面，其江水面积应附加汇水面竖向投影面积的 $50\%$。

（5）高出汇水面积有侧墙时，应附加侧墙的汇水面积，其计算方法按《建筑给水排水设计规范》（GB 50015—2019）的相关规定执行。

## 二、水库库容的计算

在进行水库设计时，如果坝的溢洪道高程已定，就可以确定水库的淹没面积，淹

没面积以下的蓄水量称为水库的库容。水库库容通常以 $m^3$ 为基本计量单位，实际使用中多以亿 $m^3$ 为单位。水库库容是确定装机容量、工程施工量、泄洪量以及水利功能的重要指导依据，是水库优化调度的重要参数。

自古以来我国各地就建设有各种水库，有大有小。中华人民共和国成立后，水利水电建设开展得如火如荼，大规模的水库建设开展以来，大幅地改善了我国粮食生产的灌溉难题、人民群众的吃水难题。中国第一大水库——三峡水库，位于长江干流，大坝位于湖北省宜昌市夷陵区三斗坪镇境内，水库蓄水一直延伸到重庆市境内。2021 年 10 月 31 日 8 时，三峡水库蓄至正常蓄水位 175m，总库容达 393 亿 $m^3$，自 2010 年以来连续 12 年完成 175m 满蓄任务，为供水、发电、航运、生态等综合效益奠定了良好基础。

但是三峡水利枢纽工程并非一日之功，其走的就是一条自立自强的创新之路。三峡工程技术负责人之一的王小毛回忆说："三峡工程规模特别大，难题也特别多，很多都是世界性的难题。要解决这些世界性的难题，没有可抄的'作业'，必须自立自强走自主创新之路。"首先，从防洪来讲，三峡坝址河段有 1000 多年的历史洪水记载，其中 1870 年发生的最大洪水洪峰流量达 98000$m^3$/s，三峡工程设计采用的校核洪水标准为万年一遇洪水加大 10%，即 12.43 万 $m^3$/s。这是三峡工程本身要做到的最大防御洪水能力。其次是电站装机容量达 2250 万 kW，年发电量 900 亿 kW·h。第三，船闸年通过能力超过 1 亿 t，由此带来了枢纽建筑物布置上的困难：拦河大坝泄洪量大、孔口多、泄洪消能结构异常复杂；坝体开孔率高，最大近 50%，孔口尺寸大、作用水头高（深孔设计水头为 85m）、运用频繁、水位变化大（135~175m）、结构复杂，在世界上均无先例。面对这样一个在世界水利工程建设史上前所未有的难题，在中国共产党的坚强领导下，各级政府及有关部门通力合作，统筹解决多方面重大问题；全国各地对口支援三峡工程移民工作，有力促进了三峡工程移民安置和库区经济社会发展；近 130 万移民舍小家、顾大家、为国家，以实际行动支持三峡工程建设。正如党的十九届四中全会指出，坚持全国一盘棋，调动各方面积极性，集中力量办大事是我国国家制度和国家治理体系的显著优势之一。也正是因为深刻认识这一科学判断，始终保持对中国特色社会主义制度的自信。许多难题都在长时间反复模拟试验中被攻克，经过 40 年论证、20 年建设、12 年的试验性蓄水检验后，2020 年 11 月，三峡工程完成了国家的整体竣工验收，进入正常运行期。"长江三峡枢纽工程"项目也获得了 2019 年度国家科学技术进步奖特等奖。

水库在长期运行过程中，受地表径流、洪水以及自然变化和人为活动影响，库区现状的地形、地貌和库容势必发生变化，为了保证水库的安全运行和最大程度地发挥综合效益，需要定期对库容进行测量和计算，掌握水库淤积情况和水库实际有效库容。

水库库容的计算是以库区的地形数据为依据的。根据前期布设的水库基本控制网，计算坐标转换参数，库区水面以上地形采用 GNSS-RTK 模式或者借用省 CORS 客户端进行数据采集。由于库区植被比较茂密，有时 GNSS 接收机难以获取固定解，应辅以全站仪进行局部补充测量。如遇斜坡、陡坎、石崖等地形，在坎上、坎下成对测点，以保证等高线生成的精度。库区水面以下地形数据采集通过同时应用 GNSS 载波相位差分测量技术和测深仪来分别获取平面定位和深度测量，以此来获取水下测点平面位置和深度信息。采用横断面法观测时，应布设 2～3 条纵向航线以完整地反映库区水面以下地形情况。有条件的情况下，库区水面以下采用多波速测深系统进行水下地形扫测，可获得更加完整的面状 DEM 数据，大大提高库容计算的精度。

传统库容计算主要采用断面测量法和等高线的台锥体公式。此外，利用库区的地形数据，建立数字高程模型对水库库容和淤积进行测量研究是当下效率和精确度都较高的一种方式。

1. 断面测量法

断面测量法计算库容是将水库沿水流流程从库尾到坝址分割成多个梯形体或椎体。

断面测量法计算库容的模型是：

$$\left.\begin{array}{l} V = \sum_{i=1}^{n} V_i \\[2mm] V_i = L_i \left( \dfrac{S_i + S_{i+1}}{2} \right) \\[2mm] S_i = \sum_{i=1}^{m} (h_i + h_{i+1}) \, d / 2 \end{array}\right\} \qquad (7-6-1)$$

式中    $V_i$，$L_i$——第 $i$ 个断面到第 $i+1$ 个断面间的库容和距离；

　　　　$n$——分段个数；

$S_i$，$m$，$d$，$h_i$——第 $i$ 个断面的面积、测点个数、点间距和每个测点的深度测量值。

断面法的操作方式很简单，但会受到前提假设的约束，很难保证测量结果的精度。而淤积量的获得是依据前后两次库容的较差，所以导致库容的精度不准确，进而导致无法测量淤积量的精度。

2. 等高线法

等高线法计算库容是将水库按不同等高线从下到上分割成多个梯形体或椎体通过各梯形体或椎体体积求和得到水库库容。根据外业采集的水面以上及水下地形数据，生成库区等高线。为了提高库容计算精度，在出图之前生成的等高线尽量不要修剪，即使遇到斜坡、陡坎、石崖、房屋、建筑物等地形、地物也要使等高线均匀穿越，这样可以提高库容计算的精度和合理性。

先求出图 7-6-2 中阴影部分各条等高线所围成的面积，然后计算各相邻两等高线之间的体积，其总和即为库容。设 $S_1$ 为淹没线高程的等高线所围成的面积，$S_2$、$S_3$、…、$S_n$、$S_{n+1}$ 为淹没线以下各等高线所围成的面积，其中 $S_{n+1}$ 为最低一根等高线所围成的面积，$h$ 为等高距，$h'$ 为最低一根等高线与库底的高差。则相邻等高线之间的体积及最低一根等高线与库底之间的体积分别为

$$V_1 = \frac{1}{2} (S_1 + S_2) \cdot h$$

$$V_2 = \frac{1}{2} (S_2 + S_3) \cdot h$$

$$\vdots$$

$$V_n = \frac{1}{2} (S_n + S_{n+1}) \cdot h$$

$$V'_n = \frac{1}{3} S_{n+1} \cdot h' \quad (\text{库底体积})$$

$$V = V_1 + V_2 + \cdots + V_n + V_n' = \left( \frac{S_1}{2} + S_2 + \cdots + \frac{S_{n+1}}{2} \right) \cdot h + \frac{1}{3} S_{n+1} \cdot h'$$

$$(7-6-2)$$

图 7 - 6 - 2　汇水面积及库容量计算图

如果溢洪道高程不等于地形图某一等高线高程时，就要根据溢洪道高程用内插法求出水库淹没线，然后计算库容。此时水库淹没线与其下的第一根等高线之间的高差不等于等高距。

类似的库容算法还有四棱方柱法和三角棱柱法，都是需要划分网格，计算各点的高程，分块计算面积和体积，然后进行累加。

**3. 数字地面模型法**

数字地面模型是地理空间定位的数据集合，是利用一个任意坐标场中大量选择的已知点坐标（$X$，$Y$，$Z$）及属性值对连续地面的一个统计表示，实质上是对地球表面地形地貌的一种离散的数学表示。数字地面模型 DTM 主要有 3 种表现形式：基于等高线的 DTM、基于三角网的 DTM 和规则格网的 DTM。

首先对地形图中所有高程点进行粗差检查，剔除有问题的点，并同地形图中的等高线构建不规则三角网（TIN），利用 TIN 来模拟库区三维地表。TIN 是根据区域内有限个点将区域划分为三角形网络，可以用来表征区域的数字高程，三角形的形状和大小取决于不规则分布的测点密度和位置，其能较好地描述三维物体的表面。

构建 TIN 建立的库区三维地表模型，需要进行边界裁剪，才能在后续的工作中准确计算库容。因而，利用库区的多边形边界对 TIN 进行边界裁剪，得到库区三维地表模型。当库区的三维地表模型建立完成后，在对库容进行计算时就可以利用 TIN。在计算每一个水位的库容时，在生成的不规则三角网中，应先把每一个三角形柱体的容积计算出来，最后累积得到指定水位的库容，同时将所有三角形用斜平面拟合，上表面为参考面（指定水位所在水平面），库容计算公式如下：

$$V_i = \sum_{k=1}^{p} (Z_1^k + Z_2^k + Z_3^k)/3 \times S_k \Bigg\}$$

$$(7-6-3)$$

$$S_i = \sum_{k=1}^{p} S_k$$

式中　　$V_i$——$i$ m 水位的库容；

　　　　$S_i$——$i$ m 水位的水面面积；

$k$ ——$im$ 水位对应 TIN 中的第 $k$ 个三角形；

$p$ —— $im$ 水位对应 TIN 中的三角形个数；

$Z_1^k$，$Z_2^k$，$Z_3^k$ ——$im$ 水位到第 $k$ 个三角形三个顶点的高差；

$S_k$ ——第 $k$ 个三角形在水平面上的投影面积。

为提高计算精度，高程起算面间距越小，精度越高。

构建 TIN 和地形建模可利用南方 CASS 和 ArcMap 来进行。以 ArcMap 为例，ArcMap 下能够加载 AutoCAD 图形和数据。因此，只要将编辑好的库区数字地形图，按图层将等高线和高程点输出，导入 ArcMap 中就能建立数字高程模型。具体流程如下：

（1）将等高线和高程点数据导入 ArcMap 中，并导出生成"＊.Shp"文件，利用 3D Analyst 工具中的创建 TIN 工具将"＊.Shp"文件创建 TIN 文件。TIN 文件为由三角网构成的数值高程模型，根据实际情况对三角网进行修改，使数字高程模型更加合理。为了进一步精化模型，可以将 TIN 文件转化成栅格高程数字模型，栅格大小可以任意设置。

（2）采用 3D Analyst 工具中功能性表面模块中的表面体积工具，利用 TIN 文件或栅格高程数字模型可以快速地计算出对应水位或高程的水库库容，输出内容包括对应水位或高程的水面面积、水面以下的曲面面积和水体体积。

断面法库容计算主要是在库区设定相互平行的断面，要求断面间的地形变化较为均匀，呈现线性，而且计算时针对不同高程的库容计算极其烦琐。当库区地形复杂，库区支流众多时，计算精度将难以保证。等高线法计算时是假定两等高线之间体积变化是线形性，对于两高程之间的地形起伏无法精确反映，特别对地势较为平坦地区，计算结果误差较大。要提高计算精确度就必须加密等高线，这将大大增加成图的难度。DTM 法计算精度最高，计算效率最高，计算速度快，只需绘制计算边界，其余步骤软件自动处理并计算结果受误差影响最小且最稳定，尤其在河道型水库库容计算中，地形特征数据采集点位密度满足要求时，首选 DTM 法。

# 【知识目标自测】

1. 不属于水库测量包含的阶段是（      ）。

A. 技术设计阶段                B. 资源调查阶段

C. 施工阶段                      D. 运营管理阶段

2. 水库及河道平面控制测量最常用的方法是（      ）。

A. GNSS 静态测量            B. 附合导线测量

C. 交会法                         D. 三角网法

3. 在重点内河流域，图上测深线间距一般采用（      ）。

A. 5～10mm                B. 10～15mm

C. 15～20mm              D. 20～25mm

4. 利用测深仪在比例尺 1：500 水下地形测量时，采样间隔一般设置为（      ）。

A.3m 或 3s B.5m 或 5s

C.10m 或 10s D.15m 或 15s

5. 在东北的冬季，平均水深 5m 的河流水下地形测量时，可采用的方法是（  ）。

A. 测深仪 B. 测深杆＋GNSS－RTK

C. 测深锤＋GNSS－RTK D. 无人船

6. 利用回声测深仪和 RTK 测量水下地形时，GNSS－RTK 显示的高程为 98.055m，仪器接收机至水面的高度为 1.8m，测深仪换能器吃水深度为 0.2m，测深仪测得水深为 6.75m，那么此刻水底高程为（  ）。

A.89.705 m B.92.305 m

C.92.105 m D.89.305 m

7. 河道纵断面图的垂直（高程）轴比例尺一般为（  ）。

A.1：100～1：500 B.1：100～1：1000

C.1：500～1：1000 D.1：1000～1：2000

8. 在进行水库库容计算时，下面精度最高的方法是（  ）。

A. 等高线法 B. 断面测量法

C. 数字地面模型法 D. 解析法

# 【能力目标自测】

1. 河道及水库测量的内容和基本任务是什么？

2. 河道的 GNSS 控制网的网形有何特点？

3. 测深线和测深点该如何布设？如何进行水位观测？

4. 水深测量的方法有哪些？目前最常用的是哪种？

5. 水下地形图与陆地相比，有何特点？河道纵横断面图该如何编绘？

6. 水库淹没界线的界桩测设方法有哪些？如何计算汇水面积及水库库容？

# 参 考 文 献

［1］ 宁津生，陈俊勇，李德仁．测绘学概论［M］．4版．武汉：武汉大学出版社，2008.

［2］ 张正禄，李广云，潘国荣．工程测量学［M］．武汉：武汉大学出版社，2005.

［3］ 吴学伟，于坤．测量学教程［M］．北京：科学出版社，2021.

［4］ 石东，陈向阳．建筑工程测量［M］．2版．北京：北京大学出版社，2017.

［5］ 张雪锋，刘勇进．水利工程测量［M］．北京：中国水利水电出版社，2020.

［6］ 周晓军．地下工程监测和监测理论与技术［M］．北京：科学出版社，2014.

［7］ 陈永奇．工程测量学［M］．4版．北京：测绘出版社，2016.

［8］ 张保民．工程测量技术［M］．北京：中国水利水电出版社，2022.

［9］ 赵红．水利工程测量［M］．2版．北京：中国水利水电出版社，2016.

［10］ 王波，王修山．土木工程测量［M］．北京：机械工业出版社，2018.

［11］ 周海峰，李向民．道路工程测量［M］．北京：机械工业出版社，2021.

［12］ 李少元，梁建昌．工程测量［M］．北京：机械工业出版社，2021.

［13］ 石雪冬，杨波．水利工程测量［M］．北京：中国电力出版社，2011.

［14］ 潘松庆，魏福生，杜向锋．测量技术基础［M］．郑州：黄河水利出版社，2012.

［15］ 殷耀国，郭宝宇，王晓明．土木工程测量［M］．3版．武汉：武汉大学出版社，2021.

［16］ 马驰，鲁纯．测量学基础［M］．武汉：武汉大学出版社，2017.

［17］ 王冬梅．无人机测绘技术［M］．武汉：武汉大学出版社，2020.

［18］ 高始慧．工程测量［M］．长春：吉林大学出版社，2017.

［19］ 杨莹．建筑工程测量［M］．北京：机械工业出版社，2022.

［20］ 方源敏，陈杰，黄亮．现代测绘地理信息理论与技术［M］．北京：科学出版社，2016.

［21］ 李征航，黄劲松．GPS测量与数据处理［M］．3版．武汉：武汉大学出版社，2016.

［22］ 周建郑．GNSS定位测量［M］．2版．北京：测绘出版社，2014.

［23］ 宋超智，陈翰新，温宗勇．大国工程测量技术创新与发展［M］．北京：中国建筑工业出版社，2019.

［24］ 翁丰惠，邹远胜．数字化测图技术［M］．北京：中国水利水电出版社，2020.

［25］ 杜玉柱．水利工程测量技术［M］．北京：中国水利水电出版社，2017.

［26］ 万刚，余旭初，布树辉．无人机测绘技术及应用［M］．北京：测绘出版社，2015.

［27］ 中华人民共和国国家质量监督检验检疫总局，中国国家标准化管理委员会．GB/T 20257.1—2017 国家基本比例尺地图图示　第1部分：1∶500　1∶1000　1∶2000 地形图图式［S］．北京：中国标准出版社，2017.

［28］ 中华人民共和国国家质量监督检验检疫总局，中国国家标准化管理委员会．GB/T 12897—2006　国家一、二等水准测量规范［S］．北京：中国标准出版社，2006.

［29］ 中华人民共和国国家质量监督检验检疫总局，中国国家标准化管理委员会．GB/T 12898—2009

国家三、四等水准测量规范［S］. 北京：中国标准出版社，2009.

［30］ 中华人民共和国水利部. SL 197—2013　水利水电工程测量规范［S］. 北京：中国水利水电出版社，2013.

［31］ 李向民. 建筑工程测量［M］. 2 版. 北京：机械工业出版社，2021.

［32］ 潘正风，程效军，成枢. 数字测图原理与方法［M］. 2 版. 武汉：武汉大学出版社，2009.

［33］ 孔祥元，郭际明，刘宗泉. 大地测量学基础［M］. 2 版. 武汉：武汉大学出版社，2010.

［34］ 程效军，鲍峰，顾孝烈. 测量学［M］. 5 版. 上海：同济大学出版社，2016.